»Ich war tot«

Günter Ewald

»Ich war tot«

Ein Naturwissenschaftler
untersucht Nahtod-Erfahrungen

Pattloch

Hanna sowie unseren Kindern
Daniel, Sarah, Anna, Esther-Sophie (* 1982, † 1996)
und David gewidmet.

Bildnachweis:

Figur 2.4: © Springer-Verlag, New York 1989;
Figur 3.1 und 3.2 aus: Upton Sinclair „Radar der Psyche"
© alle deutschsprachigen Rechte by Scherz Verlag, Bern, München, Wien

---

Die Deutsche Bibliothek – CIP-Einheitsaufnahme

Ewald, Günter:
Ich war tot : ein Naturwissenschaftler untersucht Nahtod-
Erfahrungen / Günter Ewald. - Augsburg : Pattloch, 1999
ISBN 3-629-00841-0

Pattloch Verlag, Augsburg
© 1999 Weltbild Verlag GmbH

Umschlaggestaltung: S/L-Kommunikation
unter Verwendung eines Motivs von VCL/Bavaria
Satz: Fotosatz Völkl, Puchheim
Druck und Bindung: Wiener Verlag, Himberg
Printed in Austria

ISBN 3-629-00841-0

Inhalt

Einleitung

Vor einiger Zeit saß ich irgendwo in Süddeutschland in einem Café und erzählte in kleiner Runde von meiner Absicht, etwas über Wirklichkeitsgehalt und Bedeutung von Nahtoderlebnissen zu schreiben. Eine junge Frau, die den Kaffee zubereitete, hörte von der Theke aus, worüber wir sprachen. Sie kam an unseren Tisch und sagte, daß sie ein derartiges Erlebnis gehabt habe. Während einer Operation war bei ihr Herzstillstand eingetreten, so daß sie wiederbelebt werden mußte. In dieser Zeit erlebte sie, wie sie durch einen Tunnel einem Licht zustrebte, verbunden mit einem unglaublichen Glücksgefühl. Sie mußte jedoch zurück – die Wiederbelebung war erfolgreich. Die junge Frau fügte hinzu, daß diese Erfahrung ihr Leben nachhaltig verändert habe.

Diese zufällige Begegnung war eine Ermutigung für mein Vorhaben. Es gibt viel mehr Menschen in unserer Umgebung, als wir ahnen, die bereits eine Grenzerfahrung besonderer Art in Todesnähe hatten, die wiederum zu einer einschneidenden Neubesinnung in ihrem Leben führte.

Was ist das Besondere an derartigen „Träumen", außer daß sie häufig bei traumatischen Situationen wie Unfall oder Operation auftreten? War die junge Frau wirklich tot? Warum interessiert sich ein Naturwissenschaftler für Probleme, die eher im Zuständigkeitsbereich von praktischen Psychologen und Seelsorgern zu liegen scheinen?

Ehe wir auf diese Fragen antworten, führen wir uns einen zweiten Bericht vor Augen, den ich kürzlich erhalten habe. Leoni Schumann (Name geändert) erzählt darin von einer außergewöhnlich schweren Geburt:

„Saskia ist Donnerstag nachmittag geboren worden. Abends verschlechterte sich mein Zustand so sehr, daß Martin ins Krankenhaus gerufen wurde. Er mußte seine Einwilligung geben für eine Notoperation, um mein Leben zu retten. Meine Gebärmutter mußte entfernt werden, weil ich starke Blutungen hatte und diese mit Bluttransfusionen nicht mehr aufzufangen waren. Meine Umwelt habe ich erst Freitag nachmittag bewußt wahrgenommen. Martin habe ich Samstag erzählt, daß ich so einen furchtbaren Alptraum gehabt habe. Ich erzählte:

,Ich liege nackt auf dem OP-Tisch, und ein Arzt drückt kräftig mit der Faust auf meinen Bauch. Alles ist voller Blut. Am Kopfende sitzt ein dunkelhäutiger Arzt und streichelt mir über meinen Kopf. Ich beobachte das Ganze „von oben" und sehe, wie Schwestern oder Ärzte hektisch und ständig mit Infusionen beschäftigt sind. Ich empfinde es als sehr laut, als ob sie sich gegenseitig anschreien. Außerdem ist es sehr hell.'

Samstag nacht bekam ich ziemlich hohes Fieber und hatte eine Blutvergiftung. Niere und Herz spielten verrückt, und es wurde ein Arzt geholt. Es kam ein dunkelhäutiger Arzt. Ich sagte zu ihm: ,Ich kenne Sie doch! Sie waren bei meiner Operation dabei und haben mich am Kopf gestreichelt.' Der Arzt schaute mich nur an und sagte: ,Stimmt.' Später habe ich erfahren, daß der eine Arzt tatsächlich wie verrückt auf meinen Bauch gedrückt hat, um die Blutung zu stoppen. Auch hat ein anderer Arzt zu mir gesagt: ,Herzlichen Glückwunsch, daß Sie wieder da sind.' Erst später habe ich verstanden, was er damit gemeint hat, und sah noch lange die Bilder vor Augen."

Hatte Leoni wirklich ihren Körper verlassen und die Ärzte „von außen" gesehen? Sie hat mir glaubhaft versichert, daß sie den dunkelhäutigen Arzt vor der Operation nie gesehen hatte und ihn auch während der Operation nicht sehen konnte. Da ich Leoni seit vielen Jahren kenne und weiß, sie „schneidet nicht auf", nehme ich ihr das ohne weiteres ab.

In ähnlicher Weise berichten viele Beinahe-Tote von Erfahrungen, die sie nach herkömmlichen Vorstellungen gar nicht gemacht haben konnten. Haben sie sich getäuscht, oder stimmen unsere Vorstellungen nicht?

Spiritisten und Esoteriker nehmen solche Berichte gern als Bestätigung, daß Jenseitsreisen mit einem Ätherleib möglich sind.

Skeptiker halten dagegen, daß es sich um medizinisch oder psychologisch erklärbare Phänomene handelt. Das weitverbreitete materialistische Menschenbild sieht sich nicht gefährdet. Oder doch?

Seriöse Naturwissenschaft hält sich bisher aus dieser „zwielichtigen Szene" heraus und läßt damit Fragen unbeantwortet, die nun einmal bestehen und die ein herkömmliches Bild von Natur und Mensch in Frage stellen.

Wir wollen das Tabu brechen und versuchen herauszufinden, ob Nahtod-Erfahrungen wirklich Anhaltspunkte für ein Leben nach dem Tod geben, und zwar so, daß diese in naturwissenschaftlichen Begriffen formulierbar sind. Dabei lassen wir uns weder durch Materialismus noch durch Esoterik irritieren. Vielmehr analysieren wir kritisch deren Art und Weise, mit Nahtod-Erlebnissen umzugehen. So räumen wir den Weg frei für Erkenntnisse der neueren Nahtod-Forschung, die bisher – trotz oder gerade wegen der großen Popularität der Bücher des Arztes und Philosophen R. A. Moody – noch nicht in das allgemeine Bewußtsein vorgedrungen sind.

Man kann diese Erkenntnisse so zusammenfassen: Nahtod-Erfahrungen sind im Prinzip übersinnliche (parapsychologische) Phänomene. Sie haben (das betont auch Moody), unabhängig von Alter, Geschlecht, Kultur und Religion, die gleichen Bauelemente oder Grundmuster, auch wenn diese individuell mit Bildern aus der Tiefe des Unbewußten ausgefüllt werden. Man kann sinnvollerweise annehmen, daß diese Muster im genetischen Code programmiert sind.

Das läßt sich so interpretieren: Das „Todesprogramm" in unserem Erbgut, das man bislang nur unter dem Gesichtspunkt des „Platzmachens" gesehen hat, enthält Strukturen, die im Sterben ein individuelles Weiterexistieren vorbereiten. Die Entstehung von Religion besitzt deshalb stets auch eine „biologische" Komponente und hat vermutlich immer mit Nahtod-Erfahrungen zu tun.

Was hinter der Todesschwelle geschieht, ist damit nicht erklärt. Es bleibt Angelegenheit des religiösen Glaubens, hierüber etwas auszusagen. Daß in Nahtod-Erlebnissen etwas „herüberleuchtet" und vielleicht Botschaften für das Leben hier auf der Erde vermittelt werden, erscheint plausibel; man braucht es naturwissenschaftlich nicht zurückzuweisen. Naturforschung kann ohnehin mit ihren begrenzten Methoden nur sehr wenig über das „kreative Chaos Natur" insgesamt aussagen.

Christliche Hochschultheologie hält sich, ähnlich wie universitäre Naturwissenschaft aus der Diskussion um Nahtod-Erfahrungen weitgehend heraus. Sie läßt damit in ihrem Einflußbereich diejenigen im Stich, die Nahtod-Erlebnisse als Gotteserfahrungen verstehen und ihr Leben daraufhin verändern. Im letzten Kapitel werden wir einiges hierzu sagen, um die naturwissenschaftliche und die religiöse Sicht des Sterbeerlebens einander näher zu bringen.

Was Betroffene erzählen

Eine Station im Leben

„Wozu braucht der Mensch den Tod?" Mit dieser Überschrift veröffentlichte die Zeitschrift der „Neuen Zürcher Zeitung" im November 1997 ein Interview, das ihr der Soziologe Hubert Knoblauch gegeben hat.[1] Knoblauch leitet eine Forschungsgruppe an der Universität Konstanz, die zum erstenmal in Deutschland eine repräsentative Umfrage über Nahtod-Erlebnisse angestellt hat und noch mit deren Auswertung beschäftigt ist. Es scheint sich abzuzeichnen, daß fünf bis zehn Prozent der Bevölkerung ein besonderes Erlebnis dieser Art hatten. In den beiden vergangenen Jahrzehnten sind hauptsächlich Berichte und Diskussionen zu diesem Thema aus den USA bei uns verbreitet worden. Das mag dazu verleiten, Erzählungen über Erlebnisse an der Grenze zum Jenseits hin als typisch amerikanisches Phänomen anzusehen. Vielleicht werden entsprechende Erfahrungen in Amerika häufiger berichtet als hierzulande, aber sie finden sich im Prinzip bei uns genauso. Auch die Beziehung zu religiösen Fragen besteht hier wie dort – und das besondere Interesse der Konstanzer Arbeitsgruppe gilt einer Erforschung des Phänomens Religiosität außerhalb der Kirche. „Hier sieht Knoblauch einen epochalen Trend", heißt es im Vorspann zu dem genannten Interview, „der seit den fünfziger Jahren dieses Jahrhunderts immer stärker wird. In Europa verliert die kirchliche ‚Anstaltsreligiosität' zusehends an Einfluß. Manche werden Atheisten, andere wenden sich vermehrt neuen (oder wiederbelebten) Glaubensquellen zu, sei es die Esoterik oder christlicher Fundamentalismus. ‚Das Heilige kehrt in die Welt zurück', sagt Knoblauch. In den neuen Glaubensformen treten persönliche Erfahrungen an die Stelle kirchlicher Dogmen: die Erfahrung des eigenen Todes etwa – einer verläßt im Krankenbett seinen Leib, stattet dem Jenseits einen Besuch ab und kehrt ins irdische Leben zurück …"[2]

Ehe wir mit dem Zerpflücken und Analysieren beginnen, führen wir uns eine Anzahl von Erlebnisberichten vor Augen und lassen sie auf uns wirken. Sie sind zunächst einmal Stationen im Leben der Betroffenen und erhalten letztlich ihre Bedeutung im Koordinatensystem der individuellen Biographie. Die Geschichte eines jeden Menschen ist einmalig, unwiederholbar. Erst danach fragen wir nach Erklärungsmöglichkeiten im Koordinatensystem der Wissenschaft und nach der allgemeinen Bedeutung von Nahtod-Erfahrungen.

Die Berichte sind neu, ich habe sie – bis auf den letzten – aufgrund eines Aufrufs in der Zeitschrift „Weltbild" (Mai 1998) erhalten. Sie stellen also eine „Momentaufnahme" dar und erheben nicht den Anspruch, typisch oder repräsentativ zu sein. Vielmehr vermitteln sie ein lebendiges Bild von Geschehnissen um uns herum, von denen man erfährt, wenn man nur danach fragt. Ein Vergleich mit den vielen schon publizierten Berichten zeigt indessen, daß die Grundmuster von Nahtoderfahrungen die gleichen sind, wenn auch – wie Nahtod-Forscher immer wieder betonen – keine zwei Erlebnisse vollständig übereinstimmen.

Beispiel 1: Das Licht war lauter Liebe. Monika Meyerbeer (Name geändert) lebt in Süddeutschland und schreibt zu dem Aufruf, über auffällige Erlebnisse in Todesnähe zu berichten: „Es fällt mir schwer, meine eigenen Erfahrungen dazu zu Papier zu bringen. Ich tue es trotzdem." Interessanterweise schildert sie gleich zwei Ereignisse, die 22 Jahre auseinanderliegen, das erste aus ihrer Kindheit, das zweite im Zusammenhang mit einer schweren Geburt.

„1959, am Tag vor meinem zehnten Geburtstag, wurden mir und meiner Zwillingsschwester die Mandeln entfernt. Wir bekamen dazu eine Vollnarkose. Während des Eingriffs schaute plötzlich mein ‚Ich' dem HNO-Arzt über die Schulter. Mein Körper saß noch mit aufgesperrtem Mund da, aber mein ‚Ich' befand sich rechts oben über dem Arzt. Ich war sehr erstaunt zu sehen, daß dieser die Mandeln mit einer Art Zange entfernte und nicht mit einem Skalpell. Als ich später der Krankenschwester erzählte, was ich gesehen hatte, war sie nicht verwundert. Sie bestätigte mir, daß der Arzt wirklich mit so einer Zange gearbeitet hatte.

Mein zweites Erlebnis 1981 kann ich nicht so schnell schildern. Ich hatte meinen dritten Kaiserschnitt. Ich freute mich auf das Kind und hatte auch keine Angst, daß etwas schieflaufen könnte. Der Frauenarzt hatte mir zwar gesagt, daß mein Kind möglicherweise einen Herzschaden hätte. Dann würde es sofort nach München verlegt werden, noch bevor ich mein Einverständnis dazu geben könnte. Ich war aber sicher, daß mein Kind in Ordnung ist. Ich weiß nicht warum, aber ich wußte es.

Ich schlief in Ruhe durch die Narkose ein. Als ich aufwachte, kannte ich mich zuerst nicht aus. Ich lag nicht im Krankenhausbett wie üblich. Nein, ich war oben. Ich schwebte oben in einem Gang und schaute auf ein dunkles Rechteck. Dann erkannte ich, daß dies ein OP-Tisch oder ein Krankenbett sein mußte, und ich sah unter der Decke die Konturen eines Körpers, nur der Kopf schaute heraus. Das bin ich ja, dachte ich. Oben am Bett stand der Anästhesist und beugte sich dann über mich. Ich sah keine Farben, es war alles irgendwie grau, das Bett dunkelgrau, die Wände des Ganges wie hellere Wolken, nach oben wurden sie noch heller. Die Decke war fast weiß. Und ich fühlte mich sonderbar wohl und dachte, man ist also auch als Seele komplett. Dann sagte der Narkosearzt etwas wie: ‚Ich entferne jetzt den Tubus.' Plötzlich war ich wieder unten in meinem Körper. Der Arzt gebot mir, langsam zu atmen. Dann sagte er, ich solle nicht erschrecken, wenn ich nach dem Aufwachen nicht auf der gewohnten Station sei. Ich käme wegen meines Kreislaufs sicherheitshalber auf die Intensivstation. Es bestände für mich aber keine Lebensgefahr. Ich war momentan über ihn verärgert und fühlte mich nicht ernst genommen. Nun schlief ich wieder ein. Irgendwann wachte ich dann wieder auf. Ich war allein."

Man würde erwarten, daß sich jetzt alle Gedanken auf das neugeborene Kind und die Freude über ein neues Leben konzentrierten. Dem war aber nicht so. Frau Meyerbeer fährt fort:

„Ich versuchte zu denken, aber meine Gedanken schwammen in meinem Kopf so langsam wie Schinkenstückchen in einer dicken Erbsensuppe. Ich überlegte, daß ich mich in Todesnähe befunden hatte. Langsam formulierte mein Kopf die Frage, was wäre, wenn ich tatsächlich gestorben wäre. Was könnte ich mitbringen an Pluspunkten? Als einziges Tun bleibt mir nur, mich jetzt in Gottes Willen zu ergeben und mich auf seine Barmherzigkeit zu verlassen. Ich bemühte mich, schneller zu denken, aber ich konnte nicht. Doch nun stellte ich mir die Frage nach dem rechten Glauben. Hatte ich immer nach der vollen Erkenntnis Gottes gestrebt, oder war ich aus Bequemlichkeit in meinem katholischen Glauben geblieben? Hätte ich Gott auf andere Weise besser dienen können? Ich habe mich als Mädchen über die großen Religionen informiert und keine gefunden, die mir besser geschienen hätte. Aber später mit Beruf, Haushalt, Familie fand ich keine Zeit mehr zu solchen Überlegungen. Aber diese Frage belastete mich jetzt."

Offensichtlich versank Frau Meyerbeer in diesem Augenblick wieder in eine Nahtod-Vision, denn sie fährt fort:

„Da sagte eine Stimme zu mir klar und deutlich: Du darfst glauben! Ich öffnete die Augen und sah ein helles Licht, das auf mich zukam. Nun schaute ich wie gebannt auf das Licht. Es war am ehesten wie eine helle Sonne, aber es war strahlend weiß und blendete trotzdem nicht. Es war einfach ganz vollkommen. Ich lag und schaute nur noch auf das Licht. Es war unbeschreiblich schön. Langsam streckte ich meine Hände dem Licht entgegen. Das Licht war lauter Liebe. Ich wünschte, von dem Licht aufgenommen zu werden. Ich wußte auf einmal, daß dann all meine Unrast, mein Wünschen und Suchen ein Ende hätte, daß ich Anteil an einer großen Weisheit hätte und den Sinn hinter allem Leiden und dem Weltverlauf verstehen könnte. Doch ich war noch nicht dafür bestimmt, durfte nicht ins Licht. Es wurde langsam unsichtbar, aber ich spürte, daß es bei mir blieb, sich nur hinter einem Schleier verbarg. Als ich nachts wieder aufwachte, war ich sehr traurig, weil ich wieder mit meinen biologischen Augen sehen mußte, mit denen ich das Licht nicht mehr sehen konnte. Erst langsam fiel mir ein, daß meine drei Buben ja ihre Mutter brauchten. Dann bemerkte ich auch, daß ich in einem Zweibettzimmer lag, verkabelt wie jeder Frischoperierte, und daß im zweiten Bett ein Mädchen lag, das weinte.

Am nächsten Tag kam der Gynäkologe ans Bett und sagte, daß er sehr froh sei, mich hier zu sehen. Er habe um mein Leben lange gebangt. Mein Herz habe Schwierigkeiten gemacht."

Die Frage, was die Grenzerfahrungen hinsichtlich Gottesglaube und religiöser Lebenspraxis bedeuten, kehrte bald wieder. Dabei trat ein Konflikt zutage: Einerseits erschien das Streben nach der vollen Erkenntnis Gottes als neue Anforderung, die den bequemen Weg, sich in gewohnten kirchlichen Gleisen weiterzubewegen, fraglich werden ließ. Andererseits fragte sich Frau Meyerbeer, ob sie nicht einem Egoismus der Gotteserkenntnis verfiel und so ihr soziales Gewissen belastete:

„Im nachhinein wundere ich mich, daß ich als praktizierende Katholikin mir nicht die Fragen gestellt habe, die laut Bibelbericht beim Weltgericht von Gott gestellt werden, nämlich soziale Fragen. Nein, ich hatte unbedingt das Gefühl, daß die Suche nach der Wahrheit Gottes die wichtigere Aufgabe des Menschen ist. Das zieht die soziale Komponente nach sich, denn wenn Gott lauter Liebe ist, kann ich mich ihm am ehesten in der Liebe nähern. Ich weiß nun aber auch, daß wir Gott nie voll erfassen können, wir sind einfach nicht fähig dazu. Es gibt in der Sprache der Menschen keine Worte, ihn zu beschreiben. Und wenn es diese Worte gäbe, würden wir sie nicht verstehen, denn eine ähnliche Erfahrung, um zu vergleichen, die gibt es nicht.

Der Widerspruch von ‚Du darfst glauben' und ‚Versuche Gott immer mehr zu erkennen' wird sich durch mein ganzes Leben hinziehen, aber auch die Sicherheit, nie allein zu sein, auch wenn ich

Schweres tragen muß und vieles im Leben nicht verstehe. Irgendwie hat vor Gott jedes Leid seinen Sinn. Ob die christliche Lehre vom dreieinigen Gott oder eine andere Lehre der Wahrheit Gottes näher kommt, kann ich nicht sagen. Ich darf meine seelische Heimat, die katholische Kirche, behalten."

Die Entscheidung, in der Kirche zu bleiben, hat also einen Vorbehalt. Das Verhältnis zwischen Gotteserfahrung, unabhängig von einer Institution, und der Zugehörigkeit zu eben dieser Institution ist nicht geklärt. Der Konflikt bleibt im Innern verborgen. So bittet Monika Meyerbeer darum, ihren Namen nicht aufzudecken: „Ich bin Kommunionhelferin und Lektorin in meiner Pfarrei und weiß nicht, wie die Pfarrgemeinde auf das Geständnis meines zweispurigen Glaubens, hier Bibel und Katechismus, dort Gotteserfahrung, reagieren würde."

Beispiel 2: Neben dem Gabelstapler   Manfred Rövekamp besitzt einen Hof in einem kleinen Dorf in Niedersachsen. Die schönen Sandsteingebäude umrahmen eine Wiese, zusammen mit einem großen, alten Holzfaß, in dem ein Tisch und zwei Bänke stehen; ein gemütlicher Raum zum Schnacken und Trinken. Dort sitze ich Herrn Rövekamp gegenüber. Seinem kräftigen, rundlichen Körper und dem rötlich-blonden Haar sieht man nicht an, daß er 63 ist. Die Landwirtschaft betreibt jetzt seine Tochter, er selbst führt noch einen Sanitärbetrieb. Vital und ein wenig gewitzt dreinschauend, vermittelt er seine Erlebnisse, die ihn überrascht und irgendwie „umgehauen" haben. Ähnliche Erfahrungen bei anderen Menschen oder gar Bücher darüber kennt er nicht. Einige Erinnerungen hat er bereits aufgeschrieben: wie er 1994 mit dem Lkw auf der Autobahn in einen Stau gerast ist, wie er eingeklemmt war und blutend warten mußte, bis ihn die Feuerwehr befreite. Im Krankenhaus gab ihm dann der Narkosearzt vor der Operation eine Spritze, in deren Gefolge er mehrere Wochen bewußtlos war. „Über das, was jetzt kommt", schreibt er weiter, „habe ich sehr lange nachgedacht. Die nächsten Wochen verbringe ich im Tiefschlaf, und so kann ich mich auch nicht an diese Zeit erinnern. Es muß aber in dieser Zeit etwas passiert sein, an das ich mich gut erinnere." Dann folgt ein Abschnitt mit der Überschrift „Mein Erlebnis":

„Ich habe sehr lange gebraucht, um sicher zu sein, daß ich Träume von Tatsachen unterscheide. Ich habe Bedenken, daß ich irgendwie als Spinner hingestellt werde. Aufgrund meiner Nachforschungen komme ich zu dem Ergebnis, daß ich etwa am zweiten Tag nach meinem Unfall meinen Körper für eine gewisse Zeit verlassen habe. Ich trete aus meinem Körper heraus und sehe mich auf dem OP-Tisch liegen. Sehe aus geringer Höhe die Ärzte, die seitlich an meinem Körper etwas machen (sie aktivieren meine Lunge). Ein paar Ärzte stehen am Fußende. Ich verlasse den Raum durch die Wand, oben in der Ecke. Ich bin draußen auf einer Straße mit hohen Bäumen. (Obwohl ich diese Straße noch nie gesehen habe, kann ich sie bei einem späteren Besuch, nach meiner Genesung, wiedererkennen.)

Als nächstes bin ich dann zu Hause. Die Leute aus meinem Betrieb stehen bei laufendem Gabelstapler und unterhalten sich über meinen sehr schlechten Gesundheitszustand. Ich kann alles hören, was sie sagen. (Ich habe ein Jahr später den Leuten diese Geschichte erzählt. Sie waren verwundert und erstaunt, konnten sich gar nicht so recht vorstellen, daß ich unter ihnen gewesen bin, ohne daß sie es bemerkt hatten.)

Als nächstes sehe ich einen hellen Raum, zu dem ich mich hinbewege. Dieser Raum ist mit unseren Worten schwer zu beschreiben. Er ist von keiner bestimmten Größe, vielleicht unendlich, sowohl klein als auch groß. Es ist recht angenehm dort, alles ist weiß. Es sind auch Personen dort. In dem gleichen Weiß. Ich spreche mit ihnen. Ein paar ‚gehen' durch den Raum. Ich höre keine Töne, aber ich unterhalte mich. Ich sehe auch nicht, wie man sich fortbewegt. Mir wird gesagt, daß ich einen Körper bekomme, der meinem irdischen gleicht, aber so ist wie die dortigen.

Ich sehe diesen Körper, aber ich weigere mich, diesen anzunehmen. Ich sage, ich möchte noch einmal zurück in den alten Körper. Ich bitte darum, in den alten Körper wenigstens versuchsweise noch einmal zurückgehen zu dürfen. Ich verspreche, daß ich zurückkomme, wenn ‚mein‘ Körper nicht mehr in Ordnung ist.

Im nächsten Augenblick kehre ich in meinen Körper zurück. Es geht alles sehr schnell. Ich sehe mich auf dem OP-Tisch und die Ärzte, die um mich herum stehen. Dann ist alles vorbei.

Dieses Nahtodeserlebnis hat in mir vieles verändert. Eine ganze Menge muß ich allerdings unterdrücken. Es paßt nicht in diese Zeit und in diese Welt.

Es gibt viele Fragen, die mich bewegen. Wollte Gott mir zeigen, daß das, was er versprochen hat, nämlich das Leben nach dem Tode, nicht nur Glaube ist, sondern Wirklichkeit? Dann war wohl der Unfall die Voraussetzung für dieses Erlebnis. Wo bin ich gewesen? Was ist dieser weiße Raum? Wo ist dieser weiße Raum? Wer war in dem Raum? Mit wem habe ich gesprochen? Ist der weiße Raum das Licht, von dem Jesus sagt: ‚Ich bin das Licht?‘ Und er sagt auch: ‚Nur durch mich kommt ihr zum Vater.‘

Dann muß ich im Vorraum zum Vater im Himmel gewesen sein. Mit Jesus habe ich nicht gesprochen. Vielleicht ist er vorbeigegangen. Ich erinnere mich an eine Person, die durch den Raum ‚gegangen‘ ist, auf die die Personenbeschreibung nach alten Bildern von Jesus passen würde.

Es gibt noch viele Fragen – sie werden nicht zu beantworten sein.“

Herr Rövekamp wartet gespannt, bis ich seinen Bericht durchgelesen habe, bereit und interessiert, darüber zu sprechen. Wie war sein Gefühl, als er über dem Operationstisch schwebte und sich sogar zeitweise außerhalb des Hauses wahrgenommen hat? Das Krankenhaus, in das er mit Blaulicht gefahren wurde und das er auch wieder im Krankenwagen verließ, hatte er vorher nie gesehen. Als er hinterher seiner Frau genau beschrieb, wie das Krankenhaus von außen betrachtet aussieht, war sie verwundert, denn sie kannte die Gebäude. Um sicherzugehen, fuhren sie noch einmal zusammen hin. Es stimmte alles.

Auch die Sache mit dem Lungenschnitt war richtig: Nach der Operation fand sich an der Seite eine Narbe, die vorher nicht da war.

Welchen religiösen Hintergrund hat Manfred Rövekamp? Er wurde evangelisch getauft und mit 14 Jahren konfirmiert, zeigte aber vor und nach dem Unfall kein besonders großes Interesse an kirchlichen Aktivitäten. Trotzdem hat das Erlebnis die Frage „Wollte Gott mir zeigen …?" in großer Intensität aufgerollt. Welche Rolle Jesus dabei spielte, bleibt offen. Daß auch in anderen Religionen ähnliche Erlebnisse auftreten können, sieht er als plausibel an.

Insgesamt spürt man, wie Herr Rövekamp nach vier Jahren immer noch verwundert ist angesichts seiner Tiefenerfahrung und wie er weiter nach deren Bedeutung sucht.

Beispiel 3: Anton Bartholdy (Name geändert) wohnt im
Ein etwas Rheinland, hat Bauingenieurwesen studiert und ist
anderer Körper Berufsoffizier bei der Bundeswehr. Der 51jährige,
Vater von drei erwachsenen Kindern, hatte im Alter von 43 Jahren eine Bypass-Operation. Diese verlief normal. Erst bei einer Nachuntersuchung ein halbes Jahr später (Katheder-untersuchung und Ballondilitation) kam es zu Komplikationen:

„Das Einführen des Katheders erfolgte bei örtlicher Betäubung an der Einführstelle und bei vollem Bewußtsein. Der Eingriff selbst und das Verfahren waren mir vertraut, so daß ich sehr ruhig war. Ich konnte die Tätigkeiten der behandelnden Ärzte mitverfolgen, hörte ihre Gespräche und reagierte auf ihre Ansprache; der Blick war mir jedoch weitgehend verstellt, da in Höhe des Brustkorbes ein Tuch aufgespannt war.

Während des Eingriffs bemerkte ich dann plötzlich, wie es mir schummrig vor den Augen wurde und nach einem weiteren Arzt gerufen wurde. Ich hörte dann noch die Stimmen des Personals, konnte den Sinn jedoch nicht mehr verstehen. Ich hatte den Eindruck, unendlich müde zu sein und in den Schlaf zu fallen. Zunächst wehrte ich mich dagegen, empfand jedoch den Zustand als angenehm und hörte dann auf, mich zu wehren. Ich stellte mir die Frage, ob ich nur träume oder ob dies alles real sei.

Plötzlich fühlte ich mich außerhalb meines Körpers halbhoch im Raum schweben und beobachtete die Bemühungen der Ärzte um meinen Körper. Ich erkannte jedes Detail und verstand ihre Gespräche ... Das Gefühl, den eigenen Körper abgelegt zu haben, war ungeheuer befriedigend. Ich fühlte mich ruhig, angenehm befreit, zufrieden und zutiefst glücklich und wünschte mir diesen Zustand bis in alle Ewigkeit.

Plötzlich hatte ich den Eindruck, wieder ‚auf dem Boden‘ in meinem Körper zu sein. Dies bereitete mir einiges Unbehagen. Wenig später trat der oben geschilderte Zustand erneut ein. Ich erinnere mich, den Körper erneut wie einen Mantel abzulegen und über allem zu schweben. Ein tiefes Gefühl des Glücks, der Ruhe und des Friedens war in mir.

Dabei war ich nicht körperlos, sondern ein anderer, leichterer, ‚geistiger‘ Körper hatte Besitz ergriffen. Die Schwere des irdischen Körpers wurde zurückgelassen.

Später nahm ich die irdische Realität wieder wahr und wurde von den Ärzten angesprochen. Da der Eingriff beendet war, wurde ich auf mein Krankenzimmer verlegt. Ich fühlte mich wohl, nahm ein Getränk zu mir und begann zu lesen.

Ich maß dem Erlebnis zunächst keine Bedeutung zu. Später informierte mich ein Arzt darüber, daß es bei dem Eingriff Komplikationen gegeben habe, nämlich zweimaligen Herzstillstand. Erst dann erinnerte ich mich bewußt des Erlebnisses und schilderte dies kurz dem Arzt. Dabei machte ich Angaben, die ich nach menschlichem Ermessen objektiv nicht hätte beobachten können. Der Arzt bestätigte diese Angaben, reagierte ansonsten jedoch nicht auf meine Schilderung.“

Offensichtlich hat es den Arzt doch beschäftigt. Wie Herr Bartholdy auf meine Rückfrage nach Einzelheiten schreibt, spielte sich noch folgendes ab:

„Im Gedächtnis sind mir besonders zwei Beobachtungen/Angaben geblieben. In dem ‚Schwebezustand‘ sah ich deutlich das Firmenschild/Typenschild eines medizinischen Gerätes. Ich nannte dem Arzt die genauen Bezeichnungen (die ich heute vergessen habe) auf diesem Schild. Später ließ er mir durch eine Schwester mitteilen, daß meine Angaben stimmten. Die Schwester bestätigte mir, daß es für den Patienten unmöglich gewesen sei, dieses Gerät während des Eingriffes zu sehen. Ich habe dieses Gerät weder vorher noch später gesehen. Da ich nur zu diesem Eingriff in diesem Klinikum und in diesem OP war, ist es ausgeschlossen, bereits zu einem früheren Zeitpunkt diese Beobachtung gemacht zu haben.

Als der Arzt mir von den Komplikationen berichtete, sagte ich spontan: ‚Deshalb waren plötzlich sechs Ärzte und Krankenschwestern um mich herum.‘ (Zu Beginn des Eingriffs waren es drei.) Er bestätigte dies und fragte zurück: ’Woher wissen Sie dies?‘ Dann schilderte ich ihm meine Erlebnisse …“

Trotz des starken Eindrucks, den die Erfahrungen hinterließen, und trotz genauer Erkundigung bei Arzt und Schwestern, ob Indizien dafür vorlägen, daß es sich nicht um einen gewöhnlichen Traum handelte, behielt Herr Bartholdy die Angelegenheit jahrelang für sich:

„Ich habe lange Zeit darüber mit sonst niemandem gesprochen. Erst Jahre später war mir dies möglich. Während des Erlebnisses hatte ich nie das Gefühl, zu träumen oder Erlebnisse wie in einer Narkose zu haben, sondern ‚Realität‘ zu erleben.“

Welchen Stellenwert hatte die Nahtod-Erfahrung hinsichtlich religiöser Überzeugungen? Anton Bartholdy ist katholisch, nimmt aber kaum am aktiven Leben der Kirche teil. „Ich sehe mich als ‚Wertkonservativer‘ mit deutlich liberalen Einsprengseln.“ Seine Familie ist protestantisch. Ohne Groll berichtet er, daß wegen vorausgegangener Scheidung seiner Frau eine ökumenische Trauung nicht möglich war. Sein Verhältnis zur Kirche ist fair und sachlich. Er faßt in knappen Worten zusammen, was sich bei seiner Nahtod-Erfahrung zugetragen hat: „Dieses Erlebnis hat mich in meiner Überzeugung gestärkt, daß es eine Realität weit jenseits unserer Sinneswahrnehmungen gibt, eine Realität, die sehr nahe an christlichen Glaubensvorstellungen ist."

Beispiel 4:
Wir sind doch
nicht tot!

Soemiati M. Guillaume aus Franken berichtet von einem schweren Unfall, den sie vor einer Reihe von Jahren bei Glatteis hatte:

„Aufgrund der Straßenverhältnisse fuhr ich langsam, zwischen zehn und zwanzig Stundenkilometer, nicht zuletzt, weil ein gestürzter Radfahrer rechts auf der Straße sich gerade hochrappelte und ich nicht bremsen wollte. Einem anderen Pkw fuhr ich zu langsam, und er überholte mich. Dann kam uns der Bus entgegen, der nun mit dem vor mir fahrenden Pkw kollidierte, dadurch zurück auf seine Straßenseite schleuderte. Doch leider kam er wieder auf meine Straßenseite, bevor ich vorbei war, und fuhr frontal auf mich zu. Das letzte, was ich hörte, war das kreischende Metall meines kleinen VW-Käfers. Danach fühlte ich mich unendlich leicht und frei. Ich schwebte in einem weichen, etwas milchigen Licht und sah hinunter auf ein seltsames Bild. Da lagen zwei Körper auf dem Boden, um die Menschen herum standen, darunter viele Kinder. Bei den Körpern handelte es sich um den meiner Freundin und meinen eigenen. Dann sah ich, wie man zwei Decken über uns ausbreitete, aber auch unsere Köpfe bedeckte. Ich dachte, wieso machen die das, wir sind doch nicht tot. Danach wandte ich mich ab und bemerkte, daß das Licht nicht mehr milchig war, sondern zu einem strahlenden Weiß wurde.

Auf einmal hörte ich, wie jemand immer wieder laut meinen Namen rief. Endlich schlug ich die Augen auf und sah wieder Weiß über mir. Doch dieses Mal war es nicht strahlend, sondern eher schmutzig. Es dauerte, ehe ich begriff, daß es sich um das Innendach des Krankenwagens handelte."

Wie sehr diese Erfahrung ihre Vorstellung von Gott und Seele verändert hat, beschreibt Frau Guillaume so: „Seit dieser Zeit ist mein Körper für mich lediglich eine Hülle, die ich nicht besonders wichtig nehme. Was die Zeit nach dem Tod angeht, kann ich sagen, daß ich eigentlich direkt neugierig darauf bin. Obwohl streng protestantisch erzogen, hat mir schon als Kind nicht sonderlich gefallen, daß nur der Mensch das Maß aller Dinge sein sollte. Über Moses 9 habe ich mich maßlos geärgert und konnte diesen Gott nicht verstehen, der erst durch die Arche Tiere retten ließ, sich dann an dem lieblichen Geruch des Brandopfers der gerade geretteten Tiere erfreute, um dann in Zukunft sämtliche Tiere nur noch in Furcht und Schrecken vor den Menschen leben zu lassen. Das war nicht mein Gott, und ich glaubte auch nicht, daß ein Schöpfergott so sein könne, weil es einfach unlogisch war.

Aber seit meiner Erfahrung nach dem Unfall weiß ich, daß dieser Schöpfer anders ist, als er uns in der Bibel geschildert wird. Wenn ich es auch nicht in Worte kleiden kann, warum und wieso. Es ist einfach ein ganz tiefes, ganz sicheres Wissen, auch darüber, daß wir Menschen nichts weiter sind als ein klitzekleiner Bestandteil dieser Schöpfung Natur auf diesem wunderschönen Planeten."

Beispiel 5: Gisela Schütz (Name geändert) aus Baden gibt
In ein goldenes ein lange gehütetes Geheimnis preis:
Licht getaucht „Ich hatte einmal ein Erlebnis, das ich aber fast 45 Jahre lang als wunderschönen Traum ansah. Erst letztes Jahr merkte ich bei einem Gruppengespräch, daß ich da vielleicht ein sogenanntes Nahtod-Erlebnis gehabt haben könnte. Obwohl ich damals bestimmt nicht dem Tode nahe war. Es könnte nur sein, daß bei dem Kreislaufkollaps mein Gehirn nicht mehr genügend mit Sauerstoff versorgt war.

Aber nun zu meinem Erlebnis:

Ich war als Schülerin (etwa 16 bis 18 Jahre alt) frühmorgens in einem Schülergottesdienst, und zwar eingekeilt in einer vollen Kirche, und hatte keinen Blick zum Altar (!). Kurz vor der Wandlung wurde mir plötzlich ,sterbens'-schlecht. Ich traute mich aber während der Wandlung nicht, mich hinzusetzen oder gar hinauszugehen, und dachte, ich würde noch durchhalten bis nach der Wandlung. Mein Atem ging rasend schnell, und ich krallte mich mit aller Kraft an der Kniebank fest. Ich weiß heute noch, das waren furchtbare Minuten. Doch plötzlich war mir ganz leicht. Alles Schwere war weg. Ich sah von der Decke der Kirche aus den Altarraum in ein goldenes, überirdisches Licht getaucht. (Dagegen waren wir in Wirklichkeit damals nach dem Krieg 1951–53 in einer einfachen, weißgekalkten Notkirche.) Ich sah den Priester die Hostie emporheben und hörte die Altarglocken läuten. Ich sah die Ministranten und möglicherweise noch andere helle Gestalten.

Ich war überglücklich, war leicht und frei. Und fühlte mich wie im Himmel.

Plötzlich merkte ich, wie ich ,emporgezerrt' wurde. Ich wollte gar nicht. Denn sogleich war mir wieder furchtbar schlecht."

Auf Rückfrage hin fügt Frau Schütz hinzu: „Die Frage, ob ich einen ,neuen' Körper wahrnahm, ist etwas schwer zu beantworten. Ich hatte ein Bewußtsein. Aber dadurch, daß ich mich frei und leicht fühlte, so ganz im Gegensatz zu den Minuten vorher, müßte ich schon ein Körpergefühl gehabt haben. Ja, ich hatte das Gefühl, in meinem Körper ist keine Übelkeit mehr, und in diesem Zustand wollte ich bleiben."

Und auf die Frage, wie sich das Erlebnis später ausgewirkt habe, schreibt sie: „Der ,wunderschöne Traum' hatte insofern Einfluß auf mein Leben, als ich immer wieder an ihn denken mußte. Alle anderen schönen Träume habe ich nach einiger Zeit vergessen. Aber dieses ,Erlebnis' blieb immer klar in meinem Gedächtnis. Und seit ich nun weiß, daß es etwas mehr gewesen sein könnte, ist es sehr tröstlich."

Beispiel 6: Blech schwang sich um meinen Hals Daß nicht jedes Nahtod-Erlebnis mit einem Glücksgefühl beginnt, zeigt der folgende Bericht von Ewald Weigle aus Württemberg über eine Erfahrung, die er als Zwölfjähriger hatte:

„Ich war im Olga-Hospital in Stuttgart zur Mandeloperation. Damals, 1956, wurden die Mandeln nicht herausgenommen, sondern ‚gegipfelt'. Ich will es kurz machen:

Zuerst wurde ich auf dem OP-Stuhl angeschnallt, was mir angst machte. Ich bekam dann eine große Spange in den Mund, die mir den Mund extrem weit aufhielt; das war sehr unangenehm. Sodann wurde mir ein weißes Tuch über das Gesicht gelegt. Ich sollte ‚hahü' sagen und tief einatmen. Äther! – Ich bekam die größte Angst, dieses Gift einzuatmen. Ich vergaß vor lauter Schreck, ‚hahü' zu sagen; die Schwester erinnerte mich aber daran, und ich sagte noch einige Male ‚hahü', bis ich nichts mehr sagen oder machen konnte, allerdings war ich noch bei vollem Bewußtsein. Ich hörte dann zu meinem allergrößten Schrecken, wie jemand sagte: ‚Jetzt schläft er.' Kurz darauf begann bei mir eine Art Traum, allerdings sehr viel lebendiger und realer als irgendein Traum, den ich bisher erlebt hatte: Eine große ‚Welle' aus Blech schwang sich um meinen Hals. Das Blech war wie bei einer Sardinenbüchse, die man aufwickelt, nur sehr viel größer. Diese ‚Blechwelle' kreiste nun in rasendem Tempo um meinen Hals und zog diesen immer mehr zu, d. h. wickelte ihn in sich ein. Die Schmerzen waren dabei unerträglich. Ich weiß nicht, wie lange das dauerte; ich weiß nur noch, daß ich äußerst verzweifelt war und mir hoffnungslos verloren vorkam. Dann plötzlich war alles still. Eine große, weite Stille. Tiefste Erlösung. Ich war der Überzeugung, ich sei gestorben. Dabei wunderte ich mich sehr darüber, daß das, was ich mir bis dahin als tot vorstellte, offenbar etwas außerordentlich Schönes ist.

Dann hörte ich wie von ganz weit her eine Stimme, die sagte: ‚Kopf nach vorne – spuck's aus.' Irgendwie ließ ich meinen Kopf vorfallen und versuchte auszuspucken. Dabei wachte ich auf und sah die Schwester.

In Träumen als Kind erlebte ich den Tod einige Male, aber dann als etwas äußerst Schreckliches. In diesem Erlebnis wurde dieses Bild korrigiert. Ich bin der tiefen Überzeugung, daß wir nach dem ‚Tode‘ in einem schöneren, erlösteren Zustand irgendwie weiterleben.“

Beispiel 7: Siegfried Unger ist 73 Jahre alt, lebt seit vielen
Tunnelartiges Jahren in Australien, ist katholisch und hat zwei
Gewölbe Kinder sowie vier Enkelkinder. Er berichtet folgendes Erlebnis:

„Am 29.12.1976 wurde ich mit Schmerzen in der Brust in die Notaufnahme des ‚Royal Prince Alfred Hospital‘, Sidney, eingeliefert. Nach der Untersuchung traten die Ärzte zur Seite für eine ‚Besprechung‘. Meine Frau und mein Sohn standen bei mir am Bett, in dem ich mehr saß als lag. Mir wurde plötzlich sehr komisch, so als wenn ich das Bewußtsein verlöre, und ich fühlte mich wie im Nebel oder unter einem grauen Schleier. Dann befand ich mich in einem großen Raum oder ‚tunnelartigen Gewölbe‘ mit einem hellen Fenster am Ende.

Wie in einer Sänfte getragen, ‚schwebte‘ ich auf dieses Fenster zu, das sich beim Näherkommen zu einem Portal erweiterte. Das Licht wurde immer heller und schöner, ohne dabei zu blenden; aber direkt erkennen konnte ich nichts. Als ich oder meine Füße die Schwelle erreichten, zog mich jemand oder etwas denselben Weg zurück, den ich gekommen war. Ich war wieder im Nebel, der sich langsam lichtete. Einige Gestalten konnte ich wahrnehmen, und als der Schleier fiel, sah ich die Gesichter der Ärzte und Schwestern. In Windeseile ging es in den Operationssaal, und ich wurde an einen externen Herzschrittmacher angeschlossen.

Der ärztliche Befund: akuter Herzinfarkt; (den ersten hatte ich 1974), erste Behandlung: Herzmassage (Elektroschock), Herzschrittmacher. Am 11.1.1977 hatte ich dann eine offene Herzoperation, bei der vier Kranzgefäße erneuert wurden, mit aus meinen Unterschenkeln entnommenen Adern. Gleichzeitig bekam ich auch einen inneren Herzschrittmacher. Nun lebe ich schon mit dem dritten Herzschrittmacher und bin zufrieden.

Die Frage ‚Gibt es ein Weiterleben nach dem Tod?‘ kann ich nur mit einem klaren Ja beantworten!‘‘

Beispiel 8: Halleluja gesungen Normalerweise setzt man bei Nahtod-Erlebnissen voraus, daß sich die Betroffenen wenn nicht im Koma, so doch in tiefer Bewußtlosigkeit befinden. Was jedoch Martha Pampel aus Niedersachsen in folgendem Bericht erzählt, ist anders. Dennoch trägt es Kennzeichen einer Nahtod-Erfahrung und kann in diesen Kreis von Erlebnissen aufgenommen werden.

„Es war im Dezember 1944, als in einer Göttinger Klinik mein erstes Kind geboren wurde. Es war eine sehr schwere Geburt – Zangengeburt, 36 Stunden.

In der Narkose sah ich mich mit vielen anderen vor Gottes Thron stehen, wir sangen ein Lied.

Als ich erwachte, war ich zutiefst bestürzt, die Ärzte und Schwestern zu sehen, denn es war mir, als käme ich aus einer anderen Welt, ein unbeschreibliches Gefühl von Seligkeit hatte meine Seele erfaßt, darum sagte ich: ‚Warum haben Sie mich zurückgeholt, es war doch so schön?‘ Darauf antwortete die Ärztin: ‚Und Ihr Kind? Halleluja-Lieder können Sie immer noch singen.‘

Da war ich wieder ganz auf dieser Erde – das Kind. Ich hatte mich nach mehrjähriger Ehe operieren lassen, weil ich eines haben wollte. Da mich aber sowohl die beiden Ärzte wie auch die Schwestern so eigenartig ansahen, fürchtete ich, daß es nicht gesund wäre. Als man mich davon überzeugt hatte, daß alles in Ordnung war, fragte ich wieder: ‚Warum sehen Sie mich so an?‘ Aber ich erhielt keine Antwort. Erst später, als ich im Bett lag und die mich pflegende Schwester noch einmal danach fragte, sagte sie: ‚Sie haben so wunderbar gesungen.‘

Daraufhin fragte ich: ‚Was denn?‘
‚Ein Halleluja-Lied. Wir standen alle wie in einem Bann, auch der Arzt.‘
Ich kannte kein Halleluja-Lied, wenn ich auch viele christliche Lieder gelernt hatte.

Dieses Gefühl des Glücks, besser gesagt, der Seligkeit oder des Friedens – mir fehlen dabei die rechten Worte – hat mich wochenlang nicht verlassen, auch nicht, als ich später mit dem Kind durch Bomben im Luftschutzkeller verschüttet war. Und alle Insassen des Kellers drängten sich dicht an mich, denn sie spürten, daß von mir eine Kraft ausging, die nicht von mir selbst kam.“

**Beispiel 9:
In Sonntags-
kleidern**

Hans Lagleder aus Bayern mußte 1975 wegen akuter Prostatabeschwerden in ein Krankenhaus eingeliefert und operiert werden. Er berichtet:

„Nach der Operation steckte ich mich mit einer schweren Grippe an und bekam zusätzlich noch eine Lungenentzündung. Alle möglichen Infusionen führten zu keinem Erfolg, man konnte mich nur mühsam aus einem Dauerschlaf zurückholen. Schließlich beschloß der Facharzt, es mit einem letzten Mittel zu probieren. ‚Wenn das nicht hilft‘, sagte er zu meiner Frau, ‚dann ist Ihr Mann nicht mehr zu retten.‘ Ich versank in einen tiefen Schlaf, dabei erlebte ich folgende Ereignisse. Ich fühlte mich in eine große Halle versetzt. Da tauchten nacheinander meine schon verstorbenen Eltern auf in ihren Sonntagskleidern und sahen mich an. Meine Mutter sagte dann: ‚Hans, jetzt darfst du noch nicht zu uns kommen. Deine Kinder sind noch zu jung (18, 16, 10) und können sich nicht allein helfen, da auch deine Thilde nicht gesund ist.‘ Als ich schließlich erwachte, hörte ich den Arzt und alle umstehenden Verwandten noch sagen: ‚Jetzt hat es gewirkt, er ist gerettet.‘“

Beispiel 10: Mein Leben in bewegten Bildern Zwar ist bekannt, daß Nahtod-Erlebnisse auch bei gesunden Menschen vorkommen. Man liest jedoch gelegentlich, daß in diesem Fall die Erlebnistiefe nicht so ausgeprägt sei wie in wirklicher Todesnähe. Der folgende Beitrag läßt Zweifel aufkommen, ob dem wirklich so ist. Frau Inge Drees aus dem Rheinland, Jahrgang 1944, zwei Kinder, schreibt:

„Es war ca. 1977. Nach einer unruhigen Nacht (meine Kinder waren noch klein) war ich morgens im Bett noch einmal eingeschlafen. Ich träumte irgendwas, was ich heute nicht mehr weiß. Aus dem Traumgeschehen heraus, ohne abrupten Übergang, fand ich mich in einer Röhre wieder, in der ich leicht aufwärts glitt. Die Röhre war nicht beängstigend eng, so breit, wie ich die Ellenbogen in etwa abwinkeln kann. Sie war nicht dunkel. Ich glitt eine Weile ohne Angst, einfach so. Nach einer Zeit sah ich am Ende der Röhre Helligkeit. Ich schwebte aus der Röhre heraus und sah mich einem Licht, einer Helligkeit, etwas Unbeschreiblichem gegenüber. Man kann es nicht in Worten ausdrücken, nur versuchen. Diese Helligkeit war keine Person oder ein Raum. Es war die absolute Liebe, das, was man sich immer gewünscht hat, ein warmes Leuchten, wie ein liebevolles Warten auf mich – die Worte können es nur ungenügend beschreiben.

Alles in mir war nur darauf aus, in dieses Licht hineinzuschweben, sich darin aufzulösen, ja, es wäre ein Auflösen gewesen.

Soweit ich noch ‚denken‘ konnte, dachte ich nur, daß es dieses ist, wofür ich überhaupt gelebt habe, und jetzt bin ich da. Dieses Hinstreben war so stark und so ein intensives Gefühl in mir, wie ich es im Leben nie empfunden habe.

Während ich auf dieses ‚Licht‘ zuschwebte, das eigentlich ziemlich nah vor mir war, nur einige Meter entfernt (wenn man das so sagen kann), erlebte ich mein Leben in lauter bewegten Bildern. Es war aber nicht wie ein Film, sondern alles geschah gleichzeitig, und das hat mich da gar nicht erstaunt, weil es selbstverständlich war. Es war schon wie ein Auflösen; ich empfand mich nicht mehr als Person, sondern irgendwie wie die Summe meiner Taten und Erlebnisse. Sie waren um mich herum, ich hatte das Gefühl wie in einer kugelförmigen Wolke, und ich war nicht mehr Person, sondern wie ein theoretisches Ergebnis. Ich muß wieder sagen, daß das mit Worten fast nicht wiederzugeben ist.

Bei diesem Erleben war aber keine Wertung irgendwie in gut oder schlecht. Und ich achtete auch nicht sehr darauf, weil mein ganzes Sinnen und Trachten nur auf dieses Licht gerichtet war und ich da hineinwollte.

Zwischen dem Röhren-Ende und dem ‚Licht‘ war kein Raum zu erkennen, es war eine angenehme Dunkelheit, aber ich achtete nicht auf die Umgebung.

Kurz bevor ich das Licht erreichte, kurz bevor ich endlich da war, gab es einen leichten Ruck, und ich glitt rückwärts. Es war keine Stimme zu hören oder irgendwas anderes zu sehen, ich glitt einfach zurück. Das Licht blieb zurück, wartend, wie die unendliche Güte und Erfüllung und das Ziel von allem überhaupt. Beim Zurückgleiten erlebte ich keine Lebensbilder mehr. Ich glitt zurück durch die Röhre, rückwärts, und sah das Licht langsam verschwinden. Ich war wieder Person.

Meine Enttäuschung und meine Traurigkeit kann ich fast nicht beschreiben, sie waren das Gegenteil von diesem wilden Sehnen in das Licht.

Ich erwachte direkt und fand mich in meinem Bett. Ich war so enttäuscht und traurig wie in dem Traum, ich konnte das nicht fassen, ich fühlte immer noch, was das Licht ausstrahlte und daß ich da wieder hinwollte.

Ich habe den Tag dann mühsam hinter mich gebracht, ich war nicht krank, ich war nur immer mit meinen Gedanken bei dem Traum, der mich so arg berührt hatte. Ich habe mit niemandem darüber gesprochen damals, ich habe nur immer darüber nachgedacht. Etwa ein bis eineinhalb Jahre später las ich Veröffentlichungen von Frau Kübler-Ross, und da war ich dann noch mal sehr betroffen. Sie schilderte ja das, was ich erlebt hatte. Aber die Menschen, von denen sie berich-

tete, waren ja wirklich dem Tode nahe durch Operation oder Unfäl-
le, ich hatte ja ,nur' geträumt. Vielleicht hatte ich da ein Kreislauf-
problem? Ich weiß es nicht.

Für mich bedeutet dieses Erlebnis sehr viel, seit ich weiß, daß es
der Tod ist. Ich habe große Angst vor Schmerzen, vor Unfällen, vor
unheilbaren Krankheiten, aber vor dem endgültigen Übergang habe
ich keine Angst. Es ist wie ein Versprechen, das mir gegeben worden
ist. Am Ende meines Lebens werde ich in dieses Unsagbare eingehen, und das macht mich froh.

Ich habe mich gefragt, warum ich das erleben durfte, alle Dinge
haben ja einen Sinn. Ich hatte gedacht, daß ich vielleicht schwer-
kranken Menschen davon erzählen kann, damit sie keine Angst
haben. Ich habe aber bei zwei Krebskranken gemerkt, daß sie entweder ans Ende nicht denken mögen oder feste bildliche Vorstellungen
von Jesus haben, an die ich dann nicht rühren wollte. Meinen Kindern habe ich es geschildert, meinem Mann, jetzt in den letzten Jahren. Ob sie es für sich verwenden können, muß man sehen. Auch
macht es mich froh, wenn ich weiß, daß liebe Angehörige schon da
hineingegangen sind. Es ist schwer, jemanden zu verlieren, aber es
tröstet, wenn ich weiß, was er erlebt hat.

Noch mal, ich frage mich, warum ich das erlebt habe, ob es nur für
mich alleine ist oder ob nicht andere daran teilhaben sollen, es ist ein
so kostbares Erlebnis, das ich hatte, ich möchte es mit ,Gotteserfah-
rung' umschreiben. Ich war nicht besonders gläubig, bis ich einmal
mitten in meinem Hausfrauenalltag dieses Erlebnis hatte, das mir auf
einmal alles erklärte. Als ich, mit den Gedanken aus diesem Erlebnis
(nicht mit dem Erfahrenen selbst) ganz erfüllt, in meiner kirchlichen
Gruppe mitreden wollte, lief ich böse auf. Seither behalte ich das für
mich und denke, es wird schon auf andere wirken, eben ohne
Worte."

Beispiel 11:
Wer weint
um dich?

Franz Joachim Bilitewski aus dem Ruhrgebiet, 71 Jahre alt, hat Mathematik und Physik studiert und unterrichtet. Er schreibt:

„Ich bin am 8. Mai 1945, am ersten Tag nach der Kapitulation, in einem Verwundetentransport nach dem Überrollen durch die russische Armee in der Nacht von einem betrunkenen russischen Soldaten ‚hingerichtet' worden. Trotz eines Kopfschusses und eines Lungendurchschusses wachte ich aber am nächsten Morgen wieder auf. Auch habe ich ‚Nahtodeserfahrungen' gemacht. Aber ich habe Schwierigkeiten, einen ‚Bericht' darüber zu schreiben … Die Erlebnisse lassen sich einfach nicht in normaler Sprache wiedergeben …"

Herr Bilitewski nimmt dennoch die Einladung zu einem Gespräch an. Er erzählt von einem Lebensrückblick, den er in bewußtlosem Zustand wahrnahm. Alles, was er von Kindheit an erlebt hatte, lag vor ihm ausgebreitet. Er sah, wie seine beiden Geschwister und er von der Mutter gebadet wurden – demnach war er noch im Vorschulalter –, dann erkannte er sich in Teilen seiner Schulzeit. Es war nicht wie ein Film, was da ablief, eher ein „bildhaftes Erinnern". Das eindrucksvollste Erlebnis war jedoch eine Stimme, die fragte: „Wer weint um dich?" Die Stimme hatte keine bestimmte Klangfarbe, sie war eher eine innere Stimme.

„Ich bin dann morgens aufgewacht und konnte mich nicht bewegen. In keiner Phase hatte ich Angst. In keiner Phase hatte ich Schmerzen. Ich wäre also leicht gestorben, hatte nur das Gefühl, ich sei ein bißchen jung zum Sterben. Das war mehr so ein Bedauern. Es war ein wunderschöner Morgen."

Als er sich indessen umschaut, erkennt er, daß alle um ihn herum bis auf einen tot sind.

Die innere Bewegung steht Herrn Bilitewski auch nach 53 Jahren noch ins Gesicht geschrieben. Im obengenannten Brief heißt es: „Für mich gibt es ein Dasein nach dem Tod. Aber ich würde mich scheuen, das ein ‚Weiterleben' zu nennen. Für mich gibt es im Tod die Frage nach dem, was wir hier getan haben. Aber ich würde mich scheuen, dieses mit ‚Gericht' zu bezeichnen. Und was es für andere bedeutet, kann ich gar nicht sagen."

Beispiel 12:
Wie in einem Caspar-
David-Friedrich-Bild

Ein Kölner Nervenarzt — nennen wir ihn Ulrich Mahler — hatte im August 1998 einen Herzstillstand. Der 75jährige, noch als Arzt tätig, berichtet:

„Im Rahmen einer koronaren Herzkrankheit kam es während einer Klinikuntersuchung zu einem Kammerflimmern mit kurzfristigem Herzstillstand, der durch ärztliche Intervention erfolgreich therapiert wurde. Mein Erleben war folgendermaßen:

Aus vollem Bewußtsein erfuhr ich plötzlich ein ,Eintauchen' in eine Art Tunnel in völliger Schwärze; nichts schien sich zu bewegen — totale Stille; nach einer Weile sah ich mich (wörtlich: ich sah mich) — liegend in der Kanzel eines Kriegsflugzeugs als Bombenschütze am Zielgerät; ich erlebte mich ruhig fliegend über einer Landschaft in etwa 1000 Metern Höhe.

Danach wechselte das Erleben — übergangslos —, und ich sah mich (von hinten auf meinen Rücken schauend) in einer schönen Landschaft (etwa einem Caspar-David-Friedrich-Bild entsprechend). Ich fühlte mich sehr angenehm und innerlich froh. Kein Gefühl der Angst oder der Verlorenheit. — Als ich durch Klapse auf meine Backe ,geweckt' wurde, schienen mir Stunden, ja Tage und Wochen vergangen zu sein …

Diese Erfahrungen hinterließen zunächst angstfreie Gedanken an das — durch die Grundkrankheit bedingte — bald bevorstehende Lebensende … Inzwischen lebe ich gelassener und zuversichtlicher (was den eigenen Tod betrifft)."

Auf Rückfrage fügt Dr. Mahler hinzu, daß er 1944/45 in der Fliegerausbildung, aber nicht wirklich Bomberpilot oder sonst im Kriegseinsatz gewesen ist. Er versteht sich als aktiver Christ und schreibt:

„Durch das ,Tod-Erlebnis' hat sich meine Einstellung zum Christentum nicht verändert; nur das Bewußtsein vom nahe bevorstehenden Ende meiner irdischen Existenz ist — zu meinem Erstaunen völlig angstfrei — ganz deutlich geworden."

Irgendwelche Schriften oder Bücher über „Nahtod-Erfahrungen" sind Ulrich Mahler nicht bekannt.

Moody und die Folgen

Man rätselt immer wieder über ein Phänomen, das sich in den siebziger Jahren in den USA ereignete. Ein junger Philosophiedozent mit den Spezialgebieten Ethik, Logik und Linguistik lehrte an der Universität von North Carolina und hätte gern Vorlesungen über philosophische Fragen der Medizin gehalten. Er studierte zu diesem Zweck Medizin mit dem Ziel, Facharzt für Psychiatrie zu werden. Beiläufig kam er mit Menschen in Berührung, die Nahtodes-Erlebnisse hatten, befaßte sich damit und publizierte 1975 einen Bericht über Gespräche mit Patienten und Gedanken hierzu. Mit dem Buch trat der Autor, Raymond A. Moody, eine Lawine los. Es erlebte in kurzer Zeit Millionenauflagen; eine deutsche Übersetzung erschien 1977 und wurde bis Mitte der neunziger Jahre mehr als 400 000mal verkauft.[3] Kardiologen und Psychologen interessieren sich für das Thema, Fachorganisationen entstanden und setzten eine Diskussion über den Tod und das Leben danach in Gang, die bis heute andauert.

War die Zeit reif für eine Enttabuisierung des Themas Tod? Lag es am publizistischen Geschick Moodys, die Öffentlichkeit mit unerwarteten Neuigkeiten zum Problem des Sterbens vertraut zu machen, oder brach die Vietnam-Generation das Schweigen ihrer Eltern über das grausam im Weltkrieg erfahrene Thema Tod? Eine Antwort ist schwer zu geben. Neu war das Thema nicht. So erschien beispielsweise im gleichen Jahr wie Moodys „Leben nach dem Tod" in Deutschland das Büchlein „Sterben ist doch ganz anders" von Johann Christoph Hampe. Dieser berichtet ebenfalls über Nahtodes-Erfahrungen von Menschen unserer Zeit, geht – wie Moody – auf historische Parallelen wie das „Tibetanische Totenbuch" ein und rollt mit glänzenden Gedanken die religiösen Fragen auf, die sich einem „modernen" Kirchenchristentum angesichts des Todes stellen. Hampes Buch fand auch viel Beachtung. Moodys ins Deutsche übersetzter Beitrag wurde aber 20mal so oft erworben wie derjenige von Hampe.

Vielleicht liegt der Grund – vom Verkaufsgeschick der Verlage abgesehen – schlicht in der Tatsache, daß Moody seine Beobachtungen als Mediziner veröffentlichte und nicht wie Hampe als Pfarrer und Seelsorger. Daß ein säkularer Wissenschaftler mit der Autorität des Arztberufes (beim ersten Erscheinen der amerikanischen Ausgabe hatte Moody allerdings sein Medizinstudium noch nicht abgeschlossen) Neues zum Thema Tod zu vermelden hat, läßt eine wissenschaftsgläubige Welt eher aufhorchen als die Hinweise eines Pastors.

Sicher hat auch die unvoreingenommene, schlichte und verständliche Art, mit der Moody die Frage Tod und Leben danach angeht, das große Echo in der Öffentlichkeit mit verursacht. Er verstand es, durch eine sachliche, zunächst auf keine bestimmte Deutung festgelegte Vorgehensweise, Befürworter und Gegner einer auf Beziehung zum Jenseits ausgerichteten Interpretation des Nahtodesphänomens in die Diskussion hineinzuziehen.

Moody wußte zunächst nichts von den Bemühungen einer Psychiaterin, die durch Herausgabe von Gesprächen mit Sterbenden ebenfalls großes Aufsehen erregte und wahrscheinlich die Wirkung von Moodys Untersuchungen mit vorbereitet hat: Elisabeth Kübler-Ross, kurz zuvor aus der Schweiz in die USA ausgewandert, veröffentlichte 1969 ihr Buch „Interviews mit Sterbenden" und schrieb dann auch ein Vorwort zum Moodyschen Buch. Zwar werden wir ihre spätere Beziehung zur esoterischen Szene noch kritisch unter die Lupe nehmen. Aber ihr Verdienst ist unbestritten, zur Enttabuisierung des Themas Sterben und zu neuen Formen der Sterbebegleitung entscheidend beigetragen zu haben.

Die Arbeit von Kübler-Ross und Moody führte bald zu einem neuen, interdisziplinären Forschungsbereich, der „Sterbeforschung" oder „Thanatologie". Viele Vertreter dieses Gebiets fanden sich ab 1980 in einer von Kenneth Ring, einem Psychologieprofessor der Universität von Connecticut, präsidierten „International Association for Near-Death Studies (IANDS)" zusammen, die bis heute mit etwa 1000 Mitgliedern tätig ist. Sie hat vergleichbare Vereinigungen in vielen Ländern, darunter auch in Deutschland, geleitet von dem Heidelberger Psychiater Michael Schröter-Kunhardt.[4]

Trotz ihrer großen Öffentlichkeitserfolge sollte man die Tragweite der Sterbeforschung nicht überschätzen. Sie ist ein „Orchideenfach" am Rande der klinischen Arbeit und hat bisher wenig am Menschenbild von Medizin und Naturwissenschaft geändert. Daß manche Kritiker in der Thanatologie schon den Versuch erblicken, die Auferstehungshoffnung dem Bereich der Religion zu entreißen und Sterbeforschung selbst zum Hoffnungsgegenstand zu erheben, ist weder dem Selbstverständnis dieser Wissenschaft angemessen, noch wird sie deren Wirkung gerecht. Im günstigen Fall tragen Moody und viele, die sich mit ihm um ein Verstehen der Nahtodesphänomene bemühen, zu einem langsamen Umdenken im Natur- und Jenseitsverständnis einer noch immer vorwiegend materialistischen Schulwissenschaft bei. Daß es zu Übertreibungen kommt und spiritistisch-esoterische „Wissenschaft" die Nahtodesforschung vereinnahmen möchte, ist nicht anders zu erwarten. Der Zukunftsbedeutung dieser Forschung für Religion und für ernstzunehmende Theologie tut das keinen Abbruch.

Die Bausteine der Nahtod-Erfahrungen

Um die bunte Vielfalt der Nahtod-Erfahrungen zu strukturieren, hat schon Moody begonnen, einzelne „Bausteine" herauszuarbeiten, aus denen das Grundmuster jeder dieser Erfahrungen aufgebaut ist. Dabei kommen nicht immer alle Typen von Steinen vor; das hängt von der Intensität der Erfahrung ab, bei Wiederbelebungen auch von der Zeit, bis die Reanimation wirksam wird. Allerdings ist es dann wirklich nur der „Rohbau", den man zusammensetzen kann. Die Ausgestaltung des Hauses ist damit noch nicht geleistet.

Es hat außer dem Moodyschen Modell weitere Vorschläge gegeben, welche Grunderfahrungen von Nahtod-Erlebnissen sinnvollerweise als Bauelemente anzusehen sind. Wir folgen der Einteilung von M. Schröter-Kunhardt und führen die zehn von ihm ausgewählten

Bausteine einzeln auf.[5] Wie Schröter-Kunhardt anmerkt, entspricht die gewählte Reihenfolge sowohl der häufigsten Reihenfolge der Erlebniselemente wie der abnehmenden statistischen Häufigkeit ihres Auftretens.

Wenn wir im Folgenden von „unseren Beispielen" reden, so sind der in der Einleitung angeführte Bericht von Leoni Schumann sowie die anfangs genannten Beispiele 1–12 gemeint.

1. Stimmungsaufhellung mit Gefühlen von Leichtigkeit, Wohlbefinden, Friede und Glück

Bei unseren Beispielen springt ein entsprechender Eindruck ins Auge. Die Frage, ob das medizinisch zu erklären ist, wird uns noch beschäftigen, ebenso die Befürchtung von christlicher Seite, man glaube mit dieser Feststellung die Existenz einer Hölle bestreiten zu können. Was man jedenfalls im Auge behalten muß, ist die außerordentliche emotionale Tiefe der meisten Nahtod-Erlebnisse; sie wird uns noch viel zu denken geben.

Indessen findet man auch Negativerfahrungen, und im letzten Kapitel werden wir uns noch näher mit „höllischen" Erfahrungen befassen. Erinnert sei an Beispiel 6, wo Ewald Weigle von einer angsterregenden Blechschlinge erzählt, die sich ihm bei seinem Erlebnis um den Hals wickelte. Allerdings wich sie nach einer Weile doch einem Glücksgefühl. Leoni Schumann (S. 9) bezeichnet ihre Erfahrung als Alptraum. Das mag damit zusammenhängen, daß die Faust des Arztes auf ihrem Bauch und der starke Blutfluß doch eine scharfe Grenze zwischen physisch Erlebtem und „Loslösung vom Körper" nicht zugelassen haben.

Man wird sich hüten müssen, schematisch zu denken; zu viele Faktoren und vor allem die Individualität des Betroffenen spielen mit. Insgesamt schätzt man, daß bei weniger als zehn Prozent von Nahtod-Erfahrungen negative Gefühle auftreten, wobei sie in vielen Fällen – wie bei Ewald Weigle – doch in Glücksgefühle umschlagen; in wenigen Fällen ist die Reihenfolge umgekehrt.

2. Außerkörperliches Erlebnis, bei dem der Sterbende sich plötzlich auf seinen eigenen physischen Körper herabschauend erlebt, wobei sein rationales Bewußtsein ohne Bruch weiterarbeitet und zuweilen gar verschiedene Tests unternimmt, um die neue Existenz zu überprüfen; dabei werden oft – selbst von Blinden – verifizierbare optische Wahrnehmungen gemacht; während der Außerkörperlichkeitserfahrung sind alle Schmerzen verschwunden; schließlich kann man in diesem Zustand scheinbar durch die Materie hindurchgehen bzw. -sehen sowie die Gedanken der Anwesenden lesen.

Hier ist anzumerken, daß man „Sterbende" durch „Betroffene" ersetzen kann, da ja nicht alle Nahtod-Erlebnisse in wirklicher Todesnähe stattfinden. In unseren Beispielen kommen außerkörperliche Erlebnisse bei Leoni Schumann und in den ersten fünf Beispielen vor, also in sechs von 13 Erfahrungen.

Wenn in diesen auch keine ausdrücklichen „Tests" unternommen wurden, um die neue Existenz zu überprüfen, so gibt es doch in der Erinnerung Anhaltspunkte für ein wirkliches physikalisch-optisches Sehen. So sah Anton Bartholdy (S. 21) eine nachprüfbare Markenbezeichnung auf einem medizinischen Gerät, und Leoni Schumann erkannte einen dunkelhäutigen Arzt, dem sie später in wachem Zustand begegnete.

Von besonderer Bedeutung ist die Tatsache, daß die Betroffenen im „Schwebezustand" sich ihrer selbst bewußt sind, ihren Leib (von außen) erkennen und oft auch in ihrer neuen Existenz ein gewisses Körpergefühl entwickeln. Der neue „Leib" tritt jedoch nicht in Wechselwirkung mit den physischen Objekten, stößt nicht an sie, und die Arme greifen durch sie hindurch. In einem Bericht über einen solchen Zustand heißt es:

„Aus allen Richtungen kamen die Leute zur Unfallstelle herbeigeströmt. Ich sah sie genau. Ich war in der Mitte eines sehr schmalen Gehsteigs. Also auf jeden Fall gingen sie da an mir vorbei und sahen mich offensichtlich überhaupt nicht. Sie liefen einfach weiter und schauten stur geradeaus. Sowie sie ganz dicht herankamen, versuchte ich jedesmal, mich zur Seite zu drehen, um sie vorbeizulassen – aber sie liefen doch tatsächlich durch mich hindurch.“[6]

3. Eintritt in eine zumeist dunkle, tunnelartige Übergangszone.

Siegfried Unger (S. 28) erlebte ein „tunnelartiges Gewölbe“, durch das er – „wie auf einer Sänfte getragen“ – schwebte, und zwar auf ein Fenster zu, das sich dann zu einem Portal erweiterte. Inge Drees (S. 31) sah sich in einer Röhre „leicht aufwärts“ gleiten. Die Röhre war nicht beängstigend eng, man konnte in ihr die Ellbogen abwinkeln. Schließlich spricht Monika Meyerbeer (S. 14) von einem Gang, in dem sie schwebte, was eine gewisse Affinität zu einem Tunnelerlebnis ausdrückt.

Gelegentlich wird auch ein dunkler Raum durchschritten oder ein dunkles Tal durchquert. Allen Beschreibungen ist gemeinsam, daß es sich um einen Durchgang zu einem Licht hin handelt, wie es das vierte Erlebniselement näher beschreibt:

4. Wahrnehmung eines meist weiß-goldenen, unendliche Liebe ausstrahlenden Lichtes, das bei dem Erlebenden Gefühle höchster Seligkeit auslöst; im Verschmelzen mit diesem Licht kann es zu mystischen Allwissenheits- bzw. Alleinheitserfahrungen kommen.

„Es war am ehesten wie eine helle Sonne, aber es war strahlend weiß und blendete nicht“, sagt Frau Meyerbeer (S. 16). Sie nennt das Licht vollkommen, „lauter Liebe“, fand den Anblick „unbeschreiblich schön“, und sie wollte unbedingt dort hinein: „Ich wußte auf einmal, daß dann all meine Unrast, mein Wünschen und Suchen ein Ende hätte, daß ich Anteil an einer großen Weisheit hätte.“

Der Bericht von Inge Drees (S. 31) ist ganz ähnlich. Sie sagt von dem Licht: „Es war die absolute Liebe … Alles in mir war nur darauf aus, in dieses Licht hineinzuschweben, sich darin aufzulösen … Dieses Hinstreben war so stark und so ein intensives Gefühl in mir, wie ich es im Leben nie empfunden habe.“

Gisela Schütz (S. 25) erlebte den Altarraum einer Kirche, „in goldenes Licht getaucht“. Schließlich sei ein 46jähriger Deutschlehrer erwähnt, Jochen B., der von einer Zahnbehandlung erzählt:

„... Ich lag also im Zahnarztstuhl und litt. Plötzlich schrumpfte ich in mir selbst zusammen! Gleichzeitig sah ich, wie ich mich aus meinem Körper löste und an die Decke schwebte ... Für mich selbst war ich bei vollem Bewußtsein, und ein großes Staunen erfüllte mich: ‚Wie ist das denn möglich? Mich durchströmte ein schönes Gefühl, das mindestens zehnmal schöner als der schönste Traum war: Ich war mächtig. Ich war fähig, mich überall hin zu verbreiten. Ich war das All.“[7]

5. Wahrnehmung einer paradiesischen Landschaft.

Hier sei das Erlebnis von Ulrich Mahler (S. 35) genannt, und insbesondere das von Ingrid Hohn, das sie als 16- bis 18jährige Schülerin hatte: „Weil ich nicht schwimmen konnte, ging ich plötzlich unter wie ein Stein. Aber ich sah ein strahlendes, klares Blau, in dem riesige Blumen ihre Kelche wie zum Atmen öffneten und schlossen. Ich trieb durch sie hindurch, und es wurden immer mehr. Dazu erklang herrliche Musik ... Plötzlich fühlte ich Schmerz. Es waren die Wiederbelebungsversuche am Ufer ...“[8]

6. Begegnung mit verstorbenen Verwandten, religiösen Figuren oder Lichtwesen; mit diesen kommt es zu einer Art telepathischer Kommunikation, in der der Erlebende oft zur Rückkehr aufgefordert wird.

So sieht Hans Lagleder (S. 30) seine Eltern „in Sonntagskleidern“; seine Mutter sagt ihm „Du darfst noch nicht zu uns“ und begründet das damit, daß die Kinder ihn noch brauchen. Manfred Rövekamp (S. 20) dagegen begegnet zwar Personen „in Weiß“ und meint nachträglich, daß auf eine der Personen die Beschreibung von Jesus paßt; aber er wird nicht zur Rückkehr aufgefordert, sondern wünscht diese von sich aus.

In folgendem Beitrag entwickelt sich eine Symbolfigur des „Todes“ in der Vision selbst und gibt der Betroffenen, Ursula Laufs (44 Jahre) eine eindrucksvolle Lektion. Wir geben den Bericht insgesamt wieder, da er auch einige der zuvor genannten Erlebnisbausteine illustriert.[9]

Die Millionärin war nach New York geflogen und nahm in der 29. Straße an einer Party teil. Es gab „Hummer, Loup de mer, dazu kalifornischen Weißwein, einen Johannisberger Riesling. Danach Kaffee. Dann wurde mir übel! Ich ging zum Fenster. Draußen stand ein alter Birnbaum. Plötzlich drehte ich eine Pirouette – weg war ich. Einfach umgekippt.

Zuerst war da wirbelnde Schwärze. Plötzlich strömte von links oben ein goldenes Licht. Es wurde immer größer. Es floß sozusagen über mein ganzes Sein. Mich durchströmte ein wunderbares Wohlbefinden … Alles geschah lautlos. Gleichzeitig sah ich von oben, wie unser Gastgeber, Professor Paul Bergenson vom New York Medical Center, sich um mich bemühte. Er machte Mund-zu-Mund-Beatmung, war aufgeregt, schrie nach einer Ambulanz. Die anderen Gäste, die ganze Szene – ich habe alles genau gesehen. Es war mir unendlich gleichgültig! Dann verschwanden Licht und Wohlbehagen ganz langsam …"[10] Ein angeborener Herzklappenfehler hatte ein Vorhofflimmern ausgelöst. In der Klinik hatte Ursula Laufs ein zweites Erlebnis: „Ich war weg! Ich ging in einen Tunnel, ich sah das Licht. Es war wie ein goldener See …"[11] Schließlich kam es bei der Narkosevorbereitung vor der Herzoperation zu einer dritten, intensiveren Erfahrung: „… Zuerst kamen wieder das goldene Licht und das Glücksgefühl. Dann aber wurde das Bild deutlicher. Zum hellen, strahlenden Glücksgefühl kam von unten ein schwarzer Streifen. Er floß und waberte hin und her. Zog sich zusammen, fiel wieder auseinander, strudelte wie Schlieren durch das goldene Licht – es war, als würden zwei Mächte gegeneinander streiten. Dann zog sich das Schwarz zusammen. Es wurde zu einem Bild: Umrisse wie ein Scherenschnitt gegen das goldene Licht. Eine große Figur in einem Umhang!

Um die große, schwarze Figur scharten sich viele kleine. Wie Schafe um ihre Hirten. ..

Ich wußte: Das ist der Tod! Der wartet auf dich. Er sammelt Seelen ein. Und da wollte ich ihm folgen. Ich war bereit … Aber dann schob sich ein anderes Bild in den Vordergrund: eine große Schriftrolle. Und diese Rolle war leer. Total leer. Plötzlich wußte ich: Das ist dein Leben! Du hast noch nichts Wichtiges getan, was aufgezeichnet wurde. Du bist ein unbeschriebenes Blatt! Du hast noch gar nicht gelebt. Also darfst du auch nicht sterben ...

Es war, als würde der Schattenriß meine Entscheidung akzeptieren. Denn plötzlich wuchs von der Figur mit dem Umhang ein Steg hinüber ins Licht ... Die Figur drehte sich um und ging mit den kleinen Figuren direkt hinein ins Licht. Bis alles nur noch golden war ..."[12]

Ursula Laufs hat die Konsequenzen gezogen, ihre Ehe und den Reichtum aufgegeben. Sie lebt jetzt relativ arm in einem Dorf in der Eifel, wo sie selbst Geld verdient und an Umweltinitiativen mitwirkt.

7. Die Rückkehr in den Körper erfolgt dann – häufig gegen den Willen des Erlebenden – zumeist sehr abrupt.

Auch hierzu geben wir einige Zitate aus unseren Beispielen:

„Plötzlich war ich wieder unten in meinem Körper." (S. 15)

„Im nächsten Augenblick kehre ich in meinen Körper zurück. Es geht alles sehr schnell." (S. 20)

„Plötzlich hatte ich den Eindruck, wieder ‚auf dem Boden' in meinem Körper zu sein." (S. 22)

„Plötzlich merkte ich, wie ich ‚emporgezerrt' wurde. Ich wollte gar nicht." (S. 26)

8. Während eines dieser Stadien kommt es oft noch zum Ablauf eines Lebensfilms, in dem bekannte und unbekannte Einzelheiten des eigenen Lebens gesehen werden; dabei erlebt der Betreffende noch einmal alle seine Gedanken, Worte und Taten mit ihren Auswirkungen auf alle Beteiligten nach, wobei es zu einer hochethischen Bewertung derselben nach dem Maßstab der Liebe kommt.

Die Zeit für diesen reichhaltigen Film kann so kurz sein, daß er nicht als Film erlebt wird, sondern als gleichzeitige Gegenwart von Lebensbildern oder Szenen des Lebens. So wundert es nicht, wenn Frau Drees (S. 31) schreibt: „Während ich auf dieses ‚Licht' zuschwebte, das eigentlich ziemlich nah war ... erlebte ich mein Leben völlig neu, in lauter bewegten Bildern. Es war aber nicht wie ein Film, sondern alles geschah gleichzeitig …" Auch Herr Bilitewski (S. 34) nennt es eher ein „bildhaftes Erinnern" als einen Film.

Ein österreichischer Bergsteiger, Hias Rebitsch, hat 1970 in einer Bergsteigerzeitschrift folgenden Bericht von einem Lebensfilm während eines Absturzes veröffentlicht. An ihm kann man ermessen, wie kurz die Zeit war, in der sich alles abgewickelt haben mußte. (Ähnliche Erfahrungen sind schon 1892 von dem Schweizer Geologen und Alpinisten Albert Heim wiedergegeben worden.[13])

Rebitsch hatte die Goldkappel-Südwand in Südtirol schon fast vollständig erstiegen. Kurz vor dem Gipfel hatte er noch einen Überhang zu bewältigen. Er war eine Seillänge vor seinem Bergkameraden, durch drei Haken gesichert, als sich ein Haken löste und er rücklings abstürzte. „Noch erfasse ich es voll, nehme die Vorgänge um mich her noch bewußt auf: ein kurzer Bremsruck. Ich registriere: Der erste Haken ist gegangen. Der zweite. Ich schlage an den Fels, schleife an ihm entlang hinab, will mich noch wehren, an ihm verkrallen. Aber unaufhaltsam schleudert mich eine wilde Gewalt weiter hinab. Verloren. Aus.

Doch jetzt fühle ich keine Angst mehr. Die Todesfurcht weicht. Alles Gefühl, jede Wahrnehmung ist ausgelöscht. Nur mehr Leere, völlige Ergebenheit in mir und Nacht um mich her. Ich stürze auch nicht mehr. Ich sinke sanft auf einer Wolke durch den Raum, ergeben, erlöst. Habe ich das Tor zum Schattenreich schon durchschritten? In die Finsternis um mich kommt plötzlich Licht und Bewegung. Verschwommene Gestalten lösen sich aus mir heraus, werden immer klarer. Auf einer Leinwand in mir leuchtet ein Film auf: Ich sehe mich in ihm wieder, wie ich, erst drei Jahre alt, zum Krämer nebenan tippele. In der Hand halte ich den Kreuzer fest umschlossen, den mir meine Mutter gegeben hatte, damit ich mir ein paar Zuckerl kaufe. Dann sehe ich mich als Kind, sehe mich, wie ich mit dem rechten Bein unter eine stürzende Bretterlage gerate. Der Großvater müht sich ab, die Bretter hochzuheben. Mutter kühlt und streichelt den gequetschten Fuß … Immer mehr Bilder aus meinem

Leben flimmern auf, werden durcheinandergeschüttelt ... Das Film-
band ist gerissen. Lichterschlangen fahren wie Blitze durch den lee-
ren, schwarzen Hintergrund, Feuerkreise, sprühende Funken,
flackernde Irrlichter ... Wieder stehe ich vor mir selber. Ich kann
mich physisch nicht in dieser Gestalt erkennen, aber ich weiß, ich bin
es ... Plötzlich ein Ruf aus weiter Ferne: Hias! Und wieder: Hias!
Hias! Ein Anruf aus meinem Innern? ... Auf einmal übersonnter Fels
und Licht und Ruhe vor meinen Augen. Sie haben sich geöffnet. Das
Fenster der Vergangenheit war aufgestoßen worden. Jetzt ist es wieder verschlossen. Und noch einmal der angstvolle Schrei. Er kommt
aus dieser Welt, von oben ... Erst jetzt kommt mir zu Bewußtsein:
Ich habe gerade einen Sturz überstanden, bin von langer Reise rückwärts durch mein Leben, aus einem früheren Dasein zurückgekehrt,
bin wieder in meine Haut hineingeschlüpft. Am Seil arbeite ich mich
die zwanzig Meter hinauf ... Der letzte Haken hatte gehalten.“[14]

Im oben wiedergegebenen Bericht von Ursula Laufs kommt in
gewisser Weise ein gelöschter Lebensfilm vor: Eine leere Schriftrolle erscheint und wird „hochethisch bewertet“ als ergebnisloses, nicht
wirklich gelebtes Leben.

9. Selten werden auch präkognitive Teile der eigenen oder globalen
Zukunft gesehen, die später zuweilen tatsächlich wahr werden.
    Mit dem Thema „Präkognition“ werden wir uns noch ausführlich
befassen (S. 109 ff.).

10. Immer kommt es dabei zu einer Aufhebung des gängigen Zeit-
ablaufs insofern, als in der kurzen Nahtoderfahrung viel mehr
erlebt wird als gewöhnlich möglich.
    Das läßt sich an der gerade aufgeführten Bergsteigergeschichte gut
erläutern. Wenn allerdings gelegentlich von einer Existenz „außerhalb von Raum und Zeit“ die Rede ist, so kann man das nur symbolisch verstehen: Jedes Ereignis setzt Zeit voraus, weil sonst schon der
Begriff „Ereignis“ sinnlos ist.

Am Anfang stand das Gilgamesch-Epos

Eines der eindrucksvollsten Ergebnisse bisheriger Nahtod-Forschung besagt, daß die Bausteine der Nahtod-Erlebnisse, wie wir sie im letzten Abschnitt betrachtet haben, unabhängig sind von Alter, Geschlecht, Rasse und Religion. Das gilt aber nicht nur für unsere Zeit. Wir besitzen genügend Dokumente aus allen Phasen menschlicher Kulturgeschichte, um die Grundmuster der Erlebnisse in Todesnähe durch die Jahrtausende verfolgen zu können – sie sind immer die gleichen.

Daß wir sogar in der ältesten schriftlich überlieferten Dichtung der Menschheitsgeschichte, dem Gilgamesch-Epos, ein Nahtod-Erlebnis finden, ist ein besonderer Glücksfall. Wir geben außer dem einschlägigen Text noch zwei Schlaglichter an: das „Tibetanische Totenbuch" und einen mittelalterlichen „Visionsbericht".

Am Anfang stand also das Gilgamesch-Epos, hervorgegangen aus zunächst mündlichen, sumerischen Überlieferungen, die bis in die Zeit um 2000 v. Chr. zurückreichen und in Bruchstücken um 1900 v. Chr. auf Keilschrifttafeln festgehalten werden. Es folgen Übersetzungen, Umdichtungen und Ergänzungen um 1800 v. Chr. in hethitischer, etwa 1750 v. Chr. in akkadischer und später in churritischer Sprache. Eine große Sammlung von Tafeln wurde dann im 6. Jahrhundert v. Chr. in Ninive aufgestellt. Auch Vorläufer der biblischen Sintflutgeschichte sind in das Epos aufgenommen worden.[15]

König Gilgamesch hat wahrscheinlich wirklich gelebt und herrschte über ein Reich mit der Hauptstadt Uruk, im späteren Südbabylon gelegen, irgendwann zwischen 2750 und 2600 v. Chr. Zwar werden seine Heldentaten als Halbgott besungen, aber schon früh und immer stärker rückt in dem Epos eine Auseinandersetzung mit menschlichen Problemen der Freundschaft, der Liebe und des Todes in den Vordergrund. Die Sinnfrage und die Suche nach dem Jenseits leuchten auf. Im Zentrum der Handlung steht die Entscheidung Gilgameschs, zusammen mit seinem Diener und Freund, dem

Halbwilden Enkidu, gegen Huwawa, den finsteren Herrscher der Zedernwälder des Libanon, loszuziehen. Gilgamesch findet bei einem Gang durch die Unterwelt den Tod.

Hier nun der Text, den man leicht als Beschreibung von Nahtod-Erlebnissen – einem himmlischen und einem höllischen – erkennt:

„Gilgamesch ... begann ... seine Suche nach dem Jenseits. Nach langer Zeit entdeckte er hinter den Ozeanen am Ende der Welt den Fluß Chubur, die letzte Schranke vor dem Königreich der Toten.

Gilgamesch verließ diese Welt und kroch durch einen dunklen endlosen Tunnel. Es war ein langer, unbequemer Weg ... aber schließlich sah er Licht am Ende der dunklen Röhre. Er kam zum Ausgang des Tunnels und sah einen wunderschönen Garten. Die Bäume trugen Perlen und Juwelen, und über alles sandte ein wunderbares Licht seine Strahlen. Gilgamesch wünschte, im Jenseits zu bleiben. Aber der Sonnengott schickte ihn durch den Tunnel zurück in dieses Leben.

Dort traf er Enkidu, der zuerst Unheil erfahren hatte. Tausende von Maden hatten ihn in einem anderen Teil des Jenseits belästigt. Sie hatten sich schmerzvoll in seinen Körper gegraben, bis er nur als ein Schatten ohne Fleisch übrigblieb. Schließlich gab ihm ein freundlicher Gott seinen Leib zurück, damit er die Hölle verlassen und seinem Freund Gilgamesch vom Schrecken der Hölle in allen Einzelheiten erzählen konnte."[16]

Sterbeerlebnisse in Tibet

R. A. Moody hat in seinem Buch „Leben nach dem Tod" auf die große Nähe des sogenannten „Tibetanischen Totenbuches" zu Nahtod-Erfahrungen hingewiesen. Es geht auf das 8. Jahrhundert zurück und dient vorwiegend dazu, Sterbenden vorgelesen zu werden. Das Totenbuch bietet, wie Moody sagt, „eine ausführliche Beschreibung der verschiedenen Stadien, welche die Seele nach dem Absterben des Körpers durchmacht. Die Übereinstimmung zwischen den frühen

Stadien des Todes, wie sie in dieser alten tibetischen Schrift dargestellt sind, und dem, was ich von Menschen, die dem Tod ganz nahe
gewesen waren, zu hören bekommen habe, grenzt ans Phantastische."[17] Geist oder Seele des sterbenden Menschen löst sich vom
Körper ab, erlebt sich in einer „Schlucht", die „persönlicher Be-
grenztheit entspricht und in der sein Bewußtsein noch weiterexi-
stiert. Er vernimmt in nebelhafter Umgebung pfeifende Geräusche
und windartiges Heulen. Es wundert ihn, sich außerhalb seines Körpers zu befinden. Er sieht und hört, wie seine Verwandten und
Freunde an seinem Leichnam wehklagen und ihn für das Begräbnis
herrichten. Doch wenn er sie anzusprechen versucht, dann können
sie ihn nicht sehen noch hören. Es ist ihm noch nicht aufgegangen,
daß er tot ist, daher seine Verwirrung. Er fragt sich selbst, ob er denn
nun tot ist oder nicht. Und wenn er schließlich begreift, daß er
gestorben ist, weiß er nicht, wohin er gehen oder was er tun soll. ...
Er wird gewahr, daß er noch in einem Körper wohnt – ‚Strahl-Leib‘
genannt –, der nicht aus Materie zu bestehen scheint. Damit kann er
durch Mauern, Felsen, ja ganze Berge hindurchgehen ohne den
geringsten Widerstand ... Sein Denken ist hell und klar, seine Sinne
scheinen verfeinert, besser und aufgeschlossener für das Göttliche.
War er in seinem irdischen Leben blind oder taub oder verkrüppelt,
so stellt er verwundert fest, daß sein ‚Strahl-Leib‘ über alle Sinnesorgane und alle Fähigkeiten seines Erdenkörpers uneingeschränkt
verfügt, und besser, intensiver sogar. Er trifft sich sodann vielleicht
mit anderen Wesen in derselben Leiblichkeit und begegnet dem, was
od gsal – ‚Strahlendes Licht‘ – genannt wird."[18]

Das ist eine sehr anschauliche Darlegung von einzelnen Passagen
des „Tibetanischen Totenbuches". Allerdings verwendet Moody hierbei eine stark „verwestlichte" Sprache. Man kann den Eindruck
gewinnen, es sei eine Jenseitsreise angesprochen, für die das Totenbuch Orientierungshilfen mitgeben soll.

Regina und Michael von Brück schildern demgegenüber in ihrem Buch
„Die Welt des tibetischen Buddhismus. Eine Begegnung" etwas deutli-

cher – ohne Bezug auf heutige Nahtod-Phänomene – den Sterbeprozeß im Weltbild des heutigen tibetischen Buddhismus und die Rolle, die das „Totenbuch" dabei spielt. Das Theologenehepaar folgt dabei mündlichen Belehrungen, die es 1983 von Kalu Rinpoche im Kloster von Darjeeling erhalten hat. Wir greifen einige Gedanken heraus, die besonders für das Lichterlebnis in Nahtod-Erfahrungen interessant sind.

Die Beschäftigung eines tibetischen Buddhisten mit dem „Tibetanischen Totenbuch" beginnt bereits lange vor dem Sterben. Wenn ein Lama einem Sterbenden aus dem Buch vorliest, so ist das nur sinnvoll, wenn dieser „zu Lebzeiten an Hand des ‚Totenbuchs' geübt und womöglich die einzelnen Phasen des Sterbeprozesses in der Meditation bereits erlebt hat".[19]

Man kann also annehmen, daß auch die Nahtod-Phänomene schon in der intensiven Meditation auftreten.

„Die tibetischen Lehren über das Sterben beruhen auf der Beobachtung, daß in den tieferen Zuständen der Meditation die gleichen Prozesse ablaufen wie im Sterben, nämlich die sukzessive Ablösung des subtilen Körpers vom materiellen Körper, wobei sich am Schluß die Trägerenergien und Bewußtseinskräfte der subtilen Geistebene dergestalt auflösen, daß sie an einem Punkt (im Herzen) konzentriert werden, was die Schauung des Klaren Lichtes auslöst."[20]

Der Sterbeprozeß selbst ist eine Ablösung, die sich in acht Stadien vollzieht:[21]

„*Zuerst* lösen sich die mit dem Formaggregat verbundenen Phänomene, d. h. die zum Erdelement gehörenden Kräfte, auf. Das Seh-Bewußtsein wird zurückgenommen. Äußeres Anzeichen für dieses Stadium ist, daß die Glieder schmaler werden und der Körper schwach wird. Das Sehen verschwimmt und verdunkelt sich, und man hat das Gefühl, unendlich tief unter den Boden zu sinken. Es wird immer schwerer, die Augen zu heben und zu senken ..."

Mit der fortschreitenden Auflösung des „Erdelementes", also des physischen Leibes, wird nun das „Wasserelement" dominierend, wenn auch nur vorübergehend:

„Danach lösen sich im *zweiten* Stadium die mit dem Gefühlsaggregat verbundenen Kräfte auf, d. h., die sich auf das Wasserelement stützenden Funktionen werden schwächer. Man empfindet jetzt weder Vergnügen noch Schmerz. Äußeres Anzeichen ist die Austrocknung der Körperflüssigkeiten..."

Ein entsprechender Vorgang spielt sich nun mit dem „Feuerelement" ab:

„Danach lösen sich im *dritten* Stadium die mit dem Aggregat der Wahrnehmung verbundenen Kräfte auf, d. h., die sich auf das Feuerelement stützenden Kräfte werden schwächer. Die Körperwärme vermindert sich, und der Sterbende nimmt die umstehenden Verwandten nicht mehr als Individualitäten wahr; er kann sich auch nicht mehr an ihre Namen erinnern. Nahrungsaufnahme ist nicht mehr möglich, und der Atmungsvorgang wird schwerfällig, wobei die Einatmung immer kürzer und die Ausatmung stoßend lang wird ..."

Bedeutung gewinnt jetzt das „Luftelement", das aber auch bald wieder zurücktritt:

„Danach lösen sich im *vierten* Stadium mit dem Aggregat der karmischen Bildekräfte verbundene Prozesse auf, d. h., die sich auf das Luftelement stützenden Kräfte werden schwächer. Der Sterbende kann sich nicht mehr bewegen. Die Zunge wird schwer und läuft blau an. Der Atem kommt zum Stillstand. Der Sterbende kann die Aufmerksamkeit nicht mehr auf ein äußeres Objekt lenken ..."

Alle mit den Sinnen verbundenen Bewußtseinskräfte sind jetzt aufgelöst, aber das mentale Bewußtsein ist noch aktiv.

„Danach lösen sich im *fünften* Stadium die mit dem Aggregat des mentalen Bewußtseins verbundenen Gruppen und der achtzig begrifflichen Vorstellungskomplexe (wie etwa Freude, Zufriedenheit usw.). Wenn sich diese Bewußtseinskräfte und ihre Trägerenergien aufgelöst haben, erscheint ein weißes Licht, das mit einem klaren herbstlichen Nachthimmel verglichen wird, über den sich das Mondlicht ergießt. Man nennt dies die lebendige Erscheinung im weißen Spektrum ..."

Hier beginnt also das Lichterlebnis, das sich dann noch steigern wird!

„Danach lösen sich im *sechsten* Stadium die Bewußtseinskraft des

Lichtes im weißen Spektrum sowie seine Trägerenergie auf, wodurch sich die noch subtilere Ebene des Anwachsens im roten Spektrum manifestiert. Man vergleicht dies mit einem Herbsthimmel, über den sich rötlich-oranges Sonnenlicht ergießt, wobei die Erscheinung aber noch viel klarer ist als im vorangehenden Stadium ..."

Begleitend zu den Stadien wird jeweils von den Energiekonzentrationen (Cakras) gesprochen, die sich durch den Körper oder an ihm entlang ziehen. Sie treten nun in den „Zentralkanal" ein, woraufhin die Energiekonzentration des „roten Tropfens" zum Herzzentrum emporsteigt und „die Lichterscheinung des Anwachsens im roten Spektrum" zur Folge hat.

„Danach löst sich im *siebenten* Stadium die Bewußtseinskraft des Lichtes des roten Spektrums sowie seine Trägerenergie auf, wodurch sich die noch subtilere Ebene der Vollendungsnähe im schwarzen Bereich manifestiert. Die erste Hälfte dieses Zustandes wird verglichen mit der völligen Dunkelheit eines herbstlichen Nachthimmels zu Beginn der Nacht, wobei die Schwärze noch als eine Art ‚Objekt' erscheint. Die zweite Hälfte dieses Zustandes ist gekennzeichnet durch den völligen Verlust jeder Bewußtheit ..."

Vielleicht hat diese Dunkelheit ihre Analogie im Tunnelerlebnis einer Nahtod-Erfahrung, wo die Tunnelwände objekthaft erlebt werden. Dann aber ist die letzte Stufe erreicht:

„Danach löst sich im *achten* Stadium die Bewußtseinskraft der Vollendungsnähe im schwarzen Bereich sowie seine Trägerenergie in das nun erscheinende Klare Licht auf. Damit verschwindet die in der zweiten Hälfte des siebenten Stadiums erfahrene Bewußtlosigkeit, und eine äußerst subtile Bewußtheit, die von der Bewußtseinskraft des Klaren Lichtes hervorgerufen wird, erscheint ..."

Die allersubtilste Bewußtseinsform und ihre Trägerenergie werden nun aktiviert, ausgelöst, nachdem sie vorher im Herzzentrum verborgen waren. „Diesen Zustand nennen die Tibeter das ‚Klare Licht des Todes'. Erst jetzt kann man sagen, daß der Mensch tot ist, während westliche Ärzte den Sterbenden gewöhnlich bereits nach dem vierten Stadium für tot erklären würden."

Die acht Stadien des Sterbeprozesses beginnen also nicht erst auf dem Sterbebett, sondern setzen mit dem Altwerden langsam ein, umfassen Siechtum und Zerfall. Aber mit diesen Auflösungserscheinungen geht eine Aktivierung innerer Energien einher, die sich in einem Lichterlebnis manifestiert. Im Vollendungsstadium bleibt die volle Auflösung in diesem Licht bestehen; es ist die „Buddhaschaft".

Die meisten Menschen müssen aber noch einmal zurück, sie werden wiedergeboren, „reinkarniert". Hier findet sich nun eine bemerkenswerte Analogie zur „unerwünschten Rückkehr", wie wir sie im siebten Baustein der Nahtod-Erfahrungen betrachtet haben. Reinkarnation bedeutet, das allumfassende Licht zu verlassen und wieder in das gewöhnliche, leidvolle Leben einzutauchen. Man ist versucht anzunehmen, daß sich die Idee der Reinkarnation selbst an entsprechenden Nahtod-Erlebnissen entzündet hat.

Was ein Abt im 7. Jahrhundert erlebte

In zahlreichen mittelalterlichen Sterbeberichten wird von Nahtod-Erlebnissen erzählt. Wir greifen einen „Visionsbericht" heraus, der von dem irischen Abt Furseus um 650 handelt. Furseus wird von einer schweren Krankheit befallen und läßt sich in seinen Heimatort fahren. Noch ehe er in seinem Haus ankommt, fällt er in eine so tiefe Bewußtlosigkeit, daß man ihn für tot hält. Im Bericht, der das Außer-Körper-Erlebnis eine „Entraffung" nennt, heißt es dann:

„Als tot' erlebt er die Entraffung. ‚Er sieht, wie sich aus der Finsternis vier Hände nach ihm ausstrecken' und erkennt erst langsam in der Finsternis schattenhaft die leuchtenden Gestalten von drei Engeln, die ihn ins Geleit nehmen. Aber schließlich befiehlt einer von ihnen, Furseus wieder zu seinem Leibe zurückzuführen. Jetzt erst bemerkt er, daß er von seinem Leibe getrennt ist, und fragt seine Begleiter, wohin sie ihn bringen wollen. Der Engel zur Rechten antwortet, er müsse seinen eigenen irdischen Leib wieder anziehen. Furseus ist aber so sehr von der Gesellschaft der Engel entzückt, daß er es als grausamen Schmerz empfindet, wieder zu seinem Leibe zurückkehren zu müssen, und erklärt den Engeln, er wolle sich nicht mehr von ihnen trennen. Die Engel befehlen ihm daraufhin, zu seinem Leibe zurückzukehren, versprechen ihm aber zum Trost, sie wollen ihn nach Ablauf eines ihm zugemessenen Erdenwandels wieder abholen ... Da kehrt seine Seele in den Leib zurück, ‚ohne sagen zu können, wie das vor sich ging‘. Furseus erwacht und hört die Klagelieder der Trauergemeinde, die ihn bestatten will. Seine Freunde sind überrascht und bemühen sich eiligst, sein Gesicht von den Totentüchern freizumachen. Das gleiche geschieht in der folgenden Nacht. Wieder erwartet er, schon gelähmt, unmittelbar den Tod. Wieder wird er ‚entrafft‘. Wieder schaut er die Engel, und wieder erlebt er besonders umständlich die Rückkehr in den Leib. Jetzt belästigt ihn unterwegs ein Dämon und fügt ihm Brandwunden an der Schulter und im Gesicht zu, die man später wahrnehmen wird. Die Engel tragen ihn auf das Dach seiner Kirche. Und von hier aus, in diesem festen Abstand, sieht er wunderbarerweise durch das Dach und die Wände hindurch seinen von der Seele verlassenen bloßen Leib liegen. Es ergreift ihn Angst vor diesem fremdartigen Leichnam, und er weigert sich entschieden, sich ihm zu nähern. Erst als der Engel verspricht, daß er ohne Leiden wieder in seinen Leib eintreten und daß er wiederkommen werde, ihn zu holen, läßt er sich darauf ein. Er sieht, wie der Leib an der Brust geöffnet wird, um ihn wieder einzulassen. Er erwacht dann in seinem Leibe wie aus einem tiefen Todesschlaf und erblickt um sich die Menge der Verwandten, Nachbarn und Kleriker, die sich inzwischen eingefunden haben.‘ Atem und Herzschlag setzen wieder ein."[22]

Der Unterschied zwischen Erklärung und Bedeutung

Wir haben bisher Nahtod-Erfahrungen dargestellt und begonnen, sie mit Hilfe ihrer „Grundmuster" ein wenig zu strukturieren, Bausteine herauszufinden, die immer wieder in ihnen vorkommen. Wie sollen nun die in der Einleitung angesprochenen Ziele erreicht werden? Wir möchten ja den Kern dessen herausarbeiten, was Naturwissenschaft zur Erklärung von Nahtod-Phänomenen beizutragen hat.

So spektakulär die Ergebnisse sind, die sich hierbei abzeichnen, so sehr sind die Grenzen zu beachten, die einer naturwissenschaftlichen Betrachtung von Nahtod-Erlebnissen gesetzt sind. Das ist sowohl positiv wie negativ gemeint: Positiv gesehen ist mit der neueren Physik unser Verständnis von Kosmos und Natur wesentlich erweitert worden. Die Grenzen zu einem „Jenseits" hin werden fließend, Körper und Geist erscheinen in einem neuen Verhältnis zueinander. Negativ betrachtet ist aber um so schärfer die Beschränkung zu beachten, mit der sich naturwissenschaftliche Forschung generell abzufinden hat. Allgemein gesehen ist es die Trennlinie zwischen Erklärung und Bedeutung. Sie wird oft verwischt.

Sieht man die Natur als ein Buch an – so drückt es der Frankfurter Naturphilosoph H. D. Mutschler aus[23] – , dann ist die Physik die Grammatik, ein unerläßlicher Bestandteil der Texte, der aber nichts über die Bedeutung des Geschriebenen aussagt. In einem anderen Bild gesprochen: Die physikalischen Schwingungsgesetze von Klaviersaiten erklären zwar, wie Klaviermusik zustande kommt, sagen aber nichts über Musik selbst aus.

Um die naturphilosophischen Grundlagen von Naturwissenschaft, auf denen wir aufbauen, offenzulegen, widmen wir ihnen das nächste Kapitel.

Die Grenzen „exakter" Naturwissenschaft sind für uns insbesondere deshalb relevant, weil Nahtod-Erfahrungen in den Bereich der Wissenschaft vom Übersinnlichen, der Parapsychologie, hineingehören. Diese Wissenschaft kämpft einerseits gegen eine materialistische Auffassung von Welt und Mensch um ihre Anerkennung als Naturwissenschaft. Andererseits hat sie sich gegen eine Umarmung durch die Esoterik zu wehren, die sie gleichfalls die Legitimation als Naturwissenschaft kosten würde. Wir suchen im dritten Kapitel die so entstehenden Fragen zu klären.

Dann nehmen wir im vierten Kapitel Spiritismus und Esoterik

selbst unter die Lupe, besonders deren Anspruch, nicht Glaubens-lehren zu verbreiten, sondern wissenschaftliche Ergebnisse zu ver-mitteln. Mit verschiedenen Tricks wird versucht, eine „ganzheit-liche", „holistische" oder durch höhere Erleuchtung erweiterte Pseudowissenschaft als „moderne Naturwissenschaft" hinzustellen. Man erkennt hierbei geradezu prototypische Versuche, den Unter-schied zwischen Erklärung und Bedeutung zu verwischen.

So ausgerüstet diskutieren wir dann im einzelnen (S. 146 ff.), was Naturwissenschaft zur Erklärung der Nahtod-Phänomene beitragen kann. Wir analysieren zunächst materialistische Ansätze, die Nahtod-Erfahrungen etwa nur als „Sauerstoffmangel im Gehirn" zu erklären und damit ihrer tieferen Bedeutung zu berauben versuchen.

Dann stellen wir Ergebnisse der Nahtod-Forschung auf dem Boden der Naturwissenschaft im Zusammenhang mit kritisch reflek-tierter Wissenschaft vom Übersinnlichen dar.

Schließlich kommen wir im letzten Kapitel auf Fragen der Bedeu-tung zu sprechen. Sie beziehen die „biologischen" Grundlagen von Religion ebenso ein wie Fragen nach dem Stellenwert von Nahtod-Erlebnissen im Gesamtverständnis von Natur und Jenseits sowie konkrete Probleme, die die persönliche, insbesondere die religiöse Lebensgeschichte betreffen.

Zum Titel des Buches seien hier einige Bemerkungen vorausge-schickt: Man beachte die Anführungsstriche in „Ich war tot". Wenn auch oft davon gesprochen wird, daß Menschen, die ein Nahtod-Erlebnis hatten, „klinisch tot" gewesen seien, so nehmen wir jedoch an, daß Nahtod kein vorübergehender Tod ist, sondern daß der Lebensfaden, wenn auch hauchdünn, erhalten geblieben ist.

Für die Medizin tauchen immer wieder neue Rätsel auf, wie der Tod wirklich festzustellen ist. Herzstillstand reicht nicht aus, selbst das Verlöschen aller Hirnstromkurven im Elektroenzephalogramm (EEG) hat sich als nicht genügend erwiesen. Man hat eine Reihe von Tests entwickelt, um „Restreaktionen" des Körpers zu überprüfen oder Spuren des Atems festzustellen. Gerade das deutet aber an, daß in den schwer meßbaren „tiefen" Hirnbereichen eine Erlebniswelt noch aktiv sein mag, die von außen sehr schwer zu erkennen ist. Möglicherweise ist eine derartige Erlebniswelt bei Nahtod-Erfahrungen beteiligt (ohne diese zu erklären). In jedem Fall sprechen wir nicht von „Jenseitsreisen", wenngleich die Beziehungen zu einem „Jenseits" Gegenstand unserer Erörterungen sein werden.

Welt- und Menschenbild der Naturwissenschaft

Das kreative Chaos

Vor einigen Jahren wurde eine repräsentative Umfrage in Auftrag gegeben, die den Zusammenhang zwischen Kreativität und einem aufgeräumten Schreibtisch untersuchen sollte. Es stellte sich heraus, daß kreative Wissenschaftler, Schriftsteller und Führungskräfte weitaus häufiger an chaotischen Schreibtischen zu finden sind als an vorbildlich geordneten. Ein Topmanager demonstriert vielleicht Stärke, wenn er sich an seinem Schreibtisch fotografieren läßt, auf dem kein Stück Papier liegt. Aber Schöpferkraft beweist er damit nicht. Die findet man eher in Papiernestern, die kaum noch Platz zum Schreiben lassen. Das bedeutet nicht, daß man schon dann kreativ ist, wenn man Unordnung schafft. Man sollte schon ab und zu seinen Schreibtisch aufräumen! Aber es gibt ein Phänomen des „kreativen Chaos"; es betrifft nicht nur Schreibtische, sondern das Verhältnis von Ordnung und neuer Gestalt, wo immer es auftritt, insbesondere in der Natur.

Die Rolle des Chaos ist sogar theoretisch derart grundlegend, daß ein neuer Zweig der Mathematik entstanden ist, Chaostheorie genannt.[1] Mit Hilfe dieser Chaostheorie stößt man auf unerwartete neue Einsichten in kreatives Geschehen in der Natur. Solche Einsichten liefern uns den Rahmen für ein Naturverständnis, in dem Nahtodeserlebnisse in neuer Weise eingeordnet werden können. So lohnt es sich, wenn wir uns der kleinen Mühe unterziehen und den mathematischen Begriff von „Chaos" auseinandernehmen. Interessanterweise ist das fast ohne Mathematik möglich, nämlich mit einfachen Gedanken, die man über das Krabbeln einer Fliege anstellt!

Die Fliege auf dem Zifferblatt

Wir denken uns das Zifferblatt einer Uhr, die groß genug ist, um das Krabbeln einer Fliege auf dem Zifferblatt beobachten zu können. Die Fliege soll folgende merkwürdige Angewohnheit haben: Jedes Mal, wenn wir kurz auf das Zifferblatt klopfen, fliegt sie nicht davon, sondern krabbelt hintereinander drei Wegstücke. Zuerst bewegt sie sich so, als sei sie die Spitze eines großen Zeigers und verdoppelt die Minutenzahl, wenn der Zeiger zwischen „ganz" und „halb" steht, macht also beispielsweise aus 10 Minuten 20 Minuten und aus 25 Minuten 50 (Figur 1 a und b).

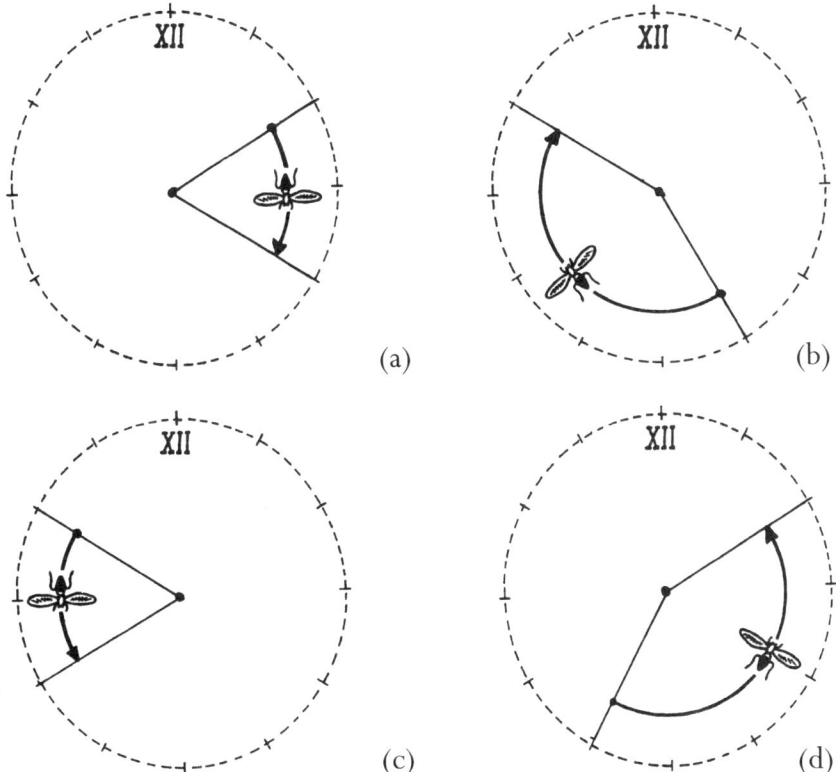

Figur 1: „Fliege auf einem Zifferblatt": Erstes Teilstück einer Ortsveränderung, mit der ein chaotischer Vorgang erklärt werden soll

Steht der „Zeiger" zwischen „halb" und „ganz", dann läuft die Fliege in die Gegenrichtung und verdoppelt die Minutenzahl vor der vollen Stunde, geht also etwa von 50 Minuten auf 40 Minuten zurück oder von 35 Minuten auf 10 (Figur 1 c und d). Als nächstes krabbelt die Fliege auf der Zeigerlinie so zum Mittelpunkt der Uhr hin oder vom Mittelpunkt der Uhr weg, daß der Abstand vom Mittelpunkt mit sich selbst multipliziert wird, also bei 2 dm (wir nehmen Dezimeter als Einheit) in 4 dm übergeht oder bei 0,5 dm in 0,25 dm. Schließlich bewegt sich die Fliege in Richtung eines Pfeils c einer festen Länge und Richtung. Figur 2 gibt ein Beispiel für die Gesamtbewegung der Fliege an.

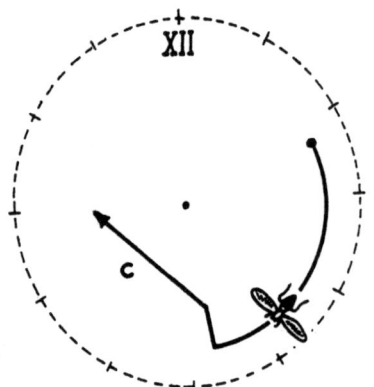

Figur 2: Grundmuster der Ortsveränderung einer „Fliege"

Natürlich ist es unwesentlich, daß wir eine krabbelnde Fliege betrachten. Wir können uns auch Kinder auf einer Wiese denken, die nach entsprechenden Regeln „Standortwechsel" spielen oder einen kleinen Roboter bauen, der die angegebenen Bewegungen ausführt.[2]

Nach diesen Vorbetrachtungen können wir uns das mathematische Phänomen „Chaos" klarmachen: Wir klopfen nicht nur einmal auf das Zifferblatt, sondern immer wieder, wobei die Fliege stets nach derselben Regel – bei einem eingangs fest gewählten Pfeil c – weiterläuft. Wir beobachten, wohin die Fliege nach längerer Zeit gelangt. Wie man aus dem Beispiel in Figur 3 ersehen kann, ist das im allgemeinen nicht leicht zu erraten. Uns interessiert nur die folgende Alternative: Entweder die Fliege krabbelt immer weiter weg und gelangt schließlich „nach unendlich", wenn wir „unendlich oft" klopfen. Oder sie bleibt auf einem genügend großen Zifferblatt, auch wenn sie „unendlich oft" ihren Standort wechselt. Im ersten Fall sagen wir kurz: die Fliege „läuft weg", im zweiten Fall: die Fliege „bleibt in der Nähe".

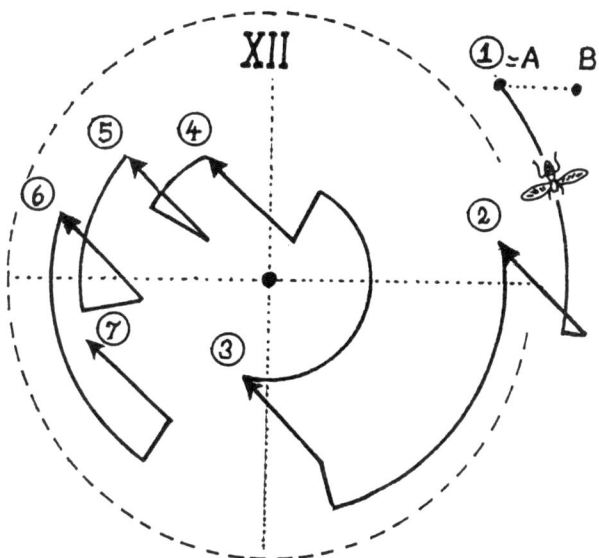

Figur 3: Wiederholte Ortsveränderung einer „Fliege", bei der die „Fliege" auf dem Zifferblatt bleibt. Bei Wahl des Startpunktes B würde die „Fliege" immer weiter weglaufen

Nehmen wir nun an, daß zwei Fliegen auf dem Zifferblatt sitzen, die sich nach demselben Krabbelgesetz (mit demselben c) bewegen. Ihre Ausgangsstandorte seien dicht nebeneinander gelegen. Man könnte annehmen, daß sie sich nach mehrfachem Klopfen zwar etwas voneinander wegbewegen, aber doch in relativer Nähe zueinander bleiben. Das wird auch häufig so sein, aber keineswegs immer! Es kann vorkommen, daß bei fast gleichem Ausgangspunkt die eine Fliege wegläuft, während die andere in der Nähe bleibt. (In Figur 3 bleibt eine in A sitzende Fliege in der Nähe, während eine in B hockende – wie man sich leicht klarmacht – wegläuft).

Es gibt Punkte mit der besonderen Eigenschaft, daß in jedem noch so kleinen Kreis um den Punkt sowohl Standorte existieren, von denen aus die Fliege wegläuft, wie solche, von denen aus sie in der Nähe bleibt. Man sagt, in einem solchen Punkt verhält sich die Regel des Standortwechsels chaotisch. (In Figur 3 findet man zwischen A und B einen derartigen Punkt.) Chaos ist also ein bestimmtes Verhalten einer Regel (mathematisch: einer „Abbildung") in bestimmten Punkten. Die Menge aller dieser Punkte im „Fliegenbeispiel" wird nach ihrem Entdecker Julia-Menge genannt. Sie hängt von der Wahl von c ab. Figur 4 gibt zwei Beispiele.

Figur 4: Zwei Beispiele von Julia-Mengen, bei deren Startpunkten die Regel für die Ortsveränderung der „Fliegen" sich chaotisch verhält

Gaston Julia entdeckte die nach ihm benannten Mengen schon 1916 und ahnte damals nicht, daß sie mehr als ein halbes Jahrhundert später zu einer Revolution im Denken der Naturwissenschaft beitragen würden.[3] Worin besteht diese Revolution?

Kleine Ursache, große Wirkung

Die Fliege auf dem Zifferblatt erläutert nicht nur den mathematischen Begriff des Chaos. Sie kann uns auch helfen, die Beziehung zwischen der rein mathematischen Theorie und deren Anwendung zu verstehen. Nehmen wir an, der Ehrgeiz treibt uns, genau vorherzusagen, ob die Fliege, die dicht an einem Punkt der Julia-Menge sitzt, wegläuft oder in der Nähe bleibt. Zu diesem Zweck vermessen wir genau, wo sie sitzt, etwa mit Hilfe eines fotografischen Bildes, auf dem wir einen „Punkt" der Fliege, etwa das linke Auge, markieren und dessen Abstand vom Mittelpunkt der Uhr bestimmen, sowie die „Minutenzahl", die die Strecke zwischen Auge und Mittelpunkt als „Zeiger" angibt.

Was heißt aber „genau"? Das Fliegenauge ist immer noch ein kleiner, runder Fleck. Aber auch wenn wir dessen „Mittelpunkt" betrachten, sind unsere Meßdaten mit einem „Meßfehler", einer durch die Meßgeräte bedingten Ungenauigkeit behaftet. Man kann zwar sagen: Im Prinzip läßt sich die Meßgenauigkeit beliebig steigern. Die Meßgeräte lassen sich ja immer weiter verfeinern.

Hier liegt jedoch das entscheidende Problem: „Beliebig genau" ist nicht dasselbe wie „unendlich genau". Zwischen diesen beiden Ausdrücken liegen Welten. Sie markieren den Unterschied zwischen mathematischer Idealität und physikalischer Realität. Zwar ist mathematisch für einen Punkt der Julia-Menge wie für jeden Punkt festgelegt, wohin er bei den Abbildungen wandert. Wir müßten aber unendlich genau messen können, um den Ausgangspunkt der Fliege mathematisch genau feststellen zu können. Unsere Meßapparate mögen noch so viele Stellen hinter dem Komma präzise angeben; es reicht nicht für absolute Genauigkeit. Mit „beliebig genauen" Werten entrinnen wir nicht dem Chaos.

Das gilt nicht nur für die Fliege auf dem Zifferblatt, sondern ist eine Feststellung, die allgemein bei der Anwendung mathematischer Gesetze auf Naturvorgänge gilt. Chaostheorie bedeutet also in ihrer Anwendung auf die Naturforschung eine Beschäftigung mit den

Konsequenzen, die kleine und kleinste Änderungen von Größen haben können. Man kann Chaostheorie kurz als mathematische Ausformulierung der Redewendung „Kleine Ursache, große Wirkung" ansehen. Ein Pionier der Theorie, Edward Lorenz, drückte es einmal so aus: Der Flügelschlag einer Möwe kann einen Hurrican auslösen. Später ersetzte man „Möwe" durch „Schmetterling" und schuf das geflügelte Wort vom „Schmetterlingseffekt". Lorenz war von Haus aus Meteorologe. Eine Konsequenz der Chaostheorie ist in der Tat, daß eine langfristige Wettervorhersage schon aus theoretischen Gründen niemals möglich sein wird.

Wird der Mond eines Tages verschwinden?

Betrachten wir ein Beispiel der Astronomie. Die Bewegung von Himmelskörpern, etwa die Bahn der Planeten um die Sonne, wird nach den sogenannten Newtonschen Gesetzen berechnet, ein Musterbeispiel für präzise Vorhersagbarkeit, etwa einer Sonnenfinsternis. Merkwürdigerweise ist aber das System Sonne-Mond-Erde keineswegs stabil. In einigen Millionen Jahren wird eine Situation eintreten, in der es möglich ist, daß der Mond von der Erde wegwandert oder die Erde in die Eiseskälte des Weltraums hinausgeschleudert wird. Man weiß nicht, was geschehen wird, wenn die chaotische Situation eintreten wird, eine Situation, bei der nur eine unendlich genaue Kenntnis von Ort und Geschwindigkeit der beteiligten Himmelskörper eine Vorhersage zulassen würde. Es tritt eine Verzweigungssituation ein wie bei einer Weggabelung, wo man sich für einen von zwei Wegen entscheiden muß.

Nun kann man sagen: Was in einigen Millionen Jahren passiert, interessiert uns wenig, wenn bis dahin alles in geordneten Bahnen verläuft. Das mag hinsichtlich Astronomie beruhigen, nicht aber, was den Bereich Biologie betrifft, in dem Verzweigungssituationen ständig auftreten. Biologie möchte ja Naturvorgänge möglichst vollstän-

dig auf physikalische Gesetze zurückführen und so darüber hinweg-
kommen, daß sie noch weitgehend eine beschreibende, nicht
begründende Wissenschaft ist. Je mehr aber die Biologie nach präzisen Gesetzen sucht, desto mehr findet sie Verzweigungssituationen,
in denen sich die Gesetze chaotisch verhalten.

Es gibt einige Phänomene in der Natur, bei denen sich durch kon-
tinuierlichen Fluß sämtliche Verzweigungsmöglichkeiten im Laufe
der Zeit realisieren, etwa in einem Flußdelta, wo sich das Flußbett
verästelt, oder in einer turbulenten Strömung, wo um jeden Wirbel
herum wieder ein System kleiner Wirbel zu finden ist, um diese
herum wieder noch kleinere Wirbel, und so fort. Auch bei einem
verästelten Blitz finden wir dieses Phänomen oder beim Farnkraut,
wo ein Seitenblatt eines Blattes wieder dieselbe Struktur hat wie das
ganze Blatt, ebenso ein Seitenblatt eines Seitenblattes. Man nennt
dieses Phänomen Selbstähnlichkeit, grundlegend für die Bildung
sogenannter Fraktale. Auch beim Blumenkohl ist es zu finden.

Fraktale Strukturen sind aber Ausnahmen. Im allgemeinen wird
bei einer Verzweigung nur eine Alternative verwirklicht – wie bei
einem Stück Holz, das ein Flußdelta hinuntertreibt –, und wir können nicht vorhersagen, welche das ist. In dieser Unbestimmtheit
liegt das vorstrukturierte Chaos, das vor allem im biologischen
Bereich der Natur vorherrscht. Die strenge Ordnung der mathematischen Naturgesetze ermöglicht dieses Chaos. Naturgesetze bieten
sozusagen der Natur Wege an, und zwar eine unübersehbare Vielfalt
von Wegen. Die Natur geht aber nur einen Weg. Daß sie dabei Leben
und menschliches Gehirn hervorgebracht hat, ist nicht eine notwendige Folge von Gesetzen, sondern drückt eine Gestaltbildung in chaotischen Prozessen aus. „Gestalt" ist hierbei ein nicht näher definier-
ter Begriff für Phänomene wie „Pflanze", „Tier", „Mensch",
„Bewußtsein". Die Gestaltbildung ist physikalisch oder allgemein
exakt naturwissenschaftlich nicht erklärbar, kann höchstens in Ein-
zelaspekten beschrieben werden. Versteht man Kreativität als Her-
vorbringen von Gestalt, dann ist das Chaos Natur außerordentlich
kreativ, präziser gesagt: geschieht in ihm Kreativität. Die Ordnung

der Naturgesetze verrät aber nicht, wie diese Kreativität zustande kommt.

Damit treten wir dem verbreiteten Irrtum entgegen, durch Evolutionstheorie und Neurophysiologie würden mehr und mehr biologische Vorgänge als gesetzlich determinierte Vorgänge verstanden. Zwar gibt es Gesetze, die der Evolution und den neuronalen Netzen des Gehirns zugrunde liegen. Diese ersetzen aber nur ein wildes Chaos durch ein „geordnetes". Je präziser und detaillierter diese Gesetze sind, desto vielfältiger sind die möglichen Verzweigungen und desto reichhaltiger ist das Chaos. Naturwissenschaft hat keine Antwort auf die Frage, warum die Gestalt des seiner selbst bewußten Menschen daraus hervorgegangen ist.

Was ist Zufall?

An dieser Stelle erscheint es angebracht, etwas zum Begriff „Zufall" zu sagen. Gelegentlich findet man die Vorstellung, daß zwar das Naturgeschehen nicht wie ein Uhrwerk abläuft, wohl aber als Zusammenspiel von Gesetz und Zufall. Vor einigen Jahrzehnten hat der französische Biologe und Nobelpreisträger Jacques Monod ein Buch unter dem Titel „Zufall und Notwendigkeit" veröffentlicht, eine Art biologisches Gegenstück zum philosophischen Existentialismus von Jean Paul Sartre. Monod zeichnet ein Bild der Bedeutungslosigkeit, dem der Planet Erde am Rande einer Galaxie ausgeliefert ist.

In welchem Sinne wird aber hierbei das Wort „Zufall" verwendet? Es gibt zwei ganz verschiedene Begriffe, die mit dem Wort „Zufall" verbunden sind. Zum einen haben wir den mathematischen Begriff von Zufall, wie er sich in einem Wahrscheinlichkeitsmaß ausdrückt: Beim Würfeln hat dieses Maß den Wert „ein Sechstel", da von sechs gleich wahrscheinlichen Möglichkeiten genau eine realisiert wird. In der Biologie lassen sich viele Zusammenhänge so aus der Natur herauslösen, daß man ein Wahrscheinlichkeitsmaß anwenden kann, etwa die Wahrscheinlichkeit dafür, daß eine Mutante überlebensfähig ist.

Diese Verwendung eines exakten Zufallsbegriffes tritt aber nur sehr selten in der Naturwissenschaft auf. Weitaus häufiger wird das Wort „Zufall" in einem anderen Sinn benutzt, nämlich als Ausdruck des Unwissens, warum etwas geschieht. Sieht man keine Ursache für ein Ereignis und zweifelt auch an der Existenz einer solchen, so spricht man gern von „Zufall". Hier hat „Zufall" also einen ganz anderen Sinn als in einem statistischen Naturgesetz. Die Verwechslung beider Begriffe ruft viel Verwirrung hervor. Zufall im zweitgenannten Sinne ist, wie es Hans-Dieter Mutschler ausdrückt, der „Papierkorb der Naturwissenschaft".[4] In diesen steckt man man den lästigen Teil der Natur, weil er nicht in die Aktenordner der Naturgesetze hineinpaßt. Vieles, was wir Zufall im Naturgeschehen nennen, ist aber genauer als „kreatives Chaos" zu bezeichnen. Auch dann drückt es noch unser Unwissen aus. Bei vielen Biologen, darunter namhaften wie Konrad Lorenz oder Rupert Riedl, wird diese Tatsache verschleiert. Man spricht von Mutation, Selektion, Rückkoppelung als den „Baumeistern" der Evolution und personifiziert allgemein „die Natur", die „sich etwas hat einfallen lassen", oder „die Evolution", die „sich ihren Sinn selbst sucht".[5] Hinter dieser bildhaften Sprache verbirgt sich Nichtwissen, Mangel an Kenntnis, warum das Chaos der Natur kreativ ist. Diese Unkenntnis zeigt nicht nur den noch zu geringen Kenntnisstand der Forschung an, sondern ist prinzipieller Art. Auch Jacques Monods Rede vom Zufall verweist nur auf die unverstandene Kreativität im Chaos alles lebenden Seins.

Wittgenstein und das Mystische

Man rätselt immer wieder, warum die Chaostheorie und deren Folgen für unser Naturverständnis erst in den letzten drei Jahrzehnten beachtet wurden, obwohl der französische Mathematiker und Naturforscher Henri Poincaré schon um 1900 die Sache mit dem Mond, der vielleicht davonfliegen wird, entdeckte und sein Schüler Gaston Julia einige Jahre später die „Julia-Mengen" gefunden hatte. Einer der Gründe für diese Entwicklung liegt im Computerwesen. Früher konnte man viele Differentialgleichungen in der Naturwissenschaft nur angenähert „linear" lösen, während man mit Computerhilfe durch weitreichendes numerisches Rechnen mehr und mehr auf „Verzweigungen" und „Schleifen" gestoßen ist.

Vielleicht spielte aber auch eine Rolle, daß man sich ein „reduktionistisches" Weltbild zurechtgelegt hatte, d. h. ein Weltbild, bei dem alle Naturvorgänge grundsätzlich als gesetzlich vorherbestimmt gelten, mit der Toleranz eines begrenzten „Zufallsspielraums". („Materialismus" ist die ideologisierte Sprechweise.) Von diesem Weltbild will man auch heute noch ungern lassen. Zwar ist es für einen Naturwissenschaftler unerläßlich, innerhalb seines engeren Forschungsbereiches reduktionistisch zu denken. Das führt jedoch immer wieder zu unerlaubten Verallgemeinerungen auf „den Kosmos", „die Natur" oder „den Menschen" – teils aus naturphilosophischer Naivität, teils als arrogante Abwehr des Gedankens, daß Naturwissenschaft niemals Herr des kreativen Chaos der Natur sein wird.

Ein großer Denker des 20. Jahrhunderts hat bereits vor Aufkommen der Chaostheorie die Situation der wissenschaftlichen Naturerkenntnis auf eine knappe Formel gebracht, nämlich Ludwig Wittgenstein. Er ist einer der Mitbegründer der modernen mathematischen Logik und hat mit unerbittlicher Schärfe die Grenzen aufgezeigt, die unserer sprachlichen Formulierung von Wirklichkeit gesetzt sind. Einer der meistzitierten philosophischen Sätze ist der Ausspruch Wittgensteins: „Wovon man nicht sprechen kann, darüber muß man schweigen."[6] Zugleich ist es einer der am meisten mißverstandenen Sätze. Er wird oft so verstanden, als könnte man nur solchen Sachverhalten Wirklichkeitscharakter zuschreiben, die sprachlich formulierbar sind, also rationaler Wissenschaft zugänglich sind. Man übersieht dabei einen anderen Ausspruch Wittgensteins: „Es gibt allerdings Unaussprechliches. Dies zeigt sich. Es ist das Mystische."[7] Jedoch hielt sich Wittgenstein sehr zurück mit genaueren Äußerungen zum „Mystischen", um nicht gleich wieder in eine Falle der Unzulänglichkeit von Sprache zu tappen. Er brachte eher mit seiner

Lebenseinstellung zum Ausdruck, welchen hohen Wert er „dem Mystischen" beimaß.

In chaostheoretischer Sprache kann man in etwa das „Mystische" im Sinne Wittgensteins durch die „Kreativität im Chaos Natur" ersetzen. Diese Kreativität zeigt sich; wir beherrschen sie nicht und haben schon Schwierigkeiten, sie angemessen in Worte zu fassen. Das ist nicht so zu verstehen, als müßten wir der Naturforschung Fesseln anlegen. Wir können nur hoffen, immer tiefer und weiter in die Geheimnisse derjenigen Sätze vorzudringen, die wie Saiten eines Klaviers im Kosmos gespannt sind und die Musik der Natur ermöglichen. Wir können aber wissenschaftlich nicht feststellen, wer die Musik spielt.

Daß ein reduktionistisches Weltbild sich bis in die Gegenwart hält, verwundert um so mehr, als schon zu Beginn des 20. Jahrhunderts das klassische Weltverständnis durch Quantentheorie und Relativitätstheorie erschüttert wurde. Wir wenden uns jetzt einigen Aspekten der Quantentheorie zu, die im kreativen Chaos Natur neue Akzente setzen und für unsere späteren Betrachtungen nützlich sind. Als Vorbereitung soll eine Art Märchen dienen!

Abbots eindimensionale Welt neu besehen

Wir steigen in Gedanken einmal in eine Welt hinab, die statt unserer drei Dimensionen nur eine einzige besitzt. Das Universum sei also (ohne Relativitätstheorie) eine Gerade. Zunächst erscheint diese Welt ziemlich langweilig: Als mögliche zusammenhängende „Lebewesen" kommen nur Punkte und Strecken in Betracht. Sie „sehen" sich nur, wenn sie Nachbarn sind, und dann stets als Punkt. Jeder ist zwischen höchstens zwei Nachbarn eingeklemmt, an denen er nicht vorbeikommt.

Gleichwohl hat schon im Jahre 1884 der englische Schriftsteller Edwin A. Abbot in seinem Science-fiction-Roman „Flatland. A Romance in Many Dimensions" die eindimensionale Welt mit interessantem Leben erfüllt. Das entsprechende Kapitel beginnt mit folgendem Bericht:

„Es war der vorletzte Tag des Jahres 1999 unserer Zeitrechnung und der erste Tag der Großen Feiertage. Ich hatte mich bis spät in die Nacht mit meiner Lieblingsbeschäftigung, der Geometrie, unterhalten und begab mich schließlich mit einem ungelösten Problem zur Ruhe, das mir im Kopf umherging. In der Nacht hatte ich einen Traum.

Ich sah eine große Menge kleiner gerader Linien vor mir (von denen ich natürlich annahm, es seien Frauen), die mit anderen Wesen abwechselten, welche noch kleiner waren und glänzenden Punkten glichen – alle bewegten sich auf ein und derselben geraden Linie hin und her und, soweit ich sehen konnte, mit ein und derselben Geschwindigkeit.

Ein verworrenes, vielfältiges Zirpen oder Zwitschern ging in Abständen von ihnen aus, solange sie sich bewegten; doch zuweilen hielten sie stille, und alles war ruhig.

Ich näherte mich einer der größten unter den Frauen (wie ich annahm) und sprach sie an, ohne jedoch eine Antwort zu erhalten. Ebenso erfolglos waren eine zweite und eine dritte höfliche Anrede. Schließlich verlor ich die Geduld mit dem, was mir unerträgliche Grobheit erschien, und bewegte meinen Mund in eine Position genau gegenüber dem ihren, um ihre Bewegung abzuschneiden; dann wiederholte ich laut meine Frage: ‚Frau, was bedeutet diese Versammlung, und dieses seltsame und verworrene Zirpen, und diese eintönige Bewegung hin und her auf derselben Linie?‘

‚Ich bin keine Frau‘, erwiderte die kleine Linie, ‚ich bin der Monarch der Welt. Doch du, woher dringst du in mein Reich Linienland ein?‘..."[8]

Der Erzähler ist ein „altes Quadrat", das in einer Welt mit zwei Dimensionen lebt und einerseits sich vom „Monarchen" das Leben in der eindimensionalen Welt erklären läßt, andererseits vergeblich versucht, dem eindimensionalen Wesen einen zweidimensionalen Kosmos zu beschreiben.

Was geschieht in der eindimensionalen Welt? Um nur einiges aus der lustigen Geschichte mit vielen politischen Anspielungen (etwa zur Rolle der Frau) herauszugreifen: Die Strecken sind männliche, die Punkte weibliche Wesen. Eine Verständigung geschieht akustisch, mit „Longitudinalwellen", Verdichtungen und Verdünnungen, die sich in Richtung der geraden Linie fortpflanzen, auch über die Strecken und Punkte hinweg. Beim Heiraten wird gesungen: Jeder Mann hat an seinen Streckenenden eine Stimme, einen Baß und einen Tenor. Jede Frau hat nur eine Stimme, entweder Alt oder Sopran. So heiratet jeder Mann zwei Frauen, eine Altstimme und eine Sopranstimme, mit denen er gut „harmoniert".

Die Röhrchenwelt und das Jenseits

Wir treiben Abbots Phantasien noch ein wenig weiter. Statt aus einer Geraden soll die „eindimensionale" Welt aus einem hauchdünnen, unendlich langen Röhrchen bestehen. Das Röhrchen ist so dünn, daß die Frauen und Männer nicht merken, was sie „in Wirklichkeit" sind, nämlich winzige Kreise und Rohrstückchen mit sehr kleinem Durchmesser.

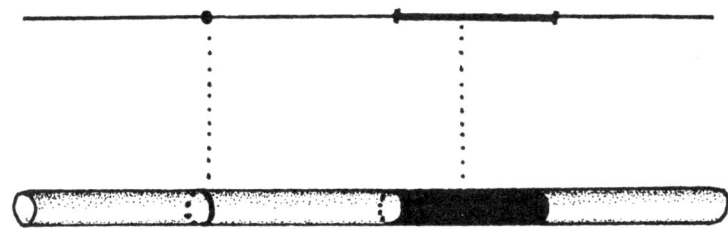

Figur 5: Eindimensionale Welt der Punkte und Strecken,
erweitert zur „Röhrchenwelt" eines sehr dünnen Röhrchens

Die Schallwellen, die sie beim Singen aussenden, breiten sich jetzt entlang der Oberfläche der Röhrchenwelt aus; es bleibt äußerlich alles beim alten. Die „Sinneswahrnehmung" ist immer noch eindimensional, denn die Röhrchenquerschnitte haben einen zu kleinen Durchmesser, um von den „Lebewesen" registriert zu werden. Das „Universum" ist zwar zweidimensional, nämlich die Oberfläche des unendlichen Röhrchens, die „Erlebniswelt" weist jedoch nur eine Dimension auf.

Wir gehen noch einen Schritt weiter: Die „Frauen", also kleine Kreise, können sich nicht nur wie Ringe auf einem Finger hin und her bewegen. Sie können auch innere Schwingungen ausführen, wie Metallringe, die man zum Klingen bringt, indem man sie anschlägt. Bei „Männern" können entsprechend alle Ringe des Rohrstückchens ertönen und so vielfältige innere Klänge – die die „makroskopischen" Ohren nicht hören – erzeugen.

Hier ist es nun angebracht, die Ungleichheit von Mann und Frau zu beseitigen. Wir nehmen auch die weiblichen Wesen als Röhrchenstücke an. Die Schwingungsmuster, die ihren Kreisen eigen sind, können sich ja von denen der männlichen Wesen unterscheiden.

Die so variierten Abbotschen eindimensionalen Wesen sind also voller Musik: der „inneren", die sie nicht hören, die aber zu ihrer Existenz gehört, sowie der langwelligen Musik, die beim Singen über sie hinwegstreicht.

Wir denken uns die Musik in Längsrichtung noch erweitert durch „stehende Wellen" innerhalb eines jeden Rohrstückchens, eine Art Orgelmusik auf einer einzelnen Pfeife; sie soll die Lebendigkeit der „Lebewesen" repräsentieren, wie sie von den „eindimensionalen" Sinnen wahrgenommen wird, beispielsweise eine Art Herzschlag. Die Wellenlänge der Longitudinalwellen ist ungleich größer als diejenige der inneren Schwingungswellen der Saiten, so daß letztere von den „Sinnen" nicht wahrgenommen werden. Jede kreisförmige Saite hat dabei ein festes, charakteristisches Schwingungsmuster. Man kann sich demnach jedes Wesen als eine kontinuierliche Reihe von Schwingungsmustern denken, die auch in Längsrichtung – mit langgestreckten Schwingungen – wechselwirken, aber nur so, wie kleine Kräuselwellen auf Meereswellen „reiten". So verbindet sich in den Abbot-Wesen zweierlei Musik: die „hörbare" in Longitudinal-wellen und die verborgenen Klänge der inneren Saiten.

Phantasieren wir weiter und verschaffen der Musik noch mehr Klangmöglichkeiten! Wenn schon das, was unter der „Wahrneh-mungsschwelle" der makroskopisch eindimensionalen Wesen geschieht, voller Form und Bewegung ist, dann kommt es nicht mehr darauf an, wenn wir noch mehr Gestalt hineinzaubern. Nur muß sich alles in winzig kleinen Ausdehnungen abspielen.

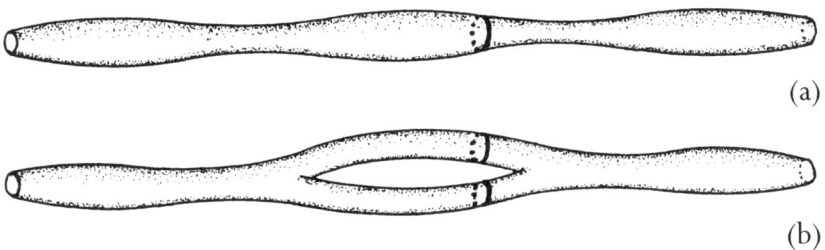

(a)

(b)

Figur 6: (a) Röhrchen mit Verdickungen
(b) Röhrchen mit Verdickungen und einer Verzweigung

So können wir uns denken, daß sich beim Schwingen der Saiten das Röhrchen verdickt und verdünnt (Figur 6 a). Es kann sich sogar so verformen, daß die Querschnitte, die den ursprünglichen Punk-ten der eindimensionalen Gerade entsprechen, wie eine Acht aus-sehen oder in mehrere Kreise zerfallen (Figur 6 b). Dabei ist alles ständig in Bewegung. Kreise verformen sich in Schleifen und zwei oder mehr Kreise, vereinigen sich wieder und schwingen dabei nach festen Regeln der Harmonie.

Aus langweiligen Abbot-Strecken sind also vielgestaltige und indi-viduell zu unterscheidende schwingende geometrische Gebilde geworden. Makroskopisch „fühlen" sie sich noch wie Strecken mit Reihen von Punkten als ihren „Atomen". Aber sie sind viel mehr.

Holen wir noch eine letzte, phantastische Möglichkeit für die neuen Abbot-Wesen hervor! Bei der Formwandlung, die ständig in

Figur 7: Röhrchen, von dem sich ein Teilstück ablöst

einem Lebewesen zugange ist, kann sich auch ein Teil ablösen (Figur 7), sei es vorübergehend oder irgendwann auf Dauer. Nehmen wir an, die Lebewesen sind so eingerichtet, daß sich eine innere Gestalt ausbildet, die sich in dem Augenblick ablöst, in dem die Längsschwingungen – etwa der „Herzschlag" – aufhören, das Lebewesen also stirbt. Das Schwingen der winzigen Saiten ist ja von diesem „Tod" nicht betroffen, es geht also weiter. Wir stellen uns die Ablösung so vor, daß der abgelöste Teil nicht irgendwohin diffundiert, sondern zu einem Röhrchen hinstrebt, das das erste Röhrchen umgibt (in Figur 8 zeichnen wir nur einen Querschnitt). Scherzhaft nennen wir die erste Röhrchenwelt das „Diesseits", die neue, äußere Röhrchen-

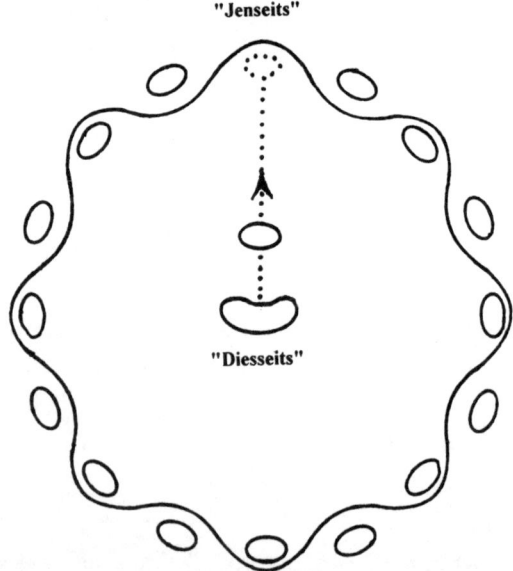

Figur 8: Querschnitt zweier Röhrchen, die ineinander liegen.
Ein abgelöstes Teilstück des inneren Röhrchens wandert zum äußeren Röhrchen

welt das „Jenseits" und den abgelösten Teil die „Seele" des Lebewesens. Dann wandert die „Seele" im Augenblick des „Todes" vom „Diesseits" zum „Jenseits".

Was Abbots „altes Quadrat" wohl sagen würde? Da es selbst zweidimensional ist, dürfte es keine prinzipiellen Schwierigkeiten haben, die neue Abbot-Welt zu begreifen.

Materie, Geist und Musik auf sechsdimensionalen Saiten

Das „Märchen" von der verzauberten eindimensionalen Welt Abbots, das wir im vorigen Abschnitt kennengelernt haben, ist nicht so märchenhaft, wie es scheinen mag. Läßt man die anthropomorphen Anspielungen weg, dann bleiben Grundgedanken der neuesten Theorie von Materieteilchen und Kräften, eingeschränkt auf einen eindimensionalen Kosmos. Schon Einstein hat sich in den letzten Jahrzehnten seines Lebens ausgiebig mit den „Röhrchen" beschäftigt. Er hatte allerdings keinen Erfolg. Während Einstein sonst seiner Zeit weit voraus war, fehlten diesesmal die mathematischen Hilfsmittel für einen gedanklichen Durchbruch. Was Einstein leidenschaftlich suchte, war eine Verschmelzung der beiden großen Theorien seiner Zeit, zu denen er entscheidend beigetragen hatte, der Relativitätstheorie und der Quantentheorie. Insbesondere ging es darum, die „vier Grundkräfte" der Natur, Gravitation, elektromotorische Kraft sowie die „starke" und die „schwache" Kernkraft, in einer einheitlichen Theorie zusammenzufassen. 1921 konnte ein deutscher Physiker, Theodor Kaluza, Gravitation und elektromotorische Kraft unter einen Hut bringen. Dazu benötigte er aber einen vierdimensionalen Raum, was nicht der Wirklichkeit entsprach.

Einstein und die Röhrchenwelt

1926 hatte jedoch ein schwedischer Physiker, Oskar Klein, die glänzende Idee mit den Röhrchen: Man denke sich den gewöhnlichen dreidimensionalen Raum so zu einem vierdimensionalen erweitert, daß jeder Punkt durch einen winzigen Kreis und jede Gerade durch ein Röhrchen mit entsprechend kleinem Durchmesser ersetzt wird. Unsere Sinneswahrnehmung bleibt dreidimensional, weil der Schleifendurchmesser weit unter den von unseren Sinnesorganen wahrnehmbaren Ausdehnungen bleibt. Auch ein Elektronenmikroskop könnte nicht helfen: Die Schleifen sind um Größenordnungen kleiner als ein einzelnes Elektron.

Der so erweiterte Raum ist natürlich anschaulich nicht vorstellbar. Die Beschränkung auf eine klassisch eindimensionale Welt (siehe vorigen Abschnitt) hilft uns, wenigstens die Grundideen zu verstehen.

Kaluza, Klein und Einstein schafften es nicht, auch die beiden Kernkräfte in ihr Denkgebäude einzubeziehen, und so geriet die Theorie mit den Röhrchen für Jahrzehnte in Vergessenheit. Die Physik brauchte einen langen Weg, bis die Idee, jeden physikalischen Punkt durch eine schwingende Schleife zu ersetzen, wieder zum Vorschein kam – allerdings in einer veränderten Weise.[9]

Das Neue des nun „Superstringtheorie" genannten Denkgebäudes betrifft vor allem die Dimension: Es stellte sich heraus, daß man bespielsweise mit sechsdimensionalen Saiten eine brauchbare Theorie entwickeln kann. Auch 22dimensionale Schleifen werden erwogen. Es scheint aber, daß sich die sechsdimensionalen durchsetzen werden, so daß der physikalische Raum insgesamt neundimensional gedacht wird (oder als zehndimensionale „Raumzeit").

An der neuen Theorie wird noch von vielen Mathematikern und Physikern fieberhaft gearbeitet. Einer der Begründer der Theorie mit den sechsdimensionalen Saiten, Edward Witten, meint, daß die Superstringtheorie eine „Physik des 21. Jahrhunderts" ist, „die sich ins 20. Jahrhundert verirrt hat". Witten arbeitet an der letzten Wirkungsstätte von Einstein in Princeton und gilt als führender Kopf der neuen Entwicklung. Erwartungsgemäß gibt es auch Skeptiker unter Physikern, vor allem Experimentalphysiker, weil man kaum je in der Lage sein wird, die Richtigkeit der Superstringtheorie durch gezielte Experimente nachzuprüfen. Aber die Überzeugung wächst, daß das neue Gebäude, das an mathematischer Schönheit, Tiefe und Eleganz alles bisher Dagewesene weit übertrifft, gar nicht fehl am Platz sein kann. Nur um die Einzelheiten wird man noch intensiv ringen müssen.

Alllein die Möglichkeit des neuen Weltmodells ist ein Anhaltspunkt dafür, wie weit wir aus gewohnten Vorstellungen ausbrechen können und möglicherweise sogar müssen, um einigermaßen zu verstehen, was die Grundgesetze des Kosmos sind. Was mit der „Quantentheorie" schon Anfang des Jahrhunderts begonnen hat, erhält eine neue Dramatik, vor allem durch das Denken in höheren Dimensionen.

Hintergrundsound und Fortissimotöne

Um noch einmal einige Kerngedanken hervorzuheben: Man denkt sich physikalische „Punkte" durch schwingende „Saiten" („Strings") ersetzt. Sie sind sechsdimensional, haben jedoch in allen sechs Dimensionen einen so kleinen Durchmesser, daß eine Saite im Verhältnis zu einem Elektron weitaus kleiner ist als ein unsichtbares Staubteilchen im Verhältnis zum gesamten Planeten Erde.

Was „schwingt" aber? In unserer Vorstellung setzen Schwingungen ein Medium voraus, das schwingt: Wasser, Luft, Metall oder, wie bei Violinsaiten, Schweinedärme. Schwingung geschieht in der Materie. Wir wollen jedoch gerade Materie mit Hilfe der Strings beschreiben, dürfen Materie also nicht schon voraussetzen. Im Grunde ist es der Raum selbst, der schwingt, eine abstrakte Vorstellung, die man mathematisch ausdrückt. Am besten umschreibt man die komplizierten mathematischen Formeln in der Sprache der Musik: Gravitation ist leiser Hintergrundsound, elektrische und magnetische Kräfte stellen mittelstarke Töne dar. Materieteilchen aber sind Fortissimotöne. Materie und die in ihr wirkenden Kräfte verkörpern so etwas wie „Harmonie der Sphären" oder „Sphärenklänge".

Die Art und Weise, wie die Physik nunmehr die materielle Welt beschreibt, ist phantastischer, als es sich Science-fiction-Romane ausdenken. Manche werden einwenden, daß die Physik mit solchen Gedanken von der Realität unserer konkreten Welt abhebt. Aber die bittere Wirklichkeit der Atombomben mag uns daran erinnern, daß aus einer Handvoll „toter" Materie Kräfte freigesetzt werden können, die eine Großstadt und viele tausend Menschen in Bruchteilen einer Sekunde vernichten. Der Stoff, aus dem Erde und Galaxien sind, birgt tiefe Geheimnisse. Einige von ihnen werden durch die Physik entschlüsselt, aber wirklich nur einige.

Die Geheimnisse wachsen ins Unermeßliche, wenn man zu verstehen versucht, wie die Gestalten der Natur zustande kommen, wie die „Kreativität" im galaktischen Staub erscheint. Auch die Superstringtheorie reicht nicht aus, biologische Wesen zu beschreiben. Sie kann bestenfalls den Boden untersuchen, auf dem lebendige Strukturen wachsen. Das reicht bis zu der Frage, ob Phänomene des Geistigen nicht nur in den Nervenzellen des Gehirns verankert sind, sondern viel umfassender in den schwingenden Strukturen der Strings.

Im vorigen Abschnitt hatten wir die Möglichkeit diskutiert, daß sich eine Teilstruktur von einem „Lebewesen" ablöst und hatten sie scherzhaft „Seele" genannt. Sie konnte in ein „Jenseits" abwandern, das dem „Diesseits" vergleichbar strukturiert ist – aber auch ganz anders und noch vielfältiger sein könnte. Sind in diesen Gedanken wirkliche Anhaltspunkte für eine „unsterbliche Seele" beim Menschen und deren Weiterleben in einem „Jenseits" enthalten? Ehe wir auf diese Frage zurückkommen, befassen wir uns mit dem, was die Wissenschaft vom Gehirn über die „Materialisation des Ichs" zu sagen hat.

Gehirnforschung vor neuen Problemen

Das Bild vom Menschen wird gegenwärtig immer stärker durch Gehirnforschung beeinflußt, an die sich eine eigene „Neurophilosophie" angeschlossen hat. Beide bestärken sich gegenseitig in ihrer

Vorstellung, daß alle geistigen Vorgänge im Menschen, Gefühle eingeschlossen, elektrophysiologische Prozesse sind, die sich im Netz von 100 Milliarden Nervenzellen des menschlichen Gehirns abspielen und unseren Meßapparaten zugänglich sind.

Wie eine neuere Form von Hirnforschung aussieht, sei an einem Beispiel erläutert. An der Universität von Texas in San Antonio wurde 1991 ein „Research Imaging Center (RIC)" gegründet. Es wird mit Millionenspenden, u. a. vom Pentagon und dem Milliardär Ross Perot (Ex-Präsidentschaftskandidat), gefördert. 60 Wissenschaftler arbeiten an einem „Manhattan-Projekt des Bewußtseins". Die Methode besteht darin, Versuchspersonen eine Kappe mit 64 eingenähten Sensoren aufzusetzen und dann mit Hilfe eines Computertomographen die vom Gehirn ausgehenden Ströme in Computerbilder umzusetzen. Bei einem Stotterer etwa hat man das Stotterzentrum entdeckt, ein kleines Gebiet im Gehirn, das sich auf dem Bildschirm rot färbt, wenn der Proband stottert. Man will nicht nur Wissen sammeln, sondern auch heilen: Das gelingt mit elektrischen Reizungen des Stotterzentrums, mit denen die Sprachhemmungen langsam abgebaut werden.

Das ist ein durchaus erfreulicher Fortschritt in der Heilkunst. Wie weit führt aber der Fortschritt? Es wird auch von einer jungen Frau berichtet, die eine Fehlgeburt hatte. Es gelang, die Zentren im Gehirn zu finden, die immer dann aktiviert werden, wenn die Frau an die Fehlgeburt erinnert und dann traurig wird. Trauer ist demnach auch „heilbar". Und was ist Depression? „Immer noch glauben viele, Depressionen hätten ihren Ursprung irgendwo in einer verkorksten Psyche", wird die RIC-Neurologin Helen Mayberg zitiert.[10] „Doch Menschen leiden an Depressionen, weil ihr Gehirn krank ist, und nicht etwa, weil sie zu schwach sind, das Leben zu ertragen, oder weil ihre Mutter sie schlecht behandelt hat. An Depressionen trifft niemand die Schuld." So wird also die Hoffnung geweckt, daß man demnächst per Knopfdruck schwerstes inneres Erleben in Glückseligkeit verwandelt.

Was möglicherweise dabei angerichtet wird, scheint nicht bedacht zu werden. Im Vergleich sieht das etwa so aus: Wird auf einem Klavier beim Versuch, einen Akkord anzuschlagen, versehentlich eine Taste zuviel bewegt, dann kann man den Mißton dadurch beseitigen, daß man die dem Mißton entsprechende Saite mit einer Metallschere durchschneidet. Der Akkord erklingt dann rein – die „Nebenwirkungen" sind jedoch offensichtlich. Zwar wird es schwere Krankheiten geben, bei denen man zu ungewöhnlichen Maßnahmen als dem „kleineren Übel" greift: So zertrennt man in manchen Fällen schwerer Epilepsie die Nervenverbindungen zwischen der linken und der rechten Hirnhälfte. Man nimmt dabei eine geistige Schädigung des Patienten in Kauf. So mag es schwere Depressionen geben, bei denen man, statt wie bisher Medikamente zu geben, nunmehr per Computertomographie reizt, um Linderung zu schaffen. Die Veränderungen in der Persönlichkeit können jedoch erheblich sein.

Was für unsere Überlegungen am wichtigsten erscheint, ist die Denkweise, die offensichtlich am RIC mit Forschung und Therapie einhergeht. Hätte Frau Mayberg nur gesagt, daß mit Depressionen gewisse Reaktionen in bestimmten Hirnarealen verbunden sind, die man beeinflussen kann, so wäre das eine begründete sachliche Feststellung gewesen. Sie fügt aber hinzu, Depressionen seien nicht durch die Lebensgeschichte bedingt, hätten nichts mit einer „verkorksten Psyche" zu tun.

Derartige Äußerungen sind nicht nur menschenverachtend, sie sind auch unwissenschaftlich, durch kein Forschungsergebnis gedeckt. Leider sind sie aber symptomatisch und drücken eine naive Arroganz aus, die bei vielen Neuroforschern üblich ist, wenn es um das Verstehen des Denkens, der Psyche, allgemein des „Ichs" im Verhältnis zu Hirnvorgängen geht.

Wie vor 200 Jahren

In der Studie „Die Materialisierung des Ichs" hat Olaf Breidbach in eindrucksvoller Weise die Geschichte der Hirnforschung im 19. und 20. Jahrhundert nachgezeichnet. Ein Leitgedanke kehrt in dieser Forschung immer wieder: Kann man die „Seele" im Gehirn dingfest machen? Ist ein Steuerzentrum, das die Ganzheit des Ichs repräsentiert, entweder an einer bestimmten Stelle des Gehirns zu lokalisieren oder durch andere Funktionszusammenhänge beschreibbar?

Wie Breidbach hervorhebt, stand bereits am Anfang dieser Diskussion ein Einwand, der eigentlich zugleich das Ende der Diskussion hätte bedeuten können: Als 1796 der berühmte Anatom Thomas Soemmering zu Ehren des Philosophen Immanuel Kant die Schrift „Über das Organ der Seele" herausbrachte, fügte Kant dieser Schrift ein Nachwort hinzu, das – ehrlich, aber nicht gerade freundlich – die Grundgedanken Soemmerings verwarf. Soemmering hatte versucht – in Anlehnung an Albertus Magnus im 13. Jahrhundert – die Seele als „flüssige Seelensubstanz" im wesentlichen in der Hirnflüssigkeit zu orten. Kants Einwand betraf die Idee einer Materialisierung der Seele überhaupt und kann etwa so umschrieben werden: Um entscheiden zu können, ob und gegebenenfalls wo „die Seele" materiell realisierbar ist, benötigt man einen Begriff von Seele, der schon auf diese Frage zugeschnitten, in dem also „Seele" als objektivierbar vorausgesetzt wird. Kant nennt eine solche Betrachtung eine „äußere Anschauung". Diese kann aber niemals die „innere Anschauung" ersetzen, die wir mit „Seele" verbinden. „Nun kann die Seele", so Kant, „sich nur durch den inneren Sinn, den Körper aber (es sei inwendig oder äußerlich) nur durch äußere Sinne wahrnehmen, mithin sich selbst keinen Ort bestimmen …"[11]

Die Nachfolger Kants haben die Kritik noch verschärft. Hegel meinte in einer Betrachtung zur „Physiognomik und Schädellehre" über das Verhältnis von Gehirn und Geist (anstelle von „Seele" ist bei Hegel von „Geist" die Rede):

„Gehirnfibern u. dgl. als das Sein des Geistes betrachtet, sind schon eine gedachte, nur hypothetische – nicht daseiende, nicht gefühlte, gesehene, nicht die wahre Wirklichkeit; wenn sie da sind, wenn sie gesehen werden, sind sie tote Gegenstände und gelten dann nicht mehr für das Sein des Geistes."[12] Reduziert man den Geist auf materielle Struktur, dann wird Denken, wie Hegel drastisch sagt, nichts „als Pissen".[13]

Allerdings muß gesagt werden, daß der „deutsche Idealismus", der dann die „innere Anschauung" auf die Spitze trieb („absolutes Ich" bei Fichte), eine unglückliche und unnütze Kontroverse zwischen Natur- und Geisteswissenschaften ausgelöst hat. Dabei wurde das ursprüngliche Anliegen von Kant etwas verschüttet. Kant ging es mit der „inneren Anschauung" hauptsächlich um die Bedingungen für rationale, insbesondere wissenschaftliche Erkenntnis. Das Denken ist schon da, wenn wir denken, etwa wissenschaftliche Ergebnisse formulieren. Es ist innere Bedingung für „äußere" Erkenntnis. Die Seele umfaßt das Denken, sie ist auch schon da und ist gleichfalls „innen". Sie ist also nicht Ergebnis äußerer Erkenntnis. Vielmehr setzt äußere Erkenntnis die Seele schon voraus. In heutiger Sprache besagt das: „Ich" ist kein naturwissenschaftlicher, sondern ein naturphilosophischer Begriff. Vorgänge im Gehirn oder andere Merkmale, die wir mit dem Ich in Beziehung bringen, sind Objekte rationaler Erkenntnis, nicht aber das Ich selbst.

Dieser Sachverhalt ist selten von den Naturwissenschaften ausreichend zur Kenntnis genommen worden, besonders wenig von der Hirnforschung. Die Suche nach lokalisierbaren „Äußerungen" des („inneren") Ichs wurden immer wieder als Suche nach dem Ich selbst interpretiert. Damit wurde diese Suche zur Angelegenheit eines materialistischen Menschenbildes.

Breidbachs Fazit ist, daß sich über 200 Jahre hinweg wenig geändert hat. Beispielsweise kehren die Grundgedanken der von Wilhelm Wundt 1874 vorgelegten „Physiologischen Psychologie" in einem Standardwerk von Patricia Churchland (1988) „Neurophilosophy. Toward a Unified Science of the Mind/Brain" wieder. „Das prinzipielle Bild, auf das sie rekurriert, entspricht … demjenigen, das auch Wundt schon beschrieb: das Bild eines parallelverarbeitenden assoziativen Systems von Neuronen."[14]

„Unsterbliche Seele" — medizinisch betrachtet

Indessen gibt es eine bedeutende Ausnahme: Der australische Hirnforscher und Nobelpreisträger John C. Eccles (1903–1997) hat nicht nur die Unzulänglichkeit der Neuroforschung für ein Verstehen von Ich und Seele anerkannt. Er hat auch ein Denkmodell vorgeschlagen, in dem ein nichtmaterieller „selbstbewußter Geist" (Eccles vermeidet das Wort „Seele" wegen dessen religiöser Vorprägung) als koordinierende Instanz für die Hirnvorgänge herangezogen wird. Breidbach faßt Eccles' Ausgangsargument so zusammen:

„Er deutet an, führt aber nicht systematisch aus, daß die Neurobiologie in einer in ein größeres Argumentationsganzes einzubindenden Problemsichtung stehe. Die Frage nach dem Selbst – so Eccles – greife ja schon im Ansatz über die Neurowissenschaft hinaus. Das Ich, die Größe, die mein Fragen (aber auch mich in meinen Fragen) leitet, sei neurobiologisch nicht einholbar. Sie ist aber – so Eccles – notwendige Voraussetzung meines Tuns und so auch meines neurowissenschaftlichen Fragens."[15]

Wie ernst es Eccles mit einer wirklichen Unabhängigkeit der koordinierenden Instanz vom biologischen Leib meint, zeigt folgende Äußerung von ihm zur Frage, was im Tod geschieht:

„Dann steht die cerebrale Aktivität für immer still. Der selbstbewußte Geist ... findet nun, daß das Gehirn, das er abgetastet und sondiert und so erfolgreich während eines langen Lebens kontrolliert hat, überhaupt keine Meldung mehr gibt. Was dann geschieht, ist die letzte Frage."[16] Hier erscheint also die traditionelle Vorstellung einer unsterblichen Seele in der Sprache der Medizin als Hypothese, ohne die man, laut Eccles, die Hirnvorgänge insgesamt nicht verstehen kann.

Eccles zieht also auf seine Weise die Konsequenz daraus, daß das Ich dem „kreativen Chaos Natur" zuzurechnen ist, und konkretisiert das in einer Beschreibung des „Ich", die ohne die materiellen physikalischen Gesetze des Gehirns auskommt. Allerdings nimmt er eine kausale Wechselwirkung zwischen materiellem Gehirn und nichtmateriellem selbstbewußtem Geist an − eine Schwierigkeit, die gern zum Anlaß genommen wird, von „Eccles' Irrtum" zu reden. Die Schwierigkeit liegt jedoch eher in der Sprache als in der Sache. Der Denkansatz von Eccles, daß die Suche nach dem Ich über die am Materiellen orientierte Neurowissenschaft hinausführt, bleibt davon unberührt. Er trägt der Kantschen Kritik voll Rechnung.

Gleichwohl wird man gut daran tun, die Ecclesschen Gedanken weiterzuentwickeln. Eccles hat selbst schon 1953 auf eine Spur hingewiesen, die er dann nicht weiterverfolgt hat, auf die wir noch zurückkommen werden: Er betrachtet Telepathie als Beweis für die Existenz eines physiologisch nicht faßbaren Geistes. Wir können hinzufügen: Nahtodeserlebnisse, insbesondere Außer-Körper-Erfahrungen, zeigen ebenfalls, daß eine Neurowissenschaft, die das Ich an Vorgänge im neuronalen Netz fesselt, falschliegt. Wie das genauer verstanden werden kann, ohne gleich das ganze Ich auf den Begriff bringen zu müssen, wird noch zu besprechen sein. Hierbei wird das Verhältnis von Geist und Materie, wie es im Anschluß an die Superstringtheorie neu bedacht wird, eine Rolle spielen.

Physikalisch-biologischer Rahmen der Nahtod-Erfahrungen

Wir suchen in diesem Buch nach dem Standort, den Nahtod-Erlebnisse naturwissenschaftlich einnehmen. Dieser Standort hat chaostheoretische, physikalische und biologische Koordinaten. Fassen wir zusammen, was die bisherigen Überlegungen dazu beitragen!

Gesetz und freier Wille im offenen Kosmos

Die Chaostheorie lehrt uns, daß wir mit den Antennen unseres wissenschaftlichen Denkens nur die Gesetze registrieren, die dem „kreativen" Teil des Chaos zugrunde liegen. Wir verstehen damit eher Bedingungen, den Rahmen und die möglichen Wege des Naturgeschehens als das Naturgeschehen selbst. Das gilt um so mehr, je näher wir an das herankommen, was als menschlicher Geist oder als Ich bezeichnet wird. Hierbei kommt der Kantsche Vorbehalt zur Geltung, nach dem objektivierende Erkenntnis niemals das Ich als Ganzes wahrnimmt, weil es dieses in der Reflexion schon voraussetzt. Die Kreativität des Ich als naturphilosophische Vorstellung spielt sich zwar in Kausalprozessen ab, wird aber durch diese nicht erklärt. Die Kreativität des Ich ist vielmehr Teil der unverstandenen Kreativität in der Natur überhaupt.

Auch die Willensfreiheit des Menschen ist Teil dieser Kreativität. In einem materialistischen Menschenbild sucht man nach den Lücken, die eine Kausalerklärung noch zulassen, um so etwas wie freien Willen unterzubringen. Im Sinne der Chaostheorie sieht das umgekehrt aus: Wer gesetzliche Bindungen des Willens behauptet, hat die Beweislast. Sie sind natürlich vorhanden und schränken die unüberschaubare Freiheit des Menschen ein. Diese Freiheit spiegelt etwas von der ungeheuerlichen Gestaltungskraft wider, die im Gesamtgeschehen der Natur verborgen ist.

1973 formulierte der englische Physiker Brandon Carter das „starke anthropische Prinzip" und brachte damit einen besonderen Aspekt der Kreativität im Chaos Natur zum Ausdruck:

„Das Universum muß in seinen Gesetzen und in seinem speziellen Aufbau so beschaffen sein, daß es irgendwann unweigerlich einen Beobachter hervorbringt."[17] Das ist keine physikalische Feststellung, sondern formuliert naturphilosophisch etwas von dem aus, was im kreativen Chaos Natur geschieht. Spuren, die dieses Prinzip im Kosmos außer den physikalischen Gesetzen hinterläßt, sind durchaus aufweisbar:

Die Größe der Gravitationskonstante, der Elektronenladung, das ausgewogene Vorhandensein von Materialien, die für die Existenz biologischen Lebens nötig waren, die Struktur von Wassermolekülen – all das sind Phänomene, für die wir keine kausale Erklärung besitzen. Sie „zeigen sich" schlechthin im Universum und haben den Weg für den Beobachter Mensch (vielleicht auch für andere intelligente Wesen auf fremden Planeten) geebnet.

Wie der Beobachter Mensch als ein seiner selbst bewußtes Wesen insgesamt in den Kosmos eingebunden ist, wirft also schon im Bereich der Physik ungelöste Fragen auf. Daß sich psychische und geistige Vorgänge materiell im Gehirn niederschlagen, ist unbestritten. Wie aber unser Gedächtnis wirklich arbeitet, welche chemischen und elektrophysiologischen Prozesse sich bei Gefühlsäußerungen, Ängsten, bei Hochstimmung oder Schock wirklich abspielen, darüber ist wenig bekannt. John Eccles und der englische Physiker Roger Penrose haben vorgeschlagen, die Quantenphysik in die Hirnforschung einzubeziehen. Noch lassen sich wenige Neurobiologen darauf ein; in einem Beitrag „Lücken im Penrose-Parkett" polemisieren Rick Grush und Patricia Churchland gegen derartige Versuche.[18] Der französische Biologe Louis-Marie Vincent jedoch meint:

„Bezeichnenderweise stellen sich heute die Physiker, vor allem die Vertreter der Quantenphysik, Fragen über die Existenz des Mentalen oder des Geistes in der Materie, selbst auf der elementarsten Ebene der Teilchen, während paradoxerweise die Biologen, die definitionsgemäß die Phänomene des Lebens erforschen, noch auf einer völlig reduktionistischen oder materialistischen Auffassung von der Molekularbiologie verharren."[19]

Man kann hoffen, daß im Rahmen quantenphysikalischer Methoden in der Hirnphysiologie, insbesondere mit Hilfe der „Musik auf sechsdimensionalen Saiten", also der Superstringtheorie, neue Einsichten in den Zusammenhang von Korrelaten des Materiellen und des Geistigen gewonnen werden. Dabei mögen Strukturen eine Rolle spielen, die menschliches Bewußtsein weit über den Hirnbereich hinausführen (wie es in den Außer-Körper-Erlebnissen berichtet wird), vielleicht sogar – im Augenblick des Todes – zu einem „unsichtbaren" Kosmos, der den „sichtbaren" so umgibt, wie wir es für die eindimensionale Welt angedeutet haben (Figur 5).

Evolution der Individualität?

Seit 150 Jahren ist unser Menschenbild stark von Darwins Entwicklungslehre geprägt. In einem Prozeß von Mutation und Selektion hat sich über viele Jahrmillionen hinweg Leben zum „Höheren", Komplexeren hin entwickelt, und schließlich ist der menschliche Geist aus der Evolution hervorgegangen.

Allerdings liegt ein Schatten über dem großartigen Denkgebäude der Evolution: Die Höherentwicklung galt immer nur der „Art", dem Bauplan, wie er im „genetischen Code" als Text in einem Vier-Buchstaben-Alphabet aufgezeichnet ist. Das Individuum war immer Wegwerfware, Probierobjekt, das nur der Höherentwicklung der Art diente.

Sieht man die Evolution als Erfüllung des starken anthropischen Prinzips, so stellt sich natürlicherweise die Frage: Soll es das gewesen sein, was den Menschen angeht? Selbst wenn die Höherentwicklung des „Beobachters" noch einige hundert Millionen Jahre weitergeht: nach allgemein anerkannten Aussagen der Astrophysik wird sich die Sonne nach knapp zwei Milliarden Jahren ausdehnen und den Planeten Erde zu glühendem Staub werden lassen. Der Beobachter Mensch war dann eine Episode, die im Nichts endete. Schon Charles Darwin schrieb hierzu:

„Wenn man wie ich der Überzeugung ist, der Mensch werde in einer ferneren Zukunft ein weit vollkommeneres Geschöpf sein als heute, so ist der Gedanke unerträglich, daß er nach einem so lange anhaltenden, beharrlichen Fortschritt mit allen fühlenden Wesen zur völligen Vernichtung verurteilt ist."[20]

Eine bessere Konsequenz des anthropischen Prinzips wäre, daß die Geistwerdung des Menschen in anderem Sinn eine Zwischenstation ist: Daß nämlich biologischer Tod beim Menschen kein Ende darstellt, sondern Übergang zu einer veränderten Gestalt von Leben. Die veränderte Gestalt selbst mag uns auf der Erde unzugänglich bleiben. Man könnte jedoch damit rechnen, daß sie in der irdischen Natur vorbereitet wird. Der Tod löscht vielleicht nicht das Individuum aus, sondern gibt es in ein neues Sein weiter.

Gibt es vielleicht in der Evolution selbst Anhaltspunkte, die eine neue Rolle der Individualität beinhalten? Sie müßten sich dann auch im genetischen Code insofern niederschlagen, als das „Todesprogramm" nicht nur dem Platzmachen für die Nachfolger dient, sondern Elemente für die Vorbereitung auf ein Danach enthält.

Man würde kaum wagen, einen solchen Gedanken überhaupt auszusprechen, gäbe es nicht wirklich Hinweise, daß er möglicherweise richtig ist. Wir kommen noch darauf zurück (S. 193 ff.).

Zunächst verbreitern wir die Fundamente für ein verändertes wissenschaftliches Welt- und Menschenverständnis. Bisher war noch wenig von Psychologie die Rede. Diese läßt sich weder ganz den Naturwissenschaften noch den Geisteswissenschaften zuordnen. Sie reicht in beide hinein. Aber noch in einem anderen Sinn hat sie eine große Spannweite, nämlich von der Interpretation meßbarer Hirnvorgänge bis zu Phänomenen des „Übersinnlichen". Letztere bilden den weiteren Hintergrund für Nahtodeserlebnisse. Ehe wir Nahtodeserfahrungen im engeren Sinn zu verstehen suchen, werfen wir daher einen kurzen Blick auf die Parapsychologie als der Disziplin, die sich mit übersinnlichen Erscheinungen beschäftigt.

Die Wissenschaft vom Übersinnlichen

Tragfähigkeit der Parapsychologie

Aus meiner Studentenzeit erinnere ich mich an einen Vortrag des Freiburger Parapsychologen Hans Bender. Er setzte sich in sachlicher Weise mit Fragen auseinander, die landläufig einer Grauzone von Spuk, Zauberei, Geistheilen oder Okkultismus zugeordnet werden, und berichtete sogar von Experimenten, die er angestellt hatte. So erzählte er von einem holländischen Medium, Gerard Croiset, den er am Abend vor einer Veranstaltung diejenige Person beschreiben ließ, die sich auf einem durch Los ausgewählten Sitzplatz niederlassen würde. Croiset „sah" in tranceähnlichem Zustand eine Frau, beschrieb das Haus, in dem sie wohnte, und sagte, sie habe gerade ein Buch über Ostpreußen gelesen. Das stellte sich am nächsten Abend als richtig heraus. Bender zeigte Lichtbilder von dem besagten Haus und dem Buch über Ostpreußen.

Mainstream-Wissenschaften und traditionelle Naturwissenschaft

Daß ein Professor von der Universität Freiburg solche Beobachtungen vortrug, schien darauf hinzuweisen, daß hier eine neue Wissenschaft in die Gefilde der Psychologie und Naturwissenschaft Einzug gehalten hatte. Bald erfuhr ich jedoch, daß dem nicht so ist. Mit Benders Professur für „Psychologie und Grenzgebiete der Psychologie" war zwar ein großer Schritt getan; er blieb bis heute aber eine der wenigen Ausnahmen. Zwar kann man in der Schulwissenschaft so etwas wie eine Sammelstelle unterbringen, in der merkwürdige Dinge, die in der Welt passieren, gesichtet, dokumentiert, geordnet und nach kultur- oder religionsgeschichtlichen Kriterien klassifiziert

werden. Aber hier ging es ja um eine Herausforderung an das etablierte, naturwissenschaftliche Verständnis vom Menschen: Gibt es
„außersinnliche Wahrnehmung", und entsprechen – wenn man vorher den Großteil von undurchschaubaren Spukgeschichten weg-
geräumt hat – doch einige Angaben über Tischrücken und Hellsehen
der physikalischen Wirklichkeit?

Die Wissenschaft der „Parapsychologie", wie sie der Philosoph
Max Dessoir 1889 nannte (und 1953 international als Begriff akzeptiert wurde), äußert sich bis heute selbst vorsichtig und zurückhal-
tend über ihre Möglichkeiten, geprägt von Enttäuschungen, Anfein-
dungen, aber auch der Abwehr seitens der etablierten Naturwissenschaft, die bestreitet, was nicht in ihr Denkschema paßt. So heißt es
in einem Mitte der siebziger Jahre erschienenen, 1997 wieder aufge-
legten Lexikon der Psychologie: „Für die gegenwärtige Nichtaner-
kennung der Parapsychologie können drei Gründe angeführt werden: a) ihr Unvermögen, irgendein wiederholbares Experiment in
unzweideutiger Weise durchzuführen; b) der unerhörte Ruf ihrer
Ansprüche und c) das Fehlen einer kohärenten Theorie von Psi."[1]

Dabei ist „Psi" ein seit 1948 übliches Wort für die „übersinnlichen"
oder „paranormalen" Phänomene. (Es ist allerdings Modewort einer
okkult-esoterischen „Pop-Parapsychologie" geworden und wird
daher in der seriösen wissenschaftlichen Literatur nicht gern
benutzt.) Auch in einem „Handwörterbuch der Psychologie" von
1988/92 schreiben E. Bauer und W. v. Lucadou noch: „Vom wissen-
schaftssoziologischen Standpunkt aus bietet die Parapsychologie ein
lehrreiches Beispiel für eine Forschungsrichtung, der es trotz der
weitgehend szientistischen Ausrichtung ihrer Hauptvertreter bisher
nicht gelungen ist, zum akzeptierten Bestandteil der ‚Mainstream-
Wissenschaft' zu werden, und die – ungeachtet dieser [...] Isolie-
rung unter ständigem Legitimationszwang stehend – auf die Einhal-
tung wissenschaftlicher Spielregeln Wert legt."[2]

Die Meßlatte wird – von außen und von innen – in der Parapsychologie höher gelegt als sonst. Man würde in der Medizin kaum
daran denken, bei klinisch-wissenschaftlichen Arbeiten zur Schmerz-

therapie ständig die Aussagen von Patienten, auf die man angewiesen ist, in Frage zu stellen und statistische Angaben immer wieder aus allen nur denkbaren Gründen anzuzweifeln. In der Parapsychologie aber hat man beispielsweise die Kartenexperimente, die J. B. Rhine an der Dukc-Universität in North Carolina seit 1927 über die Beeinflussung scheinbar zufälliger Vorgänge aufgrund konzentrierter Erwartungshaltung durchführte, so lange zerpflückt, bis ihre anfängliche Überzeugungskraft dahinschwand. Bauer und v. Lucadou schreiben: „Nach anfänglich hochsignifikanten Ergebnissen in der Frühzeit des Rhineschen Labors stellte sich heraus: Je rigider die Kontrollbedingungen wurden, desto mehr näherten sich die Trefferquoten der Zufallserwartung, ohne daß die verbleibenden ‚statistischen Anomalien' befriedigend auf Fehler der Versuchsplanung, -durchführung oder -auswertung reduziert werden konnten."[3]

Es muß hier dahingestellt bleiben, ob man Rhine und seinen Mitarbeitern durch übertriebene Kontrolle Unrecht getan hat.

Den Parapsychologen sitzt die alte, traditionelle Naturwissenschaft im Nacken. Man kann oft das Argument hören, daß Psi-Phänomene „a priori" auf Betrug oder Täuschung zurückgeführt werden müßten, da deren tatsächliche Existenz im Widerspruch zu bekannten physikalischen Gesetzen stünde. Es „kann also nicht sein, was nicht sein darf". Mit der Ablösung des herkömmlichen reduktionistisch-materialistischen Welt- und Menschenbildes durch ein neues im Gefolge von Chaostheorie, Relativitätstheorie und Quantentheorie (vgl. voriges Kapitel) wird die Entfaltungsmöglichkeit der Parapsychologie – wie man hoffen kann – größer werden. Ihre endgültige Aufnahme in die „Mainstream-Wissenschaften" wird ihr nicht mehr verwehrt werden können.

Viel interessanter als die experimentell untersuchten außersinnlichen Phänomene sind für uns die spontan auftretenden. Zu ihnen gehören die Außer-Körper-Erlebnisse in den Nahtoderfahrungen. Der italienische Parapsychologe A. Pavese setzt wie folgt die Gewichte: „Die spontanen Phänomene bilden in der Parapsychologie den Normalfall; sie lassen sich vor allem auf ihre qualitative Natur hin untersuchen. Spontane paranormale Phänomene verhalten sich zu experimentellen quantitativen Studien wie der Regenwald mit seiner ganzen Vielfalt von Pflanzen und Tieren zu einem zoologischen Garten."[4]

Wir werden an Beispielen sehen, daß die Realität von derartigen Spontanphänomenen gar nicht mehr grundsätzlich zu leugnen ist. Bei aller Vorsicht, die die heutige Parapsychologie sich selbst auferlegt, hat sie dennoch ein solides Fundament.

Telepathie

Eines Abends im Jahr 1915 saßen drei Männer zusammen und vereinbarten ein Experiment. Es waren Albert Einstein, Sigmund Freud und Wolf Messing, der letztere damals bekannt durch seine außergewöhnlichen übersinnlichen Fähigkeiten. Freud übernahm es, sich voll auf einen „telepathischen Befehl" zu konzentrieren, also eine gedankliche Anweisung, die Messing ausführen sollte. Nach einer Weile erhob sich Messing, ging ins Badezimmer, kam mit einer Pinzette zurück und rupfte dem verdutzten Einstein drei Haare aus dem Bart. Es war genau der von Freud überlegte Auftrag.[5]

Fast möchte man annehmen, daß Freud durch unbewußte Augenbewegung, Mimik und Gestik seinen „Befehl" übertragen, Messing also durch eine Art „Gedankenlesen" herausgefunden hat, was Freud wollte. Das wäre schon ungewöhnlich, aber immerhin denkbar (wenn Messing Freud im Blick hatte, was mir nicht bekannt ist).

Schwieriger ist ein „Gedankenlesen" zu verstehen, das ein jüngerer Fachkollege von Freud, Carl Gustav Jung, berichtet. Jung saß bei der Hochzeit einer Freundin seiner Frau einem ihm fremden Juristen am Tisch gegenüber. „Wir unterhielten uns angeregt über Kriminalpsychologie. Um ihm eine bestimmte Frage zu beantworten, dachte ich mir die Geschichte eines Falles aus, die ich mit vielen Details ausschmückte. Während ich noch sprach, merkte ich, daß der andere einen völlig veränderten Ausdruck bekam und eine merkwürdige Stille am Tisch entstand. Betreten hörte ich auf zu reden."

Kurz später sprach ihn in der Hotelhalle ein Herr an, der mit am Tisch gesessen hatte: „,Wie kamen Sie bloß dazu, eine solche Indiskretion zu begehen?' – ,Indiskretion?' – ,Ja, diese Geschichte, die Sie erzählt haben.' – ,Die habe ich mir doch ersonnen.'"[6]

Hier überschreitet „Gedankenlesen" endgültig das, was unserer normalen Erfahrung vertraut ist. Dennoch gibt es das viel größere Rätsel, wie Gedanken zwischen Menschen übermittelt werden können, die sich nicht am selben Ort aufhalten. Um noch einmal Jung zu zitieren: Er berichtet von einem Patienten, dem er aus einer „psychogenen Depression" geholfen hatte. Nach seiner Entlassung heiratete der Patient, war aber nicht glücklich. Entgegen Jungs Rat meldete er sich nicht sofort, als seine Verstimmungen zurückkehrten. „Zu jener Zeit", so Jung, „mußte ich einen Vortrag in B. halten. Etwa um Mitternacht kam ich ins Hotel – ich hatte nach dem Vortrag noch mit ein paar Freunden zusammengesessen – und ging sogleich zu Bett. Ich lag aber noch lange wach. Etwa gegen zwei Uhr – ich muß gerade eingeschlafen sein – erwachte ich mit Schrecken und war überzeugt, daß jemand in mein Zimmer gekommen sei; es war mir auch, als ob die Türe hastig geöffnet worden wäre. Ich machte sofort Licht, aber da war nichts. Ich dachte, jemand hätte sich in der Tür geirrt, und schaute in den Korridor, doch da war Totenstille. ,Merkwürdig', dachte ich, ,es ist doch jemand ins Zimmer gekommen!' Dann versuchte ich mich zu erinnern, und es fiel mir ein, daß ich an einem dumpfen Schmerz erwacht war, wie wenn etwas an meine Stirn geprallt und dann an der hinteren Schädelwand angestoßen wäre. – Am anderen Tag erhielt ich ein Telegramm, daß jener Patient Suizid begangen hätte. Er hatte sich erschossen. Später erfuhr ich, daß die Kugel an der hinteren Schädelwand steckengeblieben war."[7]

Fernwirkungen dieser Art geschehen häufiger, als man erfährt. Man braucht nur in Gesprächen zu signalisieren, daß man sie ernst nimmt, und wird dann vieles erfahren, was andere bisher nicht erzählt haben, um sich nicht lächerlich zu machen. Ein Mann „wußte" plötzlich, daß sein Vater gestorben war, eine Mutter „spürte", daß ihr Kind in Gefahr schwebte. Manche telepathische Übertragungen bleiben auch unbeachtet, gerade wenn sie mit Träumen verbunden sind.

Die Entfernung zwischen den beteiligten Personen spielt bei telepathischen Vorgängen keine Rolle. Eine englische Autorin, Renée Haynes, gibt dazu folgendes Beispiel aus ihrem Umkreis:[8] „Eines Montagmorgens erzählte mir ein junger Verwandter, daß er einen höchst merkwürdigen, unliebsamen, lebhaften Traum gehabt habe. Er sei wieder in die Schule gegangen und habe sich in einer kleinen Gruppe von Jungen unter Aufsicht des Geschichtslehrers befunden. Es war ein Traum, in dem etwas überhaupt nicht stimmte, er wußte nicht, was. Er hatte diesen Lehrer sehr gern gehabt und war sich dessen bewußt, daß er seinem Unterricht eine Menge verdankte." Der Geschichtslehrer war inzwischen nach Neuseeland umgezogen; seit fünf Jahren hatte Haynes' Verwandter nichts mehr von ihm gehört. „Ich hoffe, daß es ihm gutgeht", fügte der junge Mann noch seiner Traumerzählung hinzu. Am selben Abend las er im „Evening Standard", daß sein früherer Geschichtslehrer mit einem Flugzeug in Neuseeland tödlich abgestürzt war.

Auch in der Geschichtsliteratur sind derartige Erlebnisse vielfach dokumentiert. So erzählte Otto von Bismarck eines Tages während des Krieges 1870/71 König Wilhelm davon, daß ihm ein gemeinsamer Bekannter in der vorangegangenen Nacht im Traum „erschienen" sei. Er „wisse" nun, daß dieser gefallen sei – was auch stimmte.

Durch den Faraday-Käfig

Wie zu erwarten, hat man mit der Entwicklung neuerer Naturwissenschaft nach Möglichkeiten gesucht, Telepathie zu erklären. Eine

Möglichkeit bot sich mit der Entdeckung von Telegraphie und Radio-wellen an: Hat unser Gehirn ähnliche Fähigkeiten eines Senders und Empfängers von elektromagnetischen Wellen wie die entsprechenden technischen Geräte?

Eine derartige Vermutung wurde Mitte der zwanziger Jahre ausge-rechnet in einem Land widerlegt, in dem man auf ein materialistisches Welt- und Menschenbild großen Wert legte, nämlich in der Sowjetunion. Dort gab es mehrere Institute, die sich mit Telepathie beschäftigten. Unter anderem hoffte man, das neue Phänomen für militärische Nachrichtenübermittlung nutzen zu können. Führender Kopf war der russische Physiologe Leonid L. Wassiljew. Seine Überle-gung war, daß Telepathie dann, wenn sie vermittels elektromagneti-scher Wellen geschieht, einen „Faraday-Käfig", also ein Metallgehäu-se, nicht durchdringen kann. Es stellte sich aber heraus, daß dem nicht so ist. Selbst dicke Bleiwände hielten die übersinnlichen Mel-dungen nicht ab, und sie funktionierten auch zwischen der Besatzung eines getauchten U-Bootes und Beobachtern einer Festlandzentrale.

Bis heute tappt man im dunkeln, was die physikalischen Hintergrün-de von Telepathie sein könnten. Möglicherweise werden sich neue Möglichkeiten ergeben, wenn man in der Hirnforschung Quanten-theorie und Superstringtheorie anwendet (siehe voriges Kapitel). In der bunten Vielfalt von schwingenden „sechsdimensionalen Saiten" gibt es ein Teilchen, Neutrino genannt, das bekanntermaßen auch dicke Bleiwände, sogar die Erde von Pol zu Pol mühelos durchschlägt. Wenn geistige Phänomene ebenso wie Kräfte und Teilchen in Schwingungs-mustern von „Strings" einen Niederschlag finden, steht ihrer Fernwir-kung durch Faraday-Käfige hindurch prinzipiell nichts im Wege.

Es sei jedoch gleich hinzugefügt, daß für ein wirkliches Verstehen von Telepathie mit solchen physikalischen Überlegungen nicht viel geleistet ist. Diese mögen dennoch dazu beitragen, daß eine Ableh-nung von Telepathie „aus physikalischen Gründen" als unsinnig erkannt wird.

Geht man vom Phänomen Telepathie als real existierend aus, dann kann man sich Fragen zuwenden, die mit der Bedeutung von Telepathie für menschliche Kommunikation und für unser Gesamtbild vom „kreativen Chaos Mensch" zu tun haben. So stellt man etwa bei den Berichten durchweg fest, daß Personen, zwischen denen eine telepathische Verbindung existiert, in einer emotionalen Beziehung zueinander stehen: Mutter und Kind, Arzt und Patient, enge Verwandte oder Freunde oder Gesprächspartner. Man wird also nicht erwarten können, daß sich ein telepathisch begabter Mensch irgendwo „einschleichen" kann, etwa ins Weiße Haus in Washington, um den Präsidenten zu belauschen. Telepathie ist Erweiterung von Kommunikation, die schon besteht, nicht nur auf der Ebene rationaler Mitteilungen, sondern auch tief in unbewußten Sphären, wie sie sich im Traum spiegeln.

Hierzu gibt es eine bemerkenswerte Beobachtung: Man hat Untersuchungen darüber angestellt, warum bei der Urbevölkerung Australiens Telepathie häufiger vorkommt als bei der Urbevölkerung von Samoa. Mindestens teilweise scheint die Ursache darin zu liegen, daß die Familienbande und die individuelle Zuneigung in Australien stärker sind als in Samoa, wo Kinder der Verwandtschaft „gehören" und nicht im gleichen Maße feste Bezugspersonen haben wie in Australien.[9]

Eine andere Frage, die man immer wieder stellt, lautet: Stellen telepathische Fähigkeiten eine besondere „Begabung" dar, sind sie also auf „Sensitive" oder „Medien" beschränkt? Alle Untersuchungen sprechen dafür, daß im Prinzip jeder Mensch zu telepathischen Kontakten in der Lage ist. Manche haben sicher eine besonders ausgeprägte Veranlagung dafür, wie im Falle musikalischer Begabung. Und so, wie auch relativ wenig von der Muße geküßte Menschen Klavier spielen lernen können, dürfte Telepathie jedem Menschen vermittelbar sein. Wieviel Mühe das jedoch kostet, zeigen Berichte über junge buddhistische Mönche, die in jahrelangen meditativen Übungen telepathische Fähigkeiten erwerben.[10]

Gleichwohl gilt unser besonderes Interesse spontan auftretender Telepathie. Denn diese hat immer Bedeutung für die Lebensgeschichte eines Menschen. Sie zeigt eine innere Verwandtschaft mit Außer-Körper-Erlebnissen und kann mit diesen gemeinsam auftreten, wie im Beispiel von Manfred Rövekamp (S. 19), der sogar während des Komas telepathische Verbindung zu seinen Mitarbeitern hatte.

Hellsehen

Die englische Autorin Renée Haynes erzählt eine Geschichte von der Mutter des dreijährigen Mädchens Jessica. Die Mutter war „in ihrem eigenen Schlafzimmer und sah die Wäsche durch, die von der Wäscherei zurückgekommen war. Die Tür war offen, ebenso wie die Tür am Ende des Ganges, wo das Kind spielte, aber sie konnten einander nicht sehen. Während die Mutter die Taschentücher sortierte, hörte sie ihre kleine Tochter, die gerade die Namen der Farben gelernt hatte, in gedehnter, singender Sprechweise sagen, ‚weiß, gelb, blau, rosa …‘ usw., sie gewahrte mit einem Schock, daß jedes Wort übereinstimmte mit der Farbe des Taschentuches, das sie in dem Augenblick in der Hand hatte. Das Kind fuhr völlig richtig fort, die Namen der Farben zu singen, bis ihre Mutter das Sortieren beendet hatte. Als sie gefragt wurde, warum es das getan hatte, antwortete Jessica, daß ihr die Farben einfach so in den Kopf gekommen wären."[11]

Hatte Jessica die Farben wirklich „gesehen", wenn auch nur in ihrer Vorstellung, oder hatte sie in sich aufgenommen, wie ihre Mutter die Namen der Farben stumm aufsagte? Im letzteren Fall enthält die Geschichte ein weiteres Beispiel für Telepathie, und die Farben, das Gesehene, sind nur Nebensache. Man weiß es nicht genau, denn das Kind sagt nur, daß ihm die Farben „einfach so" in den Kopf gekommen seien. Es könnte also auch der erste Fall vorliegen, und wir hätten ein Beispiel für das, was allgemein Hellsehen genannt wird. Werden bei Telepathie Gedanken übertragen, dann bei Hellsehen optische Eindrücke, die irgend etwas Materielles betreffen können.

In historischen Beispielen sind es verschiedentlich Feuersbrünste oder andere Unglücke, die „wahrgenommen" werden. So erzählt der Philosoph Immanuel Kant in einer seiner frühen Schriften von Emanuel Swedenborg, einem Schweden mit ungewöhnlichen visionären Fähigkeiten. Swedenborg weilte an einem Samstag im Jahre 1756 mit einigen Freunden in Göteborg, als er „sah", wie seine Heimatstadt Stockholm brannte. Er berichtete erregt, wie sich das Feuer rasch ausbreitete, das Haus eines Freundes vernichtete und sein eigenes bedrohte. Erst nach etwa zwei Stunden beruhigte er sich und stellte erleichtert fest, daß das Feuer vor seinem Haus zum Erlöschen gekommen war.

Swedenborg versetzte seine Umgebung in Aufregung, die bis zum Gouverneur der Stadt vordrang. Damals gab es noch keine Telegraphie, und so dauerte es bis Montag, daß Boten von Stockholm ankamen und alles bestätigten, was Swedenborg „gesehen" hatte.[12]

Auch hier ist offen, ob Swedenborg sozusagen eine geheime geistige Kamera auf die Ereignisse in Stockholm gerichtet hatte, oder ob er die Gedanken von Menschen telepathisch wahrnahm, die die Feuersbrunst miterlebten. Ist Hellsehen also eine besondere Form der Telepathie, oder können auch unbelebte Dinge unmittelbaren Ferneinfluß auf unseren Geist ausüben? Für die Hintergründe der Swedenborg-Erfahrung scheint es auch nicht ohne Bedeutung zu sein, daß Swedenborg als Kind miterlebte, wie sein Elternhaus abbrannte und durch dieses Trauma in irgendeiner Weise sensibilisiert war.

In einem dritten Fall sind bei einem hellseherischen Ereignis ebenfalls emotionale Faktoren im Spiel: Der holländische Sensitive Croiset (wir erwähnten ihn schon zu Anfang dieses Kapitels) half eines Tages der Polizei bei der Suche nach einem vermißten Kind. Er „sah" (von Holland aus), daß das Kind ertrunken war, und beschrieb genau die Stelle (in der Nähe von Hamburg), wo man es finden konnte. Ähnliches wiederholte sich mehrfach; es hängt sicherlich damit zusammen, daß Croiset als Kind beinahe einmal ertrunken wäre. Auch ist anzumerken, daß Croiset nicht irgend etwas Materielles „gesehen", sondern jeweils einen Menschen „wahrgenommen" hat, vermutlich an der Grenze zwischen Leben und Tod.

Geheimnisvolles Sehen

Wenden wir uns nun etwas ausführlicher einem Bericht über Hellsehen und Telepathie zu, den der bekannte amerikanische Schriftsteller Upton Sinclair 1930 veröffentlicht hat. Hans Bender schreibt noch 1973 in einem Nachwort zur deutschen Ausgabe („Radar der Psyche"): „Upton Sinclairs faszinierender Bericht über die paranormalen Leistungen seiner Frau Craig gehört zu den wichtigsten Dokumenten qualitativer Telepathie und ist ein Buch, das nie veralten wird."[13] Dem kann man nur zustimmen!

Was das Buch auszeichnet, ist die Akribie, mit der es auf nachvollziehbare Dokumentation Wert legt und immer wieder mögliche kritische Einwände diskutiert. Sinclair selbst war alles andere als ein „Sensitiver" und wäre schlecht beraten gewesen, dieses Buch aus finanziellen Gründen oder des Berühmtwerdens wegen herauszubringen. Im Gegenteil: Wie er selbst betont, hätten ihm andere Bücher, die er in der gleichen Zeit hätte schreiben können, mehr Ansehen und weniger Anfeindung eingebracht. Sinclair, ein engagierter Sozialkritiker, war mit seinen 90 Büchern und mehr als 1000 Artikeln berühmt genug. Er schrieb über Parapsychologie um einer Wahrheit willen, die sein Weltbild nachhaltig verändert hatte. Seine Glaubwürdigkeit brauchte er zwar nicht mehr unter Beweis zu stellen; er ließ sie sich dennoch von einem Physiker und Freund der Familie durch ein Geleitwort bestätigen: Albert Einstein tat ihm diesen Gefallen.

Nun aber zu dem, was Sinclair zusammen mit seiner Frau Craig beobachtete! Craig war seit ihrer Kindheit hochsensibel für übersinnliche Wahrnehmung. Trotzdem wollte sie nicht als „Medium" angesehen werden, sondern betonte ihren rationalen Umgang mit Telepathie: „Ich bin ein durchschnittlicher, vernunftbegabter Mensch, der sich vornahm, einen Weg zu finden, das überaus wichtige Problem der Telepathie und des Hellsehens zu untersuchen, ohne von einem ‚Medium' abhängig zu sein, das vielleicht sich selbst oder mich zum Narren hält."[14] Aus Hinweisen von sensitiven Menschen

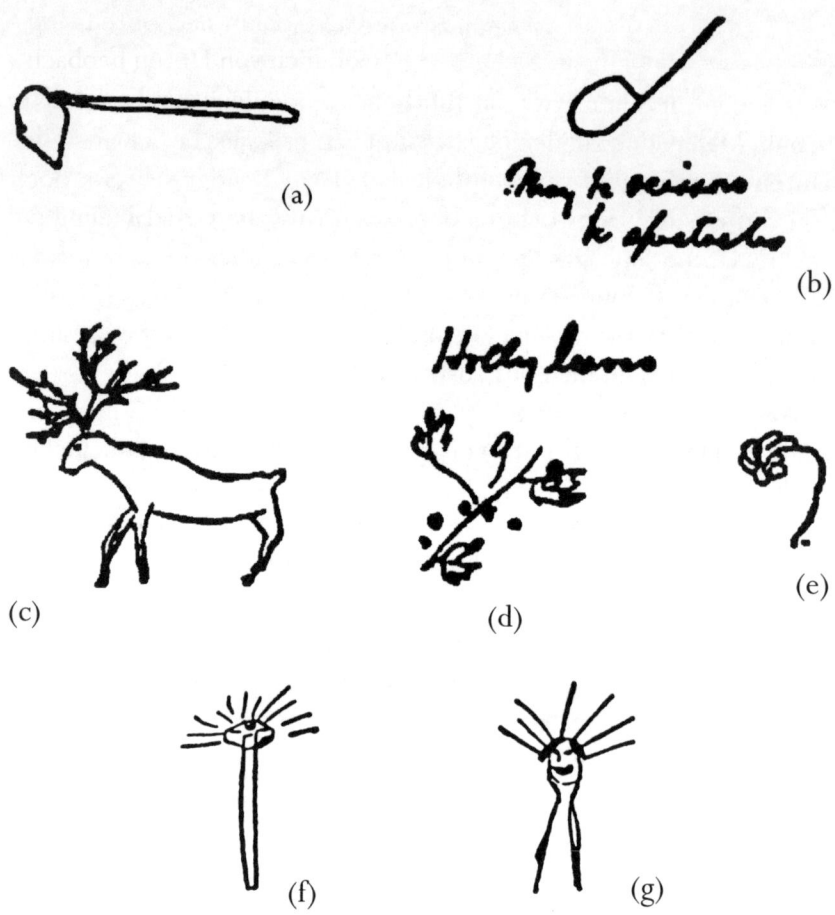

Figur 9: Die rechts gezeichneten Figuren sind jeweils hellseherische Wiedergaben der links stehenden Handskizzen

und der Lektüre vieler Schriften entwickelte sie für sich selbst eine Methode, durch Konzentration und meditative Übungen in besonderer Weise „sehen" zu können. (Sie beschrieb die Methode ausführlich). Upton fertigte über einen Zeitraum von mehreren Jahren hinweg insgesamt 290 Handzeichnungen an, jeweils in Serien zwischen fünf und 20 Stück. Jede der Zeichnungen wickelte er in buntes Papier ein und steckte sie in einen versiegelten Umschlag.

Die Experimente liefen dann so ab: Craig nahm nach ihren Konzentrationsübungen, zur Sicherheit gewöhnlich von Upton beobachtet, einen Umschlag, legte ihn auf ihr Sonnengeflecht und zeichnete kurz später auf einen bereitliegenden Block, was sie „sah", manchmal mit Kommentaren versehen. Upton und Craig legten pedantisch Wert auf genaue Protokollführung, um nicht erinnerungsbedingten Täuschungen zu verfallen.

In Figur 9 und Figur 10 bilden wir einige Originalzeichnungen ab; links jeweils Uptons Handskizze, rechts die hellseherische Wiedergabe Craigs. Daß in Figur 9 (a) Upton eine Hacke zeichnete, Craig darin aber, wie ihr handschriftlicher Zusatz ausdrückt, eine Schere oder Brille mit langem Bügel erkannte (Figur 9 (b)), zeigt eines deutlich: Craig erhielt wirklich eine optische Übermittlung und übernahm nicht etwa Uptons Gedanken an eine Hacke. Trotzdem muß offenbleiben, ob sie auf das materielle Papierbild reagierte oder auf dessen Übertragung in Uptons Gehirn.

Auch zu dem Rentier in 9 (c) zeichnete Craig ein wenigstens optisch ähnliches Bild; sie nennt es eine „Stechpalme" (Figur 9 (d) und (e)). Sinclair bemerkt hierzu: „Es ist psychologisch interessant, daß in Craigs Kindheit Ren und Stechpalme etwas mit Weihnachten zu tun hatten."[15]

Schließlich verbirgt sich hinter Nummer 9 (f) und (g) eine nette Episode: Upton hatte mit Charlie Chaplin zu Mittag gegessen und

Figur 10: Zeichnung einer Tuba, die (rechts) hellseherisch durch den schriftlichen Kommentar besser wiedergegeben ist als durch die Skizze

Craig vor dem Versuch davon erzählt. Seine Figur sollte einen strahlenden Diamanten darstellen. Craig indessen erblickte darin, wie sie aufschrieb, „Chaplin" und fügte hinzu: „Ich weiß nicht, warum er einen Heiligenschein trägt."[16]

Upton nennt verschiedene Beispiele, „bei denen sich Dinge einschlichen, die ich nicht zeichnete, die ich aber, während ich zeichnete, vor mir hatte".[17] So skizzierte er einmal, nicht gerade virtuos, eine Tuba (Figur 10). Craigs Wiedergabe ist optisch nicht überzeugend, wohl aber ihr Kommentar: „langweiliger goldener Ring, der schimmert und vorsteht, mit einem Schatten dahinter, und in der Mitte glänzt und sich bewegt. Metall. Es leuchtet wie ein goldener Schein, der Ring oder Kreis ragt in die Luft, schwebend, und bewegt sich in einem Goldschimmer".[18] Denkt man daran, daß in den USA die „marching bands" oft auftreten, vor allem bei Sportereignissen, dann empfindet man in Craigs Darstellung nicht nur die goldleuchtende Tuba, sondern auch die Bewegungen, die sie ausführt. Trotzdem spricht Sinclairs Frau von einem goldleuchtenden Ring, der ihr emotional vielleicht mehr bedeutete.

Offensichtlich legten die Sinclairs kein besonderes Gewicht darauf, wie man Hellsehen von Telepathie abgrenzen kann. Sie wollten beide Phänomene, gerade auch deren Verflechtung, als real vermitteln. Trotzdem findet sich in dem Buch eine Szene, die einem „reinen Hellsehen" sehr nahe kommt. Diesesmal handelt es sich nicht um Zeichnungen, sondern um ein Experiment, das Craig mehrfach vor Uptons Bücherregalen anstellte. Dort standen zahlreiche Bücher, die Sinclair unaufgefordert zugesandt erhielt und die, meistens noch im Schutzumschlag, bisher nicht geöffnet waren. Craig bewegte sich jeweils, mit dem Rücken zum Regal, einige Schritte hin und her, griff nach Belieben eines der Bücher heraus und vermied, daß sie oder Upton es sehen konnten. Nach kurzer Konzentration beschrieb sie den Umschlag, manchmal nannte sie auch Bruchstücke aus dem Inhalt. „Ein blaßblaues Buch", sagte sie in einem Fall. „Einsame Prärielandschaft, flaches Land streckt sich dem Horizont entgegen, davor umrißhaft eine Reihe von Menschen. Hatte das Gefühl, daß sich etwas bewegt – ein Fahrzeug mit Rädern, das ein Kinderwagen zu sein schien. Das war merkwürdig, weil die Landschaft mit Schnee bedeckt war." Es stellte sich dann heraus, daß der Einband des Buches wie ein blaßblaues Schachbrettmuster aussah. Der Titel lautete „I'm Scairt. Childhood Days on the Prairies". Im Vorwort hieß es: „In jenen Tagen geschah es, daß eine Gruppe Schweden ihr geliebtes Vaterland im hohen Norden verließ und für sich und ihre Kinder in der Prärie von Kansas eine neue Heimat fand."[19]

Hier ist eine telepathische Erklärung nur schwer möglich. Upton mag die Farbe des Einbandes und den Titel unbewußt im Gedächtnis behalten haben, als er das Werk ins Regal stellte. Aber die Auswahl war zufällig unter einer größeren Anzahl von Büchern. Auch stellte sich jedesmal ein „Erfolg" ein. Somit spricht nahezu alles für „reines" Hellsehen.

In unseren Beispielen über Außer-Körper-Erfahrungen war uns immer wieder ein „Sehen" von realen Einzelheiten begegnet, die der im Koma Liegende physisch nicht wahrnehmen konnte und auch früher nicht angeschaut hatte. Man denke an Manfred Rövekamps Blick auf das Krankenhaus oder die Nummer des medizinischen Gerätes, an das sich Anton Bartholdy erinnerte. So können wir festhalten, daß Hellsehen zu den Mosaiksteinen gehört, aus denen sich Nahtodeserlebnisse zusammensetzen.

Telekinese

Sind Telepathie und Hellsehen außerordentlich gut belegte und dokumentierte übersinnliche Phänomene, so geben „Telekinese" und „Präkognition", die wir in diesem und dem nächsten Abschnitt betrachten, weit größere Rätsel für ein Verstehen auf. In Nahtod-Erfahrungen tritt Telekinese nicht auf, Präkognition sehr selten und mit wenig Gewicht. Jedoch spielen sie im Spiritismus eine Rolle, der seinerseits Nahtod-Erlebnisse vereinnahmen möchte (siehe nächstes

Kapitel), und gehören auch sonst zu den Grundthemen der Parapsychologie.

Telekinese als real anerkennen bedeutet, volkstümlich gesagt: Es gibt wirklich „Spuk" und „Tischrücken".

Beginnen wir mit einem Beispiel, bei dem wieder der Tiefenpsychologe Sigmund Freud eine Rolle spielt. Zeigte Freud in seinem gemeinsamen Experiment (1915) mit Einstein und Messing (S. 92) schon eine gewisse Aufgeschlossenheit für Parapsychologie, so war das in einer Begegnung von Freud und seinem erhofften Nachfolger Carl Gustav Jung im Jahre 1909 noch nicht der Fall. Freuds Psychologie hatte eine materialistisch-naturwissenschaftliche Grundlage. Jung gelang es einerseits, Freud zu verunsichern, andererseits leitete er mit seinen Fragen und seinem Widerspruch gegen Freudsche Dogmen eine spätere Trennung und Entfremdung ein.

So wollte also Jung bei einem Besuch in Wien von Freud dessen Ansichten über Parapsychologie kennenlernen. „Aus seinem materialistischen Vorurteil heraus", so Jung über Freud, „lehnte er diesen ganzen Fragenkomplex als Unsinn ab und berief sich dabei auf einen derart oberflächlichen Positivismus, daß ich Mühe hatte, ihm nicht allzu scharf zu entgegnen."[20] Innerlich kochte es aber in dem jungen Jung, und folgendes ereignete sich jetzt nach seiner eigenen Schilderung: „Während Freud seine Argumente vorbrachte, hatte ich eine merkwürdige Empfindung. Es schien mir, als ob mein Zwerchfell aus Eisen bestünde und glühend würde – ein glühendes Zwerchfellgewölbe. Und in diesem Augenblick ertönte ein solcher Krach im Bücherschrank, der unmittelbar neben uns stand, daß wir beide furchtbar erschraken. Wir dachten, der Schrank fiele über uns zusammen. Genauso hatte es getönt. Ich sagte zu Freud: ‚Das ist jetzt ein sogenanntes katalytisches Exteriorisationsphänomen.'

‚Ach', sagte er, ‚das ist ja ein leibhaftiger Unsinn!'

‚Aber nein', erwiderte ich, ‚Sie irren, Herr Professor. Und zum Beweis, daß ich recht habe, sage ich nun voraus, daß es gleich nochmals so einen Krach geben wird!' – Und tatsächlich: kaum hatte ich die Worte ausgesprochen, begann der gleiche Krach im Schrank!

Ich weiß heute noch nicht, woher ich diese Sicherheit nahm. Aber ich wußte mit Bestimmtheit, daß das Krachen sich wiederholen würde. Freud hat mich nur entsetzt angeschaut."[21]

Was sich hier ereignete, ist ein Beispiel dafür, was Telekinese oder Psychokinese genannt wird. Hierbei wird also nicht nur Information übertragen, sondern Wirkung ausgeübt, und zwar von der menschlichen Psyche auf Materie. Gelegentlich wird auch „Spuk" zur Telekinese gerechnet, bei dem ohne erkennbare Beziehung zu einer bestimmten lebenden Person Geräusche oder Bewegung von Gegenständen wahrgenommen werden. (Wir gehen hier nicht näher darauf ein.)

Jung sieht in den starken inneren Spannungen in ihm selbst das auslösende Moment für das telekinetische Phänomen. Meist ist das dem „Verursacher" jedoch nicht bewußt.

Der Spuk von Rosenheim

Ein vom Parapsychologen Hans Bender ausführlich untersuchtes Beispiel von Telekinese hat in Deutschland großen Bekanntheitsgrad erreicht, nämlich die seltsamen Ereignisse in einer Anwaltskanzlei in Rosenheim. Ende November 1967 berichteten ARD und ZDF, wie in den Büros und im Flur Glühbirnen platzten, Leuchtröhren aus ihren Halterungen gedreht, Zeiger in Meßgeräten verbogen wurden, und das alles ohne eine erkennbare Ursache. Die Frage war, ob es sich hierbei „um technische Anomalien oder um mutwillige Beschädigungen" handelte. Als man merkte, daß etwas nicht mit rechten Dingen zuging, zog man Bender heran; dieser reiste am 1. Dezember mit seinen Mitarbeitern an.[22]

Zuerst wurden alle möglichen technischen Ursachen untersucht und die Vorgänge genau analysiert, in Zusammenarbeit mit Stadtwerken und Telegraphenamt. Beispielsweise stellte sich heraus, daß ein Stromstärkenmesser einen Wert von 50 Ampere anzeigte, ohne daß die Sicherung heraussprang. Auch waren manche Zeiger verbogen. Der einzig plausible Schluß war, daß kein Stromstoß aus dem Stromnetz angezeigt wurde, sondern eine mechanische Einwirkung auf die Zeiger vorlag.

Bender zog auch zwei Physiker zu Rate, Dr. F. Karger und Dr. P. Büchel SJ. Sie trugen wesentlich zu einer objektiven Berichterstattung bei.

Bender konnte bald feststellen, was Handwerker schon vermutet hatten: Der „Spuk" ereignete sich nur in Anwesenheit einer 19jährigen Mitarbeiterin, Annemarie Sch. Schon wenn sie den Flur entlangging, wackelten die Lampen. Einmal bewegte sich in ihrer Anwesenheit vor den Augen von Büchel ein Schrank von eineinhalb Zentnern Gewicht 30 Zentimeter nach vorn. Als schließlich der Rechtsanwalt, ihr Chef, einmal in ihrem Beisein sagte, jetzt fehle nur noch, daß die Bilder an der Wand rotierten, geschah auch das.

Wie bei den meisten untersuchten Fällen von Telekinese war auch hier eine psychische Spannung im Spiel, die vorübergehend extreme Wirkungen auslöste. Überdies konnte festgestellt werden, daß Annemarie Sch. telepathisch „begabt" ist. Als sie im Januar 1968 einen neuen Arbeitsplatz vermittelt bekam, hörten die Spukphänomene schlagartig auf und tauchten an ihrem neuen Arbeitsplatz nicht wieder auf.

Bemerkenswert ist, wie die „scientific community" reagierte: Obwohl Karger und Büchel als angesehene Wissenschaftler ihre Beobachtungen publizierten, wurden diese schnell vergessen und zeigten keinerlei Wirkung auf die naturwissenschaftlich-philosophische Diskussion um Welt- und Menschenbild. Was hier berichtet wurde, war zu ungeheuerlich, um es auch nur als ungelöstes Problem im Auge zu behalten.

Die Weltliteratur ist voll von Geschichten über Poltergeister und Spuk, so daß wir viele Beispiele von Telekinese hinzufügen könnten. Allerdings fehlen hier meistens – im Unterschied zu Rosenheim – sachliche Nachprüfungen (sofern sich die Erzählungen überhaupt als Tatsachenberichte verstehen). Vieles beruht auf Anekdoten, Selbsttäuschungen oder üblen Tricks und Streichen, die Menschen einander spielen.

Dennoch ist die Ähnlichkeit zu den untersuchten Fällen oft so groß, daß wahrscheinlich auch sehr viele reale Geschehnisse aufgeschrieben wurden.

Im Hause der Wesleys

Im Hause der angesehenen englischen Familie Wesley beispielsweise, der John Wesley (1703–1791) und Charles Wesley (1707–1788), anglikanische Pfarrer und (unfreiwillige) Begründer der Methodistenkirche, entstammten, spukte es erheblich, und man kann den Briefen, die in der anglikanischen Pfarrersfamilie geschrieben wurden, sicher einigen Glauben schenken.

Die Mutter Wesley hat 20 Kinder zur Welt gebracht, John war das 15., Charles das 18. Als Kinder erlebten die beiden Jungen 1715/1716, wie es in der Wohnung rumorte, klopfte, wie man Schritte auf den Treppen hörte, wo niemand war. Vater Wesley nahm die Sache zunächst nicht ernst. Als „er jedoch eines Nachts selber von drei Klopfzeichen aufgeweckt wurde, die sich dreimal wiederholten, und vergeblich nach deren Ursache forschte, war er nicht mehr so sicher, besonders deshalb, weil seine englische Dogge ebenfalls Anzeichen höchster Furcht zeigte. Mrs. Wesley hatte daraufhin die glänzende Idee, daß vielleicht Ratten dafür verantwortlich seien, und ließ überall im Hause ein Jagdhorn blasen, da ein Nachbar auf diese Art einige dieser Tiere losgeworden war. Das verschlimmerte die Sache nur, und die Klopfzeichen begannen auch tagsüber aufzutreten und waren besonders bei den Familiengebeten, während der Fürbitten für König Georg I. und den Prinzen von Wales störend.

Das Klopfen hörte auf, als Mr. Wesley versuchsweise die Fürbitten ausließ. Aber es wiederholte sich zu anderen Zeiten und schien sich über das Klopfen, das die Familie selber verursachte, lustig zu machen oder als sein Echo aufzutreten. Es gab noch andere Phänomene. Riegel wurden aufgeschoben, und die Türen schienen sich aus eigenem Antrieb zu öffnen und zu schließen. Ein Bett, auf dem Nancy Wesley saß, wurde zweimal vom Boden hochgehoben …"[23]

Es liegt nahe, daß in einer Familie mit 20 Kindern besondere psychische Spannungen auftreten. Einige der Kinder mögen sich in pubertären Krisen befunden haben. Man vermutet, daß auch Mutter Wesley eine entscheidende Rolle spielte. Daß gerade beim Weglassen der Fürbittengebete die Klopfzeichen aufhörten, klingt besonders verdächtig: Mutter Wesley gehörte zu den Anhängern der Stuarts. Schon 1701 war es zu einer vorübergehenden Trennung der Ehegatten gekommen, als Frau Wesley sich weigerte, für Wilhelm von Oranien zu beten.

Besonders rätselhaft bei telekinetischen Ereignissen ist das Auftreten von genügend großen Energien, mit denen sogar schwere Tische oder Schränke bewegt werden. Daß psychische Spannungen selbst derartige Energien enthalten, erscheint wenig plausibel. Eher wäre an einen Auslösevorgang zu denken, bei dem vorhandene, verborgene Kräfte durch emotionale Impulse ungewöhnlicher Art freigesetzt werden. Jedoch muß man einräumen, daß es bisher keinerlei plausible Hypothese dafür gibt, was sich bei Telekinese abspielt. Selbst Erklärungsversuche mit „bösen Geistern", die als unsichtbare Wesen tätig sind, haben mit der Schwierigkeit zu kämpfen, daß man den sporadisch auftretenden Phänomenen schwer einen Sinn zuordnen kann. Welche religiöse oder quasireligiöse Bedeutung sollte es haben, daß Annemarie Sch. in Rosenheim vorübergehend Glühbirnen zum Platzen brachte? Nahmen böse Geister im Falle der Wesleys Partei für die Stuarts oder für die Oranier? (Für wen würden sie wohl heute in Nordirland eintreten?) Man gerät schnell in absurde Fragestellungen.

Lassen wir also das Phänomen Telekinese so stehen, wie es – nach kritischer Sichtung – sich darstellt, dem Motto folgend: Es gibt Dinge, die es gibt, auch wenn wir sie nicht erklären können.

Präkognition

Ein „Hellsehen in die Zukunft", Präkognition genannt, ist in gewisser Weise die säkulare Form dessen, was religiös „Weissagung" oder „Prophetie" genannt wird. Wenn es ein echtes Vorhersagen von künftigen Ereignissen gibt, ohne daß vermittelndes Wissen oder telepathische Verbindungen im Spiel sind, dann ist das sicherlich der „schwerste Brocken" unter den parapsychologischen Phänomenen. Eine kausal-mechanische Deutung kommt nicht in Frage. Denn selbst wenn man vom „Laplaceschen Dämon" redet, so meint man nur ein hypothetisches Wesen jenseits des Kosmos, das alle Gesetze und alle Daten – absolut genau – kennt und somit in der Lage ist, jedes künftige Weltereignis vorherzusagen. Menschliches Bewußtsein ist kein solches Wesen; außerdem kommt, wie beispielsweise die Chaostheorie zeigt, ein deterministisches Weltbild für neuere Naturwissenschaft nicht mehr in Frage.

Religiöse Deutungen wiederum – sofern man sich überhaupt auf sie einläßt – machen nur Sinn in religiös verstandenen Geschichtsabläufen, etwa dann, wenn der Prophet Jona den Untergang von Ninive voraussagt, falls die Stadt nicht Buße tut.

Die Fälle von Präkognition jedoch, mit denen sich Parapsychologen beschäftigen, sind vereinzelt und ermangeln einer einsehbaren allgemeinen Bedeutung. Die „Weissagungen" stammen meist von Menschen, die auch sonst paranormal begabt sind, ohne deshalb als Heilige oder Besessene angesehen zu werden.

Der Mord an John F. Kennedy

Ein weltweit bekanntgewordenes Beispiel von Präkognition hängt mit der Ermordung des US-Präsidenten John F. Kennedy am 22.11.1963 zusammen. Eine „Seherin", Jeanne Dixon, hat – nach Aussage ihres Biographen – Frau Kay Halle, eine Freundin der Familie Kennedy, beschworen, Präsident Kennedy von seiner Reise nach

Texas abzuraten. „Er wird unterwegs getötet werden." Am Unglückstag soll sie dann geäußert haben: „Ich bin unruhig. Dem Präsidenten wird heute etwas Schreckliches zustoßen."[24]

Hier wird von kritischen Betrachtern gefragt, ob es sich überhaupt um Präkognition gehandelt hat und nicht schlicht um Telepathie. Denn der Mörder, Lee Oswald, hat seine Tat nicht spontan ersonnen und ausgeführt, sondern vorbereitet. Er ließ sich unbemerkt über Nacht in ein Hochhaus einschließen. Man fand noch Verpflegungsreste an der Stelle, wo er lauerte.

Dem kann man entgegenhalten: Jeanne Dixon hatte schon elf Jahre zuvor eine Vision, die 1956 im Wochenblatt „Parade" veröffentlicht wurde, also nachprüfbar ist. Im Blick auf das Jahr 1960 „sah" sie einen strahlenden jungen Mann mit braunem Haar und blauen Augen, sie „sah" das Weiße Haus und „erblickte" eine schwarze Wolke, die sich auf das Weiße Haus herabsenkte. – Nun gut, Kennedys Pläne für eine Präsidentschaft gehen vermutlich etliche Jahre zurück und können telepathisch übertragen worden sein. Daß eine „Seherin" Böses ahnt, ist nicht ungewöhnlich. Auch mag Oswald schon lange mit dem Gedanken gespielt haben, einmal einen Präsidenten umzubringen.

Kenner der Lebensgeschichte von Jeanne Dixon haben dann immer noch einen Trumpf: Wie der „Spiegel" am 1. September 1965 schrieb, gab es noch andere Weissagungen der Visionärin:

„Dem Präsidenten Roosevelt, der sie im Spätherbst 1944 ins Weiße Haus bat, weissagte sie – auf dringliches Befragen – sein Ableben innerhalb von sechs Monaten (F. D. Roosevelt starb im April 1945).

Für die Schauspielerin Carol Lombard, die dritte Frau Clark Gables und seine ‚einzige große Liebe', sah Jeanne 1942 eine sechswöchige Gefahrenperiode und riet ihr, in dieser Zeit nicht mit dem Flugzeug zu reisen. Carol flog trotzdem und stürzte ab.

Schon 1945 weissagte das Washingtoner Orakel die Teilung Indiens für Juni 1947, die tatsächlich fast auf den Monat genau vollzogen wurde.

Während des Krieges beschwor Jeanne ihren Mann einmal, ein

bestimmtes Flugzeug nach Chicago nicht zu nehmen. James Dixon hörte auf seine Frau, die Maschine stürzte kurz vor Chicago ab.

Einem ungläubigen Winston Churchill prophezeite sie im Frühjahr 1945 für den Juli eine von aller Welt für ausgeschlossen gehaltene Wahlniederlage. Tatsächlich wurde der Sieg-Premier geschlagen."[25]

Gehen wir auch diese fünf Vorhersagen auf mögliche „Erklärungen" durch:

Die Todesvorhersage von Präsident Roosevelt kann eine „self-fulfilling prophecy" gewesen sein. Vor vielen Jahren hörte ich einmal von einer Person (ich weiß nicht mehr, ob es ein Mann oder eine Frau war), die sich auf der Straße von einer Wahrsagerin „die Hand lesen" ließ. Als sie das nicht mit genügend Geld belohnte, rief ihr die Wahrsagerin hinterher, wann sie sterben würde. Die Angst vor diesem Datum erwies sich als tödlich; alles gute Zureden von Freunden konnte sie nicht mehr retten. Zwar kann ich diese Geschichte nicht belegen; aber Tiefenpsychologen bestätigen, daß es so etwas gibt.

Was die Schauspielerin Carole Lombard angeht, ist immerhin denkbar, daß es bei Flugzeugen der entsprechenden Fluggesellschaft in jenen sechs Wochen technische Probleme gab, von denen Jeanne Dixon telepathisch „erfuhr". Ich erinnere mich, wie ich 1958 nach einem Start aus Chicago beinahe abgestürzt wäre (Brand im Flugzeug) und mir ein Nachbar, der die Strecke regelmäßig flog, sagte, daß bei drei von fünf Flügen irgend etwas nicht in Ordnung sei. Kurz zuvor war eine Maschine der Fluggesellschaft abgestürzt.

Die vorhergesagte Teilung Indiens kann aufgrund sorgfältiger Zeitungslektüre und telepathischen „Wahrnehmens" von Politikerabsichten zustande gekommen sein.

Mit der vierten Geschichte mag es sich ähnlich verhalten wie mit der zweiten. Und während des Wahlkampfs von Churchill stand es einer ungewöhnlichen Frau gut an, gegen den Favoriten zu wetten.

Insgesamt gesehen müßte man wissen, wie viele Vorhersagen von Frau Dixon nicht in Erfüllung gegangen sind. Vermutlich sind in der Hauptsache die „erfolgreichen" aufgezeichnet worden. Bekannt ist, daß sie erst für 1958, dann für die achtziger Jahre einen dritten Welt-

krieg vorhergesagt hat – beide Termine sind inzwischen ohne Weltkrieg verstrichen.

Zugegeben, die Einwände erklären nicht wirklich eine der Weissagungen; aber sie sind zu bedenken, ehe man von „reiner Weissagung"
redet.

Die Platzexperimente

Zu Anfang dieses Kapitels habe ich den holländischen Sensitiven
Gerard Croiset erwähnt und ein Platzexperiment, das Hans Bender
mit Croiset durchgeführt hat. Bender und sein holländischer Kolle-
ge Tenhaeff stellten eine ganze Serie von derartigen Versuchen mit
Croiset an. Um auch hier der Frage nachzugehen, inwieweit Telepathie im Spiel gewesen ist, verdient es Beachtung, daß Croiset nicht
immer richtig vorhersah. In einem Fall beschrieb er zwar eine Person auffällig korrekt; diese setzte sich aber auf einen „falschen"
Platz.[26] Da nach dem Bericht von Bender Croiset jeweils am Abend
vor dem geplanten Treffen in einer anderen Stadt auf einem Sitzplan
des Versammlungsraumes einen Platz ankreuzte und die zu erwar-
tende Person beschrieb, kann man annehmen, daß die Besucher der
Veranstaltung ihre Entscheidung, dorthin zu gehen, zum Zeitpunkt
von Croisets Weissagung bereits getroffen hatten. Es liegt also nahe,
daß die Informationen über die Person auf telepathischem Weg aufgenommen wurden. Ungeklärt bleibt dann nur, wie die Person auf
den „richtigen" Platz gelangte und warum das auch einmal schief-
ging. Zwar kann Zufall mitgespielt haben, jedoch ist das – in wörtli-
chem Sinn – unwahrscheinlich.

Zum Schluß sei noch ein Ereignis erwähnt, das gelegentlich auch
mit Präkognition in Verbindung gebracht wird, aber im Licht der
Psychologie sehr durchsichtig ist: Nachdem Johann Wolfgang von
Goethe seiner 19jährigen Geliebten Friederike in Sesenheim einen
tränenreichen Abschiedsbesuch gemacht hatte, setzte er sich auf sein
Pferd und ritt davon. Er berichtet später:

„Nun ritt ich auf dem Fußpfade gegen Drusenheim und da überfiel mich eine der sonderbarsten Ahnungen. Ich sah nämlich nicht mit den Augen des Leibes, sondern des Geistes mich selbst, denselben Weg zu Pferde wieder entgegenkommen, und zwar in einem Kleide, wie ich es nie getragen, es war echtgrau mit etwas gold. Sobald ich mich aus diesem Traum aufschüttelte, war die Gestalt ganz hinweg. Sonderbar ist es jedoch, daß ich nach acht Jahren in dem Kleide, das mir geträumt hatte und das ich nicht aus Wahl, sondern aus Zufall gerade trug, mich auf demselben Wege fand, um Friederike noch einmal zu besuchen ...“[27]

Hier ist unschwer zu erraten, daß nicht einmal Telepathie eine Rolle spielte. Man kann annehmen, daß der „Zufall" auf einer Wahl beruhte, die tief aus dem Unbewußten stammte.

Letztlich gilt für Präkognition dasselbe wie für Psychokinese: Vieles, in manchen Fällen alles, mag auf Telepathie beruhen oder gar rein psychologisch erklärbar sein. Wir wissen dennoch nicht, was bei Berichten über Weissagung, Prophetie, „Spökenkieken" und auch bei Experimenten über Präkognition wirklich geschieht.

Kräfte des Unbewußten

Durch unsere Betrachtung von Telepathie, Hellsehen, Telekinese und Präkognition zog sich wie ein roter Faden die Erkenntnis hindurch, daß Kräfte in den Tiefen menschlicher Seele im Spiel sind. Das hat zweierlei Konsequenzen. Zum einen wird vieles einer unbestimmten Grauzone „von außen kommender" Kräfte entzogen, seien sie dämonischer, göttlicher oder in irgendeiner Weise „kosmischer" Natur. Was sich im Unbewußten des Menschen abspielt, dringt nur bruchstückhaft ins Bewußtsein. Es verbirgt ungeahnte Energien und Einflußmöglichkeiten. Grundsätzlich sind diese Gegenstand empirischer Wissenschaft.

Zum anderen wird deutlich, daß das Unbewußte über die psychologisch oder gar hirnphysiologisch erfaßbaren Gesetzmäßigkeiten des biologischen Wesens Mensch hinausreicht. Zwischen übersinnlichen und tiefenpsychologischen Phänomenen gibt es keine scharfe Grenze.

An dieser doppelten Konsequenz setzt das Ringen um ein genaueres Verstehen parapsychologischer Phänomene ein: Haben wir Aussicht, den „ganzen Spuk" des sogenannten Außersinnlichen naturwissenschaftlich in den Griff zu bekommen? Oder muß Naturwissenschaft selbst ihre bisherigen Grenzen sprengen und mit einer neuen Denkweise, neuen „Paradigmen" neue Wege suchen?

Bei der zweiten Möglichkeit lauern diejenigen, die spiritistische oder esoterische Anschauungen vertreten. Sie versuchen, „Wissenschaft" so in ihrem Sinne zu erweitern, daß ihre okkulten Lehren eine „wissenschaftliche Basis" und damit breite Akzeptanz in einer wissenschaftsorientierten Welt verbuchen können.

So scheint es notwendig, daß wir uns um Klärung einiger Grundfragen der Tiefenpsychologie bemühen, um uns besser gegen Materialismus einerseits und gegen eine okkulte Ideologie andererseits abgrenzen zu können.

Der Königsweg zum Unbewußten

Schon in den Auseinandersetzungen zwischen den drei „Urvätern" der modernen Tiefenpsychologie, Freud, Adler und Jung, werden die anstehenden Probleme sichtbar.[28]

Sigmund Freud (1856–1939) knüpfte an die Romantik an, die das menschliche Bewußtsein von Kräften des dunklen Unbewußten beherrscht sah. Er versuchte, dieses Dunkel mit dem grellen Licht der Vernunft aufzuhellen und naturwissenschaftliche Methoden darauf anzuwenden.

Freud war Arzt und setzte beim kranken Menschen an. Seine Studien zur Hysterie galten dem Seelenleben von „Neurotikern", die er, im Unterschied zu den meisten Fachkollegen seiner Zeit, nicht als „dekadent" oder „degeneriert" abstempelte, sondern als Menschen behandelte, in deren Biographie die ihnen selbst nicht bewußten Ursachen ihrer seelischen Krankheit verborgen liegen. Zuerst ließ er durch „freies Assoziieren" die Patienten den „Weg hinunter" finden. Bald entdeckte er aber die Träume als Tor zum Unbewußten und brachte Traumbilder mit verborgenen Konflikten, aber auch mit Wünschen und Trieben überhaupt in Zusammenhang. Mehr und mehr erblickte Freud in Träumen den „Königsweg zum Unbewußten". Er fand dort auch eine „seelische Zensur", die unterdrückte Triebwünsche sogar im Traum nur durch entstellte Bilder wiedergibt. Er nannte diese Zensurinstanz das „Über-Ich". Die verfälschten Bilder zu entschlüsseln wurde Aufgabe der „Traumdeutung".

Bald verfestigte sich allerdings Freuds Theorie zu einem dogmatischen System, in dem die „Libido", der Sexualtrieb, als Universalkraft fungiert. Nach dem Vorbild physikalischer Gesetze suchte Freud seelische Störungen auf Wirkungen dieser Urkraft zurückzuführen, sei es beim aufmüpfigen Jungen, der den Vater als Nebenbuhler der Mutter gegenüber empfindet und „beseitigen" möchte, sei es beim Machtstreben überhaupt oder bei der Perversion in Sadismus und Masochismus. Da soziales, politisches und kulturelles Zusammenleben nur unter ausreichendem Triebverzicht möglich ist, erweist sich nach Freud der Untergrund unserer Psyche als vollgestopft mit „verdrängter" Sexualität. Die Triebmaschine unserer Seele hat zu viele Pferdestärken. Sie wird deshalb überall gedrosselt und verursacht Schrammen. Aufgabe des Therapeuten ist es, die Verklemmungen und Reibungen herauszufinden, um die Maschine einigermaßen regulieren zu können.

Wovon wir träumen oder: Im Untergrund der Psyche

Das Menschenbild und auch das Verständnis von Therapie, das Freud an den Tag legte, konnte der ursprüngliche Anhänger und Weggefährte Freuds, Alfred Adler (1870–1937), nach einigen Jahren nicht mehr nachvollziehen. Laut Adler werden die Menschen nicht nur von hinten „getrieben", sind nicht in erster Linie Spielball unbefriedigter Triebstrukturen. Menschen sind von ihren Zielen und Hoffnungen bestimmt. Träume sind nicht nur verzerrte Spiegelbilder der Vergangenheit. Sie sind Träume nach vorn, das, „wovon wir träumen". Unser Handeln ist nicht kausal, naturgesetzlich festgelegt. Es ist teleologisch, von Zielen bestimmt und orientiert sich an der Vielfalt der Lebensmöglichkeiten. Neurosen entstehen durch Enttäuschungen, nicht erfüllte Hoffnungen und bedeuten Scheitern, das man sich ungern eingesteht. Das Scheitern kann sich zerstörerisch nach innen wenden, Minderwertigkeitsgefühle und Unterwürfigkeit erzeugen. Es kann aber auch durch Überkompensation in übersteigertes Machtstreben einmünden.

Kindliche Konflikte sind nicht notwendige Folgen von „Penisneid" oder geheimer Lust am gegengeschlechtlichen Elternteil. Sie beruhen auf Mangel an Zuwendung und Zärtlichkeit. Die kindliche Seele sucht Geborgenheit und Liebe. Wenn sie beides findet, kann das Kind glücklich sein. Freud kannte offensichtlich einen solchen Zustand aus seiner Kindheit nicht.

Folgerichtig sieht Adler die Aufgabe des Therapeuten nicht in erster Linie darin, die verdrängten Kindheitserlebnisse zu analysieren (was nur bedingt hilfreich ist). Vielmehr soll der Therapeut mit dem Patienten dessen konkretes Leben besprechen, ihn auf den Boden der Wirklichkeit herunterholen und ihm bei einer Neuorientierung auf erreichbare Ziele hin helfen. Nicht die Analyse der Dunkelheit bringt Licht, sondern die Ausstrahlung heller Hoffnung. Menschenfreundlichkeit, Ermutigung und Hilfestellung bringen mehr als Wühlen im Vergangenen.

Adler hat das in seiner „Individualpsychologie" systematisch auseinandergelegt. Seine Gedanken wurden stärker von Pädagogen aufgenommen als von Tiefenpsychologen, bei denen der Einfluß Freuds noch lange dominierte.

Allerdings ging bald ein zweiter Mitstreiter Freuds eigene Wege und bedeutete für Freud eine noch größere Herausforderung als Adler. Carl Gustav Jung (1875–1961) trat mit einer Intensität Freuds

Denkweise entgegen, daß Freud sogar einmal in Jungs Gegenwart in Ohnmacht fiel, weil er nicht damit fertig wurde.[29] Es kam zwischen den beiden zum vollständigen Bruch.

War Freuds Menschenverständnis „nach hinten" gerichtet, kausal orientiert, das von Adler dagegen „nach vorn", also final, so kam bei Jung in gewisser Weise der Blick „nach unten und nach oben" hinzu. Jung unterstützte nicht nur Adlers zielgerichtete Denkweise. Ihm ging es darüber hinaus um die schöpferischen Potenzen eigener Art, die im Unbewußten verborgen liegen und deren Untergrund tiefer reicht, als Fragen einer individuellen Lebensgestaltung vermuten lassen. Sie entziehen sich einer Kausalanalyse und kommen besonders in der Kreativität von Träumen zum Vorschein.

Träume sind nicht, wie Freud meinte, nur die symbolische Erfüllung individueller Triebwünsche, sie sind seelische Naturphänomene, die in das „kollektive Unbewußte" hineinreichen. Im kollektiven Unbewußten haben sich Urerfahrungen der Menschheit und der Natur überhaupt niedergeschlagen. Sie umfassen sowohl Lernmuster für reflexartige Verhaltensweisen, etwa das Zurückziehen der Hand, wenn man einen heißen Gegenstand anfaßt, wie auch Grundvorstellungen von „Vater", „Mutter" und „Kind" sowie schließlich Bilder von bestimmten Bedeutungsinhalten wie „der alte Weise". Letztere nennt Jung auch „Archetypen" und sieht sie teilweise in Ursymbolen wie dem Mandala-Symbol der östlichen Philosophie realisiert. Sie drücken sich vielfach in Märchen, Mythen, in der Kunst und in religiösen Bildvorstellungen aus.

Biologisch ausgedrückt ist das kollektive Unbewußte und sind die Archetypen genetisch programmiert, das heißt, sie sind im Bauplan des Lebens in einem Vier-Buchstaben-Alphabet mit aufgezeichnet. Das riesige DNS-Molekül in jeder Zelle meines Körpers, das Träger erblicher Merkmale allgemeiner und individueller Art ist, enthält (wie man seit 1953 weiß) eine „Bibliothek von Büchern". In diesen Büchern sind in einer Schriftsprache, die noch nicht entschlüsselt ist, alle Anleitungen für die embryonale Entwicklung meines Körpers und auch die Inhalte des kollektiven Unbewußten dargestellt. Bruch-

stücke des „genetischen Codes" kann man schon lesen – und wahrscheinlich demnächst verändern. (Die Biotechnologie hat Milliarden
in eine entsprechende Forschung investiert.)

Bedeutet das, daß Freud doch recht hatte und unser innerstes
Wesen naturgesetzlich vorherbestimmt ist? Das wäre ein Mißver-
ständnis. Ein Reiseführer determiniert nicht meine Urlaubsreise
durch ein Land; er enthält notwendige Informationen, gesammelte
und aufgezeichnete Wegweisungen, auf die ich wie jeder andere
meine Touren gründen kann. Den Reiseführer anzufertigen ist Angelegenheit des kollektiven Lebens, ein Herauskristallisieren von Bau-
werken, Anlagen und Vorgängen, die allgemein und nicht auf einen
besonderen Besucher zugeschnitten sind.

So enthält der genetische Code nicht nur Anleitungen für die
embryonale Entwicklung unseres Körpers, wie sie in der biologischen Evolution immer weiter verfeinert wurden, sondern auch
Grundmuster für Erkennen, Verhalten – und eine geistige Gesamtschau der Welt.

Schon das Zustandekommen der archetypischen Bausteine kann
nicht insgesamt als naturgesetzlicher Vorgang verstanden werden. Es
ist Teil des „kreativen Chaos", das wir in der Natur vorfinden. Es
nutzt die gesetzlichen Möglichkeiten, auch die Auswahl- und Lern-
prozesse der Evolution, aber es wird nicht durch sie erklärt. Erst
recht gilt das für die Anwendung des genetischen Codes auf unser
körperliches, psychisches und geistiges Leben: Jede individuelle Biographie und das Zusammenleben in Familie oder Gruppe bauen auf
genetischen Möglichkeiten auf, werden aber nicht durch sie beschrieben oder gar mit Sinn erfüllt.

Jungs „Blick nach unten" erweiterte den Untergrund der allen
Menschen gemeinsamen biologischen Verhaltensformen um die
archetypischen, die in kulturelle und religiöse Bilder hineinreichen.

Später werden wir uns mit der Frage befassen, ob die Grundbaustei-
ne von Nahtod-Erfahrungen nicht auch genetisch programmiert sind
– und vielleicht einen Übergang in nachtodliches Leben vorbereiten.

Das Unbewußte reicht nach Jung auch über das hinaus, was sich um das menschliche Hirn herum abspielt. Jung akzeptierte nicht nur die Existenz übersinnlicher Phänomene, er hatte selbst ein außerordentliches Sensorium für Telepathie und Telekinese. Wir haben bereits Beispiele hierfür kennengelernt; brisanterweise hat Jung einem verblüfften Freud Telekinese vorgeführt.

Dieser Blick Jungs „nach oben", in die Welt des Übersinnlichen, ist eigentlich nur eine Erweiterung seines Schauens „nach unten". Paranormale Phänomene hängen immer mit den Tiefen des Unbewußten zusammen, insbesondere dann, wenn Träume im Spiel sind. Wie das im einzelnen geschieht, wissen wir nicht. Daß Bilder und Gedanken über große Entfernungen hinweg vermittelbar sind, ist letztlich wieder Teil des „kreativen Chaos Natur", auch wenn wir – etwa mit Hilfe der Superstringtheorie – noch einige der dabei verwendeten physikalischen Prozesse aufklären sollten.

Paveses Kommunikationsfaktor

Der italienische Parapsychologe Armando Pavese hat aufgrund langjähriger Beobachtung von paranormalen Phänomenen (er nennt sie „psychomiletisch") – ähnlich wie Hans Bender – die Überzeugung gewonnen, daß in ihnen die Kommunikation mit Hilfe der Kräfte des Unbewußten eine entscheidende Rolle spielt. Bei Psychokinese beispielsweise sieht er oft unbewußte Hilferufe, Suche nach Zuwendung oder Freiheit wirksam werden. So führt Pavese einen „Kommunikationsfaktor" ein, der die parapsychologischen Phänomene gleichermaßen durchzieht und sie zu besonderen Ausprägungen eines einheitlichen Prinzips werden läßt:

„Die Vielfalt der praktischen Fälle führt zu einer theoretischen Unterscheidung zwischen Telepathie, Hellsehen, Präkognition und Psychokinese, die aber durch ein gemeinsames Element verbunden werden können. Dieses verbindende Element besteht in der Tatsache, daß das Wesen des psychomiletischen Ereignisses die unbewußte Kommunikation einer Botschaft ist, die mit Hilfe verschiedener Methoden an die Oberfläche des Bewußtseins gelangt. Zum Beispiel mittels der geistigen Wahrnehmung, der Halluzination oder dem Wirken auf die Materie."[30]

Das ist sehr zugespitzt ausgedrückt, denn die Verschiedenheiten zwischen den übersinnlichen Vorgängen sind doch erheblich und haben in verschiedenen Lebenssituationen eine Vielfalt möglicher Bedeutungen.

Wichtigstes Anliegen von Pavese ist es, den Behauptungen von Spiritisten und Esoterikern entgegenzutreten, sie könnten Kontakte zum Jenseits herstellen und auf paranormalem Weg Botschaften von dort übermitteln. Die Kräfte des Unbewußten und der Kommunikationsfaktor erweisen sich als entscheidend für eine kritische Durchleuchtung von Spiritismus und Esoterik. Diese ist gerade im Hinblick auf eine sachgemäße Einordnung von Nahtod-Phänomenen erforderlich und soll uns daher im nächsten Kapitel beschäftigen.

Wie Spiritismus und Esoterik
Nahtod-Erlebnisse vereinnahmen

Amerikanischer und europäischer Spiritismus

Eines Tages im März 1848 fing es im Hause Fox in Hydesville bei New York an zu spuken. Zwei der Kinder, die siebenjährige Katie und die zehnjährige Leah, vernahmen merkwürdige Klopfgeräusche. Katie entdeckte, daß diese jedesmal dann auftraten, wenn Vater am Fenster rüttelte. Sie fand dabei noch mehr heraus: Wenn sie sagte „Herr Teufel, mach das, was ich mache" und dabei in die Hände klatschte, dann klopfte es im selben Rhythmus wie das Klatschen.[1]

Die Kinder setzten sich von da an, zusammen mit ihrer Mutter und Bekannten, häufiger um einen Tisch und vernahmen nun das Klopfen aus dem Tisch heraus. Jemand kam auf die Idee, dem „Geist" vorzuschlagen, so oft zu klopfen, daß damit die Stellung eines Buchstabens im Alphabet angezeigt wird (später „Tiptologie" genannt). So „erfuhr" man, daß ein „Geist" erklärte, er sei in diesem Haus als Handelsvertreter ausgeraubt, ermordet und im Keller begraben worden.

Die Nachricht von diesem Ereignis verbreitete sich wie ein Lauffeuer. Die „New York Tribune" steuerte das Ihre dazu bei und engagierte Katie für 1200 Dollar Jahresgehalt. Im Jahre 1848 fand in Rochester ein erstes Treffen von Leuten statt, die sich nun Spiritisten (ursprünglich „Spiritualisten") nannten. Sechs Jahre später gab es in den USA bereits eineinhalb Millionen Spiritisten, nach weiteren zwölf Jahren elf Millionen. Heute wird die Zahl der Spiritisten auf weltweit 100 Millionen geschätzt.

Wie ist diese ungewöhnliche Wirkung einer Spukgeschichte zu verstehen? Vergleicht man die Klopfgeräusche im Hause Fox mit dem

Spuk im Hause Wesley mehr als 100 Jahre zuvor (S. 107), so waren sie damals ganz ähnlich: Auch die Wesley-Kinder bemerkten das „Echo" bei der Klopferei. Sie gaben dem Klopfgeist den Spitznamen „Old Jefferey". Vater Wesley dachte sogar über eine „Strafe" nach, die ihm zuteil werden sollte. Aber die Angelegenheit scheint keinerlei Nachwirkung gehabt zu haben. Diese wäre vermutlich bei den später berühmt gewordenen Wesley-Kindern Charles und John zum Vorschein gekommen.

Der Unterschied – darin sind sich die meisten Kritiker einig – liegt darin, daß zwischen 1716 und 1848 die Philosophie der „Aufklärung" entstanden ist und die christliche Lehre in ihren Grundfesten erschüttert hat. Gab es überhaupt einen Gott, an den man sich wenden konnte, und ging das Leben nach dem Tod weiter, sei es im Himmel, in der Hölle oder im Fegefeuer? Die aufkommende Naturwissenschaft schien das alles zu widerlegen.

So war der Spiritismus in seinen Anfängen ein Versuch, dem atheistisch-materialistischen Weltbild entgegenzutreten. Man warf den Vertretern der christlichen Kirchen vor, mit ihren Glaubensgrundsätzen keine genügend starken Waffen gegen atheistisches Denken zu besitzen. Der Spiritismus verstand sich nicht als Glaubensangelegenheit, sondern als Beweisverfahren. Man wollte der neuen Orientierung an der Naturwissenschaft gerade dadurch gerecht werden, daß man „Beweise" für ein Jenseits und die Möglichkeit lieferte, mit den Geistern der Toten in Verbindung zu treten.

Teilweise waren diese Bemühungen in die christlichen Kirchen integriert. Viele betrachteten es auch als Spielerei oder Befriedigung ihrer Neugier, an den „Séancen" teilzunehmen, in denen man Geister mit Hilfe von Klopfzeichen befragte, „Tischrücken" betrieb und Totenerscheinungen erlebte.

Jedoch schälte sich bald eine spiritistische Religion heraus, vor allem durch ein Buch von Jackson Davis (1826–1910), das dieser als in Offenbarungen diktiert bezeichnete: „Prinzipien der Natur, ihre göttlichen Offenbarungen und ihr Appell an die Menschheit". Es wurde schon 1847 veröffentlicht, erhielt aber seine eigentliche Wirkung erst durch die spiritistische Bewegung. Christus wurde darin zwar als Reformer dargestellt, aber ohne göttliche Natur und als Vertreter einer Lehre, die es durch eine neue abzulösen galt. Auch Ideen Swedenborgs und des Frühsozialismus flossen in das quasireligiöse Werk von Davis ein. Es wurde zu einer Art Bibel des amerikanischen Spiritismus.[2]

Ein „Druide" namens Kardec

Die spiritistische Bewegung breitete sich schnell in England und auf dem europäischen Kontinent aus. Sie nahm jedoch eine Wendung, die sie noch deutlicher vom Christentum distanzierte und zu heftigen Auseinandersetzungen mit der Lehre von Jackson Davis führte. Zentrale Figur wurde der Franzose Leon Denizard Rivail. Er nannte sich – und demonstrierte so ein Programm – Allan Kardec, da er annahm, er sei die Reinkarnation eines Druiden mit diesem Namen. Rivail, ursprünglich ein Schüler Pestalozzis, stieß erst 1854 zum Spiritismus und gab 1857 eine „Gegenbibel" zu derjenigen von Davis heraus: „Das Buch der Geister". Er gründete das Buch auf die Botschaften, die ihm drei weibliche Medien in einem spiritistischen Zirkel übermittelten. Reinhart Hummel faßt die Gedanken Kardecs so zusammen:

„Welt und Mensch werden bei Kardec dualistisch auf zwei Prinzipien zurückgeführt: Geist und Stoff. Mit seiner Seele hat der Mensch Anteil an der früher entstandenen Geisterwelt, mit seinem Körper an der niederen stofflichen Welt samt ihren tierischen Instinkten. Statt der vielen Leibhüllen, die in den östlichen Religionen sowie in der Theosophie und Anthroposophie zwischen Seele und Körper vermitteln, gibt es bei Kardec nur eine astrale Zwischenschicht, die er als Perispirit bezeichnet. Im Kosmos existiert diese Zwischenschicht zwischen den beiden Welten als eine Art Fluidum. Die Seele ist nichts anderes als ein unsterblicher Geist, von Gott gut, aber unwissend geschaffen und dazu bestimmt, sich in einer Folge von ‚Inkarnationen' zu vervollkommnen."[3]

Zwar tauchen hier Reinkarnationsvorstellungen asiatischer Religionen auf, allerdings mit einem Unterschied, der sich durch Theosophie, Anthroposophie und „New Age"-Bewegung hindurch gehalten hat: Reinkarnation wird mit dem Fortschrittsdenken des 19. Jahrhunderts verbunden. Jeder Durchgang einer „Wiederverkörperung" bringt eine Verbesserung mit sich. Insbesondere lehnt Kardec die Reinkarnation in Tieren ab, da diese ja einen Rückschritt bedeuten würde. In Kardecs Worten heißt es über die menschlichen Geister: „Nach und nach erheben sie sich und steigen auf der Leiter des Fortschritts immer mehr empor. Diese Besserung findet durch Inkarnation als Mensch statt, die auch als Sühne oder als Mission auferlegt sein kann. Das materielle Leben ist eine Prüfung, welche die Geister zu wiederholten Malen zu bestehen haben, um einen gewissen Grad der Vollkommenheit zu erlangen."[4]

Hummel weist darauf hin, daß schon bei Kardec Gedanken aus dem „Tibetanischen Totenbuch" aufgenommen werden, wie man sie auch bei gegenwärtigen spiritistischen Deutungen von Nahtod-Erfahrungen findet:

„Der Augenblick des Todes kann verschieden erlebt werden. Der Böse ist beschämt, der Gerechte erleichtert, weil kein forschender Blick mehr auf ihm ruht. Die früher verstorbenen Verwandten kommen häufig zu Hilfe, um den Geist aus den ‚Wickelbändern des Stoffes' zu befreien. Oft ist der Tote verwirrt und glaubt nicht, daß er tot ist, obwohl er seinen toten Leib sieht. Er erblickt sich in seinem neuen ätherischen Leib, sieht ihn aber fälschlich als stofflich an. Solche spiritistischen Gedanken finden sich bereits im Tibetanischen Totenbuch. Ihr Einfluß auf die moderne Sterbeforschung ist bei vielen ihrer Autoren zu finden."[5]

Denkbar ist, daß Kardecs Medien oder er selbst – ähnlich wie man das bei der Entstehung des „Tibetanischen Totenbuches" annimmt – von eigenen Nahtod-Erlebnissen beeinflußt sind. Jedenfalls findet man schon in das frühe Gedankengut des Spiritismus derartige Erlebnisse eingearbeitet, so daß eine tiefenpsychologische Durchleuchtung des Spiritismus auch dazu beiträgt, die Vereinnahmung von Nahtod-Erfahrungen duch den Spiritismus abzuwehren.

Kardecs Version des Spiritismus dominiert bis heute, nicht nur in Europa, sondern auch in den USA. Vor allem aber hat sie sich in Brasilien durchgesetzt, wo es nach neueren Schätzungen vier Millionen Spiritisten gibt. Hinzu kommen aus Afrika von Sklaven mitgebrachte Kulte, die sich in Brasilien mit dem Spiritismus vermischt haben. Dazu gehört beispielsweise Macumba, ursprünglich aus Totenbeschwörungen des Bantu-Stammes erwachsen. P. Canova schreibt hierzu:

„Die Macumba ist eine grundlegend individualistische Religion; oft wird sie von physisch oder psychisch kranken Menschen praktiziert oder von Individuen, die sich eines Feindes entledigen wollen.“[6] (Wie letzteres sich konkret auswirken kann, weiß eine Verwandte von mir, die Missionarsfrau in Brasilien ist, zu berichten. Sie entging der Ermordung durch eine Macumba-Anhängerin, weil diese sich noch rechtzeitig dem Christentum zuwandte.)

Spiritistische Praktiken

Wenn auch der Spiritismus als Religion oder „Quasireligion“ angesehen werden kann (er will ja „beweisen“ und nicht „Glauben wecken“), so bilden spiritistische Praktiken ein weites, unübersichtliches Feld von Aktivitäten, die nicht alle religiöser Art sind. Sie reichen von logenartigen Ritualen über „Geistheilungen“ bis zum Pendeln als unterhaltsamer Spielerei. Dort, wo Geister beschworen werden, handelt es sich in vielen Fällen um geschickte Täuschung, Suggestion oder Illusion. Das führt dazu, daß viele Kritiker den ganzen Bereich des Spiritismus als banalen Hokuspokus ansehen, als Zirkusmagie, die sich seriös zu geben versucht. Die Kritik mag in der Tat für einen großen Teil spiritistischer Praktiken zutreffen. Was dann aber übrigbleibt, greift tief – und oft gefährlich – in das Leben vieler Menschen ein. Angeblich werden wirkliche Verbindungen mit den Geistern von Verstorbenen hergestellt.

Seit den Anfängen in der Familie Fox ist das „Tischrücken“ sehr

verbreitet. Es scheint sich heute meist so abzuspielen: Die Teilneh-
mer sitzen um einen runden Tisch herum, legen die Hände nebeneinander und sagen das Alphabet auf, bis aus dem Tisch heraus (oder
durch ruckartiges Heben und Senken eines Tischbeins) ein Klopfzeichen ertönt, das den gerade angesagten Buchstaben markiert. Auf
diese Weise werden „Botschaften" zusammengesetzt.

Eine Variante ist das „Glasrücken", bei dem ein „Medium" ein
umgestülptes Glas in einem Kreis von Buchstaben des Alphabets mit
dem Finger hin und her schiebt.

Auch das Schreiben mit der „Planchette", das offensichtlich aus der
chinesischen Tradition stammt, wird praktiziert: Durch ein Brett mit
kleinen Füßen ist ein Stift hindurchgesteckt. Das „Medium" legt die
Hand flach auf das Brett und „schreibt" in tranceartigem Zustand.

Schließlich sprechen manche Medien auch mit einer unbekannten
Stimme, die sich ohne ihren Willen aus ihnen heraus äußert. Dieses
und die vorher genannten Verfahren werden von Parapsychologen
unter dem Begriff „psychomotorische Automatismen" zusammengefaßt.

Man erkennt unschwer die Beziehung des Tischrückens zur Psychokinese, wie sie etwa im „Spuk von Rosenheim" auftrat. Bei letzterem ging es nicht um eine spiritistische Aktivität. Vielmehr wurden – auf uns unbekannte Art und Weise – psychische Kräfte eines
19jährigen Mädchens in mechanische Kräfte übertragen. So liegt es
nahe, daß beim „Tischrücken" keine Geisterbotschaft übermittelt
wird, sondern aus dem Unbewußten des Mediums stammende telekinetische Phänomene. Das erklärt auch, warum immer ein „Medium" dabeisein muß. Schon in der Familie Fox beobachtete man,
daß das Klopfen aufhörte, wenn sich die kleine Katie entfernte. Ein
„Geist" könnte sich einem spiritistischen Zirkel ja auch ohne eine
bestimmte Person mitteilen.

Auch das Sprechen mit einer fremden Stimme, die jenseits bewußter Wahrnehmung aus dem Unbewußten heraus spricht, ist ein in der
Tiefenpsychologie und der Psychopathologie bekanntes Ereignis.

Das bedeutet aber nicht, daß man die „Botschaften", wie sie bei

Tischrücken und automatischem Schreiben bzw. Sprechen vermittelt werden, in jedem Fall allein mit Psychologie „entlarven" kann. Allzu oft kommen Feststellungen zum Vorschein, die nicht im Unbewußten des Mediums gespeichert sein konnten. Medien (sofern sie nicht betrügen) sind durchweg telepathisch, hellseherisch oder telekinetisch „begabt", besitzen diese Fähigkeiten also in ausgeprägter Form, dem „absoluten Gehör" bei Musikern vergleichbar.

Hier liegt gerade für die Praxis eine bedenkliche Gefahrenquelle, etwa wenn Trauernde Kontakt mit dem Verstorbenen suchen und sich an ein „Medium" wenden. Oft verschafft sich das Medium zuerst einmal dadurch Autorität (oder gar Macht), daß es den Trauernden zu deren Verblüffung Einzelheiten über den Verstorbenen und dessen Umfeld mitteilt, die es gar nicht wissen kann. (Wir haben schon – S. 92 ff. – Beispiele von Telepathie kennengelernt, die nicht aus der spiritistischen Szene kommen.)

Nach dem Tod unserer 13jährigen Tochter Esther erfuhr meine Frau in einer Selbsthilfegruppe für „verwaiste Eltern" von einem derartigen Gespräch. Welche Versuchung, etwas davon zu hören, wie es dem verstorbenen Kind geht! Natürlich ließen wir uns nicht auf eine Täuschung ein, mit der sich offensichtlich viele Menschen gutgläubig selbst betrügen.

Eine Sitzung mit Thomas Mann

Über Klopfzeichen und mediales Sprechen hinaus treten in manchen spiritistischen Sitzungen „materialisierte Geister" auf, die man als Ergebnis einer besonderen Form von Psychokinese ansehen kann. Über eine solche Sitzung hat der Schriftsteller Thomas Mann einen ausführlichen Bericht geschrieben. Mann gehörte zu einer Delegation, die 1922 im Auftrag des Arztes und Gelehrten Dr. med. Albert Freiherr von Schrenck-Notzing die Vorgänge um das Medium Willi Sch. kritisch untersuchen sollte. Schrenck-Notzing war Nervenarzt und Parapsychologe. Er drängte auf streng kontrollierende Beobachtung. Bei der Sitzung mit Willi Sch. erkundeten dann auch Thomas Mann und seine Kollegen alle nur denkbaren Möglichkeiten der Täuschung. Schließlich warteten sie geduldig mehrere Stunden, in denen das Medium zwar in Trance verharrte, aber zunächst nichts Besonderes geschah. Mann berichtet weiter:

„Um $1/2$ 12 Uhr erklärt der Leiter, die Sitzung schließen zu wollen: ein letzter Anreizversuch, der seine Wirkung tut. Vor aller Augen und unter großer Bewegung der Anwesenden wird ein beim Tischchen am Boden liegendes Taschentuch von dort aufgehoben, steigt in rascher, sicherer, energischer Bewegung in den relativ hellen Lichtschein der Lampe und verharrt dort zwei oder drei Sekunden lang, während welcher drückende und schüttelnde Umgestaltungen damit vorgenommen werden, worauf es zum Fußboden zurückkehrt. Die Elevation geschieht nicht ‚selbsttätig‘, nämlich so, daß das Tuch leer und flatternd emporwehte, sondern eine hebende Stütze steckt darin, es hängt faltig davon herunter, von innen her wird lebendig damit manipuliert und oben zeichnet sich bei der zweiten Erhebung, die der ersten baldigst folgt, die Stütze in zwei knöchelartigen Erhebungen deutlich ab. Die Spannung der Zuschauer bei diesen Ereignissen ist außerordentlich. Man beugt sich vor, ruft, macht einander aufmerksam und schaut begierig. Die dritte Elevation ist für mich die merkwürdigste dadurch, daß dreimal mit vollkommener Deutlichkeit ein Hinein- und Übergreifen der Glieder eines Greiforgans sichtbar ist, das bedeutend schmaler als eine Menschenhand, klauenartig erscheint.

Die Phänomene folgen nun rasch aufeinander. Das Medium verlangt die Entfernung des Taschentuchs. Nach Erfüllung des Wunsches steigt neben dem Tischchen, an der gleichen Stelle, wo die Elevation des Tuches vor sich ging, ein Gebilde auf, das nicht zu den am Boden befindlichen Gegenständen gehört und überhaupt undefinierbar ist. Einigermaßen gestaltlos, ist es vielleicht $1/2$ m lang und kann allenfalls für den Teil eines Unterarms mit zugehörigem Greiforgan (angedeuteter Hand in geschlossenem Zustand) genommen werden. Man kann nicht umhin, dieses Etwas für diejenige Stütze, das moto-

rische Werkzeug zu halten, das vorhin das Tuch aufhob und nun unbe-
deckt sich darstellt.

Es gibt zu denken, daß ich mich an seine Form, obgleich ich sekun-
denlang scharf darauf hinspähte, nicht deutlich erinnern kann. Ich
erkläre mir diese Tatsache damit, daß das Gebilde eine gewisse
Eigenfluoreszens besaß, die, wiewohl schwach, genügte, um seine
Umrisse zu verwischen. Während das aufgehobene Taschentuch das
rötliche Reflexlicht der Lampe zeigte, schien dieser Gegenstand die
Farbe des darauf fallenden Lichtes nicht anzunehmen, sondern war
nach meiner Erinnerung schwach weiß leuchtend, eher ins grünliche
spielend. Er verschwand niedergehend auf dieselbe Art wie das Tuch.

Die fünfte Erscheinung und Kraftäußerung besteht darin, daß eine
am Boden stehende Tischglocke energisch geläutet und mit derbem
Schwung unter den Stuhl eines Teilnehmers geschleudert wird. Die
sechste, daß ein Leuchtring nebst anhängender Leuchtschnur zum
Tische aufsteigt, einige Augenblicke mit kratzendem Geräusch an
der Tischkante hin und her bewegt und dann auf die Platte niederge-
legt wird. Danach schwächen die Phänomene sich ab. Man hätte
sagen mögen, die Kräfte vagierten im Raum, ohne es weiter zu einer
Gestaltung oder merklichen Äußerung zu bringen. Runde, helle
Flecken oder Nebel, von der Lampe rötlich beleuchtet, bilden sich
mehrmals in der Nähe des Mediums an der Wand oder davor und
verschwinden wieder. Das Medium erscheint erschöpft …"[7]

Dann analysiert Thomas Mann noch einmal die Möglichkeiten eines
Betrugs und kommt zu dem Schluß:

„Es handelt sich um Vorgänge, deren anomale Realität mir unbe-
streitbar scheint, untermenschlich tief verworrene Komplexe, die,
zugleich primitiv und kompliziert wie sie sind, mit ihrem wenig
würdevollen Charakter, ihrem trivialen Drum und Dran den ästhe-
tisch stolzen Sinn wohl gar abstoßen mögen, deren zweifellose Wirklichkeit aber den Erkenntnistrieb des Wissenschaftlers bis zur Lei-
denschaft reizen muß. Heute, wo die Materie als eine Form der
Energie, gewissermaßen als ein anderer Aggregatzustand von ihr,

begriffen ist, hat die Vorstellung einer ephemeren Materialisation von Energie außerhalb des medialen Organismus, von psycho-physischer Fernwirkung und Selbstgestaltbildung kaum noch etwas Phantastisches."[8]

Mit diesen Bemerkungen zeigt Thomas Mann einen erstaunlichen Durchblick und kommt der Einschätzung telekinetischer Phänomene sehr nahe, wie sie später auch Hans Bender und andere vertreten haben und wie wir sie hier mit neueren Einsichten der Naturwissenschaft zu vertiefen suchen.

Für die Beurteilung von Nahtod-Erlebnissen ergeben unsere Betrachtungen über spiritistische Praktiken zweierlei. Zum einen sind die in Nahtod-Erfahrungen beschriebenen Gespräche mit Verstorbenen ebensowenig im spiritistischen Sinn als Begegnung mit den Geistern von Verstorbenen anzusehen wie die Geistbeschwörungen eines spiritistischen Mediums. Zwar sind die beiden Phänomene nur entfernt miteinander verwandt, der Vergleich wird aber von spiritistischer Seite gern für eine Deutung von Nahtod-Erfahrungen herangezogen. In letzteren kommt es oft zu einer glückseligen Lichterfahrung, in deren Verlauf einerseits manchmal eine Lichtgestalt erscheint, die – je nach Hintergrund des Betroffenen – als Gottvater, Jesus oder die Heilige Maria „angesehen" wird. Andererseits treten bisweilen Menschen aus dem persönlichen Umkreis auf, meist solche, zu denen man eine emotionale Beziehung hatte. Daß diese durchweg bereits verstorbene Menschen sind, legt nahe, daß hier mehr im Spiel ist als ein Aufsteigen von Traumbildern aus dem Unbewußten. Das ist jedoch auch anders denkbar als eine direkte Begegnung im spiritistischen Sinn. Zunächst einmal sind es Bilder aus dem Unbewußten, die das Lichterlebnis ausfüllen, seien es religiöse Gestalten oder Menschen, die einem zu Lebzeiten etwas bedeutet haben. Das schließt nicht aus, daß in diesem Traumerlebnis eine religiöse Botschaft enthalten ist, etwa: „Du hast noch eine Aufgabe zu erfüllen und mußt noch einmal zurückkehren." Eine solche Botschaft betrifft das Leben hier auf der Erde und hängt nicht daran, ob sie durch quasimündliche Mitteilung zustande gekommen ist. Wir gehen im letzten Kapitel näher darauf ein.

Zum anderen gehören Beobachtungen wie die von Thomas Mann geschilderte zu den Möglichkeiten, objektiv über parapsychologische Phänomene zu reden, auch und gerade, wenn in den spiritistischen Zirkeln ein anderer Anspruch damit verbunden wird. Nahtod-Erlebnisse sind spontan und können nur durch Aussagen der Betroffenen vermittelt werden. Das erschwert ihre Anerkennung als reale Geschehnisse, die von reinem Träumen zu unterscheiden sind. Zwar sind die Vergleiche mit beobachtbaren Vorgängen nicht „beweiskräftig", aber sie erleichtern die Einschätzung insgesamt.

Theosophie und Außer-Körper-Erfahrung

Schon Ende des 19. Jahrhunderts zweigte sich eine Gruppe von Spiritisten ab, denen die spiritistische Massenbewegung zu gewöhnlich war und die als „Eingeweihte" in höhere Erkenntnissphären aufsteigen wollten. Sie verstanden sich als „esoterisch", von der Allgemeinheit abgehoben, teilweise auch geheimbündlerisch. Was heute „Esoterik" genannt wird, hat hier seinen Ursprung.

Es fing an mit einer jungen Russin, Elena Blavatsky (1831–1891), geborene Petrowna, die 17jährig einen 60jährigen General heiratete. Schon früh traten ihre übersinnlichen, insbesondere telekinetischen Fähigkeiten zutage, durch die sie bekannt wurde und die sie schließlich 1873 zum spiritistischen „Miracle Club" in New York führten. Sie gewann dort mit ihrem „automatischen Schreiben" und ihren Ideen so großen Einfluß, daß sie den Club 1875 in „Theosophische Gesellschaft" umbenennen ließ. Da hinduistische und buddhistische Gedanken in der neuen Lehre eine wichtige Rolle spielten, verlegte man den Hauptsitz der Theosophischen Gesellschaft 1879 nach Indien, wo 1882 in Adyar bei Madras ein großes Zentrum entstand.

Zwar ziehen sich „theosophische" Lehren durch die mystischen und kabbalistischen Traditionen der Antike und des Mittelalters hindurch. Wenn man jedoch heutzutage von „Theosophie" spricht, ist meistens die von Elena Blavatsky begründete und so genannte Lehre gemeint. In dieser mischen sich alte theosophische und östliche Vorstellungen mit zeitgenössischem Spiritismus. Die gnostische Auffassung von Selbsterlösung wird aufgegriffen: Man erreicht Selbsterlösung dadurch, daß man mittels Selbsterkenntnis höherer Art und durch „Initiation" zur göttlichen Erkenntnis gelangt. Reinkarnation muß nicht notwendig zur Verbesserung führen, sie kann auch vorübergehende Verschlechterung bedeuten.

Frau Blavatsky sah sich nicht von gewöhnlichen Geistern erleuchtet, sondern von Meistern, den „Mahatma". So veröffentlichte sie die „Briefe der Mahatma" und bezeichnete sie als vom Himmel gefallen. Über letzteres beschwerte sich allerdings 1885 ein Professor Kiddle aus New York: Einer der Mahatma-Briefe war die wörtliche Wiedergabe eines von ihm verfaßten Artikels, den eine spiritistische Zeitschrift abgedruckt hatte.

Die Leibhüllentheorie

Elena Blavatsky verlor infolge verschiedener Betrügereien allmählich an Einfluß, es gab interne Auseinandersetzungen in der Theosophischen Gesellschaft und auch Abspaltungen. Uns interessiert hier besonders ein Aspekt theosophischer Lehre, der Allgemeingut geblieben zu sein scheint und in den letzten Jahrzehnten bei der Deutung von Außer-Körper-Erfahrungen eine Rolle gespielt hat. Es ist die Theorie von den sieben Leibhüllen oder sieben Schichten, die sich – je nach Erleuchtungszustand – beim Menschen ausbilden.

Die unterste Schicht ist der physische Körper mit seinen festen, flüssigen und gasförmigen Bestandteilen. Zu dieser Schicht gehört auch noch der „ätherische Leib", der den biologischen Lebensinhalt verkörpert und die Verbindung zu höheren Schichten herstellt. Er kann sich nur selten vom physischen Leib trennen, etwa in Krankheit oder Todesnähe. Beim Sterben verliert er völlig seine Funktion. Der „ätherische Leib" orientiert sich offensichtlich an der Vorstellung eines Weltenäthers, die Ende des 19. Jahrhunderts in der Physik vertreten, dann aber wieder völlig fallengelassen wurde. Der Theosophie ist sie erhalten geblieben.

Vom ätherischen Leib zu unterscheiden ist der Astralleib, die zweite Schicht. Ihm kommt in der Diskussion die größte Bedeutung zu. Die teilweise obskuren fünf höheren Schichten (wie die „buddhische" und die „nirvanische") seien hier nicht erörtert.

Der Astralleib also besteht nach theosophischer Lehre aus astraler Materie, die feiner als der Äther und daher schwerer wahrzunehmen ist. Jedes physikalische Atom ist von einer Astralhülle umgeben, so daß materielle Objekte stets Abdrücke in der astralen Welt besitzen. Darüber hinaus aber gibt es in der Astralwelt Dinge, die keine Entsprechung in der physikalischen Welt haben, etwa „Gedankenformen", die sogar farbig sind und Aufgaben übernehmen können wie Heilungen, Nachrichtenaufnahme und Nachrichtenweitergabe. Auch Telepathie findet hier ihren Platz. Insgesamt ist der Asralleib Zentrum aller Sinne, Begierden und des Bewußtseins.

Die Idee der farbigen Gedankenformen wird phantasievoll ausgeschmückt. „Erleuchtete" können die „Aura" und deren Wandlungen bei ihren Mitmenschen erkennen: Bei einer nicht entwickelten Person ist die Aura dünn und nebelhaft, bei einer hochentwickelten ist sie dicker und ausgeprägter; bei Buddha könnte sie die ganze Welt ausfüllen. Die Farbe der Spiritualität ist Blau, die des Intellektes Gelb. Stolz wird durch grelles Rot angezeigt, bei Egoismus und Depression scheinen verschiedenartige Brauntöne auf. Bosheit schließlich ist schwarz. In Gegenwart eines Sensitiven ist man also stets „durchschaut".

Kritiker haben Überlegungen angestellt, ob die Vorstellung von einer Aura ihren Ursprung in physischen Erfahrungen haben könnte. Beispielsweise entsteht bei starkem Fasten ein Sulfidüberschuß auf der Haut, der dazu führt, daß Silberschmuck sich schwarz färbt. Sulfide aber leuchten unter ultravioletter Bestrahlung, was möglicherweise sehr empfindsame Augen wahrnehmen können (Sonnenlicht enthält bekanntlich einen ultravioletten Anteil).[9]

Die Silberschnur

Elisabeth Kuebler-Ross hat ihr Buch „Über den Tod und das Leben danach" in einem Verlag mit dem Namen „Die Silberschnur" veröffentlicht. Das ist ein Indiz dafür, daß sie sich – leider – auf die theosophische oder esoterische Szene eingelassen hat. Mit der Silberschnur hat es nämlich folgende Bewandtnis.

Der „Astralleib" kann sich gemäß theosophischer Lehre vom physischen Leib trennen und ohne diesen „umherreisen". Besonders im Traum kommt das vor. Manche vermögen sogar im Wachzustand willkürlich die Trennung herbeizuführen. Wie erst später der Lehre hinzugefügt wurde, bleibt der Astralleib bei der Trennung vom physischen Körper mit diesem durch eine unendlich elastische und ausdehnbare Silberschnur verbunden, eine Art geistiger Nabelschnur. Erst im Tod reißt die Verbindung. So ist die „Silberschnur" zu einem Symbol spiritistisch-theosophischer Rede vom Astralleib geworden.

Die Ähnlichkeit zwischen Trennung und Rückkehr des Astralleibes einerseits und der Außer-Körper-Erfahrung in einem Nahtod-Erlebnis andererseits sticht ins Auge. So wird, wie man erwarten kann, im esoterischen Denken letzteres durch ersteres interpretiert. Allerdings kann man kritisch fragen, ob die Vorstellung von einem Astralleib nicht ursprünglich auf Nahtod-Erfahrungen zurückgeht, die Interpretation also umzukehren ist. Daß Nahtod-Erlebnisse seit eh und je berichtet werden und möglicherweise am Anfang allen religiösen Denkens stehen, haben wir schon (S. 47 ff.) überlegt.

Diese Vermutung wird noch durch folgende Tatsache gestützt: Außer-Körper-Erfahrungen sind nicht auf Nahtod-Erlebnisse beschränkt. Sie können bei entsprechend sensiblen Menschen auch spontan auftreten oder durch Einübung hervorgerufen werden, etwa durch intensive Meditation. (Vielleicht hat mancher Konflikt von Mystikern mit der offiziellen Kirche hier ihren Grund; wir kommen darauf zurück.) Ein Amerikaner, Robert A. Monroe, hat zwischen 1958 und 1970 mehr als 500 Außer-Körper-Erfahrungen willentlich hervorgerufen und sie in einem Buch dargestellt, in deutscher Übersetzung „Der Mann mit den zwei Leben. Reisen außerhalb des Körpers". Er gibt darin sogar eine Anleitung, wie man durch Atem- und Konzentrationstechnik entsprechende Zustände herbeiführen kann.

Es ist ein bemerkenswertes Beispiel von Vereinnahmung, wenn es auf dem Umschlag einer deutschen Taschenbuchausgabe heißt, der Autor beweise, daß es einen Astral- oder feinstofflichen Körper gebe.[10] Im Buch selbst kommen derartige Begriffe gar nicht vor; der Autor vertritt offensichtlich keine esoterischen Interessen.

Halten wir fest: Die Gleichsetzung von Außer-Körper-Erfahrung mit einer Reise des astralen Körpers ist willkürliche Interpretation innerhalb der theosophischen Lehre und nicht in sachlichem Sinn naheliegend. Sofern sie von einer Silberschnur redet, hat sie zudem den Mangel, daß in nur ganz wenigen Nahtod-Berichten von einer solchen die Rede ist und man auch dann nach unbewußten Verbindungen des Betroffenen zur esoterischen Bilderwelt fragen müßte. Umgekehrt spricht viel dafür, daß die Rede vom feinstofflichen Astralleib in der Beobachtung von Außer-Körper-Erfahrungen ihren Ursprung hat. Bedenkt man noch, daß spiritistische und theosophische Tradition „Glauben" durch „Wissen" ersetzen möchte, dann geht es hier nicht um das Für und Wider eines theosophischen Glaubens, sondern um einen Mißbrauch des Wortes „Wissen".

Was Anthroposophie über Leben zwischen Tod und Geburt sagt

Ein Seitenzweig der Theosophie ist die Anthroposophie, eine Bewegung, die vor allem in der Schweiz, in Österreich und in Deutschland sehr verbreitet ist. Sie beschränkt sich nicht auf esoterische Zirkel, sondern hat mit ihren Krankenhäusern und den Waldorf-Schulen neue Akzente in der Medizin und in der Pädagogik gesetzt. – Drei unserer fünf Kinder sind in einem anthroposophischen Krankenhaus geboren, und wir haben es sehr geschätzt, daß ich bei allen Geburten dabeisein konnte (was um 1980 noch nicht allgemein üblich war) und „Rooming-in" praktiziert wurde. Die menschliche Atmosphäre war gut, und die Räume zeichneten sich durch freundliche, künstlerisch hochwertige Gestaltung aus. (Im Kontrast dazu mußten wir vor einigen Jahren im Flur vor der Intensivstation einer nichtanthroposophischen Klinik zwischen getünchten, bilderlosen Wänden auf den Tod unseres Kindes Esther warten und teilweise demütigende Redeweisen über uns ergehen lassen.)

Eine Reihe von Anthroposophen gehört zur „Christengemeinschaft", einer kirchenartigen Vereinigung, die in Deutschland immer wieder – vergebens – versucht hat, bei der Evangelischen Kirche Anerkennung zu finden. Die Lehre der Anthroposophie räumt in der Tat – im Unterschied zur Theosophie – Christus eine hohe Stellung ein, ist jedoch insgesamt aus Spiritismus und Theosophie erwachsen und vor allem durch die Reinkarnationsvorstellungen weit vom Christentum entfernt.

Kaum eine andere Weltanschauung ist so von einer einzigen Person geprägt wie die anthroposophische. Rudolf Steiner (1861–1925) war 1902–1912 Generalsekretär des deutschen Teils der „Theosophischen Gesellschaft". Als indische Theosophen behaupteten, Christus habe sich in einem indischen Jungen reinkarniert, erkannte Steiner das nicht an. So kam es zum Bruch mit der Theosophie, und Steiner gründete die „Anthroposophische Gesellschaft" mit Sitz in Dornach/Schweiz.

Steiners Vorstellungen von den „Leibhüllen" lehnen sich an diejenigen der Theosophie an. Er konzentriert sich auf die drei Schichten „physischer Leib", „Astralleib" und „Ätherleib". Sie spielen auch in der Waldorf-Pädagogik eine unmittelbare Rolle: Man nimmt an, daß sich in den ersten sieben Jahren der physische Leib ausbildet, in den zweiten der Ätherleib als Träger von Temperament und Charaktereigenschaften und im Alter zwischen 14 und 21 Jahren der Astralleib als Sitz von Begierden und Leidenschaften.

Eine Abwandlung gegenüber der Theosophie betrifft allerdings die Rolle des Ich. Steiner „fühlte sich der westlichen Hochschätzung der Individualität verpflichtet und hat darum, dem Buddhismus diametral entgegengesetzt, das Ich in das traditionelle esoterische Menschenbild mit seinem System von Leibhüllen eingefügt, man möchte fast sagen: hineingemogelt".[11] Das wirkt sich dann aus in Steiners Version der sogenannten Karmalehre. Das Karma, die Folgen unseres Lebens, Schuldhaftes wie Unvollendetes, schleppen wir nach traditioneller östlicher Lehre von Reinkarnation zu Reinkarnation mit, bis wir ihm endlich entrinnen. Nach Steiner aber greift das Ich in die Verarbeitung des Karmas ein.

„Der Mensch erschafft sich selbst"

Erster Schritt ist hierbei das „Lebenspanorama". Nach Steiner ist der Ätherleib Träger des Gedächtnisses. In besonderen Situationen kann sich der Ätherleib schon zu Lebzeiten lockern oder vorübergehend vom physischen Leib trennen. „In Ausnahmefällen", so Steiner, „kann auch während des Lebens diese Trennung von physischem und ätherischem Leibe auftreten. Zum Beispiel in Fällen von Lebensgefahr, beim Ertrinken, beim Abstürzen, das heißt in solchen Fällen, wo das Bewußtsein durch den Schrecken eine große Erschütterung, einen Schock erhält. Leute, die einem solchen Schock unterworfen gewesen waren, erzählen mitunter, daß während einiger Augenblicke ihr ganzes Leben wie ein Tableau vor ihnen gestanden habe, so daß die entschwundenen Erlebnisse aus früherer Lebenszeit plötzlich mit voller Deutlichkeit aus der Vergessenheit wieder auftauchten. Solche Erzählungen beruhen nicht auf Täuschung, sondern auf Wahrheit; sie sind Tatsächlichkeiten."[12]

Das ist aber die Beschreibung eines Lebenspanoramas, wie wir es aus Berichten über Nahtod-Erlebnisse kennen. So versäumen auch Anthroposophen in der neueren Diskussion über Nahtod-Phänomene nicht, auf diese Verbindung hinzuweisen (beispielsweise in den „Flensburger Heften", deren Band IV/95 dem Thema „Nah-Todeserfahrungen. Rückkehr zum Leben" gewidmet ist). Möglicherweise hatte Steiner selbst eine solche Erfahrung, oder er kannte die Berichte von Albert Heim (1892) über abgestürzte Bergsteiger, in denen Lebenspanoramen beschrieben werden. Jedenfalls dient ihm das Lebenspanorama als Erläuterung für die weitaus gründlichere Lebensrückschau nach dem endgültigen Tod. Dort dauert sie mehrere Tage, bis sich der „individuelle Äther" im „Weltenäther" auflöst.

Dabei bleiben allerdings die Gedächtnisinhalte in einer Weltenchronik, der „Akasha-Chronik", eingezeichnet. Dort kann sie das Ich, das zusammen mit dem Astralleib bei der Auflösung des Ätherleibs übriggeblieben ist, wieder „abrufen", wie man heute in der Computersprache sagen würde. Das Ich arbeitet nämlich jetzt an der Verbesserung des „Karmas" und bereitet eine neue Geburt in einer Reinkarnation vor. Für Steiner ist dieser Gestaltungsprozeß der wichtigste Teil bei der Höherentwicklung des Individuums. Er stellt eine Art Selbsterlösung oder gar Selbsterschaffung dar. Zwar kann auch durch Waldorf-Pädagogik, Eurythmie oder Menschenweihehandlung auf eine harmonische Zuordnung der verschiedenen Leiber hingewirkt werden. Der eigentliche Fortschritt aber geschieht nicht zwischen Geburt und Tod, sondern zwischen Tod und Geburt. So fließen in Steiners Anthroposophie europäischer Fortschrittsglaube um die Jahrhundertwende und eine individualistische, antibuddhistische Variante der Theosophie zusammen.

Wie im Falle der Theosophie ist anzumerken, daß – dem Selbstverständnis der Anthroposophie gemäß – nicht anthroposophischer Glaube gegen christlichen Glauben steht, sondern angebliches „höheres Wissen" gegen „nur" Glauben. Zwar haben Anthroposophen zur psychosomatischen Medizin und zu einer kindorientierten Pädagogik viel beigetragen. Auch ist ihr feinsinniger Umgang mit Kunst und Literatur, insbesondere im Umkreis der Werke von Goethe, eindrucksvoll. Aber ihr „Wissen" um das Schicksal des Menschen über den Tod hinaus ist nun einmal nichts mehr als Glaubenslehre, und manchmal hat man den Eindruck, daß „Wissenschaft" mit Einfühlung und Einarbeitung in die komplizierten Gedanken Steiners verwechselt wird.

New Age und Reinkarnation

Handelt es sich bei der Anthroposophie noch um eine überschaubare Lehre, so hat sich in neuerer Zeit ein unübersichtliches Sammel-surium von Gruppen ausgebreitet mit einer Vielfalt von „hinduisti-schen", „buddhistischen", „transzendentalen", „meditativen", „magi-schen" oder „astrologischen" Lehren und Praktiken. Teilweise sind sie durch das Stichwort „New Age" verbunden und folgen der astrologi-schen Vorstellung, daß nunmehr das Zeitalter des Wassermanns anbreche und sich eine neue, friedvolle Spiritualität unter den Men-schen ausbreiten werde.

Auch der Reinkarnationsglaube gehört zu den verbindenden Ele-menten, wenngleich darüber, was Reinkarnation bedeutet, die Vorstel-lungen weit auseinandergehen. Das Spektrum reicht von einem Hol-lywood-Buddhismus bis zur „Regressionstherapie", die Rückführung in „frühere Leben" als psychotherapeutische Methode benützt.

Ehe wir zur Frage der Reinkarnation selbst Stellung beziehen, neh-men wir uns ein Beispiel dafür vor, wie heutzutage mit der Lehre von den wiederholten Geburten umgegangen wird. Es gehört schon äußerlich gesehen in den Umkreis der Nahtod-Erlebnisse, weil die Schlüsselperson dieselbe ist, die vor einem Vierteljahrhundert eine breite Diskussion über die Visionen in Todesnähe angestoßen hat: Raymond A. Moody.

Als Baumbewohner in den Wipfeln

Zunächst war Moody dem Gedanken der Reinkarnation völlig fern, schon aufgrund seiner christlichen Erziehung. In seinem Buch

„Leben nach dem Tod" stellt er noch klar, daß bei seinen Beobachtungen und Analysen von Nahtod-Erfahrungen die Reinkarnationsfrage keine Rolle spielt. Die Flut von Briefen indessen, die Moody auf sein Buch hin erhielt, fing an, ihn zu verunsichern. Denn viele Zuschriften berichteten ebenso überzeugt von Déjà-vu-Erlebnissen wie andere von Nahtod-Visionen. Endgültig kam Moody auf neue Gedanken, als ihm eine „Reinkarnationstherapeutin", Diana Denholm, 1986 anbot, ihn zu hypnotisieren, damit er selbst einmal „Rückführungserlebnisse" haben könne.

So geschah es dann auch, und das Ergebnis war umwerfend! Innerhalb einer Stunde hatte Moody neun vorgeburtliche Erinnerungen, deren Schilderung in seinem Buch „Leben vor dem Leben" mit Science-fiction-Romanen über Zeitreisen Schritt halten kann:

Das erste Leben fiel in den Augenblick, als die Menschheit gerade erwachte: „Als Baumbewohner tummelte ich mich im Schutz von Astwerk und Blättern hoch oben in den Wipfeln. Ich war schon ziemlich weit in Richtung Euhominie fortgeschritten – auf jeden Fall kein Affe mehr."[13]

Man ist versucht, Moody zu fragen, ob er der erste Affe war, der gemerkt hat, daß er kein Affe mehr ist! Das Erlebnis ist insofern bemerkenswert, als die heutige Frühgeschichtsforschung nicht mehr annimmt, daß der Mensch vom Affen abstammt. Man geht davon aus, daß der erste Mensch ein „Homo erectus" war, der lange nicht mehr auf den Bäumen lebte.

Im zweiten Vorleben ist Moody dann „ungefähr zwölf Jahre alt und Mitglied einer menschlichen Gemeinschaft, die im tropischen Urwald eines Landes von atemberaubender Schönheit lebte. Aus dem Umstand, daß wir alle schwarzer Hautfarbe waren, folgere ich, daß wir uns in Afrika befanden."[14]

In der dritten Präexistenz war der Hypnotisierte „ein sehniger Greis mit blauen Augen und schlohweißem langem Haar, der sich trotz seines hohen Alters noch im Gewerbe als Bootsbauer plagen mußte".[15] Bei einer Spritztour zusammen mit einer Enkeltochter kommen beide um; dabei hat er zum Schluß ein Außer-Körper-

Erlebnis. Dann aber geht es wieder in die Wildnis, und Moody ist „Mitglied einer Horde Menschen, die mit dem Mut der Verzweiflung einem Wollhaar-Mammut nach dem Leben trachteten".[16] Das fünfte Vorleben ist zivilisierter: „Bauarbeiter im öffentlichen Dienst" in einer Hochkultur. Im sechsten wird es blutig: „Raymond in der Löwengrube", im alten Rom. Im Unterschied zu seinem biblischen Vorgänger Daniel erlebt er, wie er aufgefressen wird. In der siebten Inkarnation – Moody ist jetzt römischer Aristokrat – können Soldaten nur mühsam einen Mob abwehren, der sein Haus stürmen will. Das achte Leben, Gipfel der Grausamkeit, zeigt den Zurückgeführten „irgendwo in den Wüsteneien des Mittleren Ostens", der nach Hause kommt und seine Frau mitsamt drei Kindern massakriert vorfindet. Schließlich ist Moody eine chinesische Malerin. Das ist aber kein schöner, versöhnlicher Abschluß. Denn auch diese wird von einem jungen Mann erwürgt.

Moody fragt selbst hinterher die Therapeutin Diana: „Eröffnen diese Inkarnationsregressionen wirklich den Zugang zu früheren Existenzen, oder ist es vielleicht doch nur die Phantasiewelt unseres Unbewußten, in die der Aspirant da ‚rückgeführt' wird?"[17]

Die Zweifel ziehen sich durch das ganze Buch hindurch. Man erfährt bis zum Schluß nicht, ob sich Moody für die eine oder die andere Deutung der Rückführungserlebnisse entscheidet. „Wie hat man sie zu bewerten?" fragt er am Ende des Buches und antwortet: „Im bescheidensten Fall als unschätzbar wichtige Botschaften des Unbewußten. Im äußersten denkbaren Fall als Beweise für ein Leben vor dem Leben."[18]

Eine konkrete Entscheidung traf Moody allerdings: Er wurde selbst Regressionstherapeut, die Methode lag ihm. In Erweiterung der Freudschen Rückführung in die Kindheit sucht man noch „tiefer" nach verborgenen Ursachen gegenwärtiger Konflikte, gleichgültig ob man in wirkliche Vorleben hineinstößt oder nur die symbolischen Schutzmechanismen durchbricht, die nach Freud auch die aus dem Unbewußten hervorgeholten Erinnerungen verfälschen. Moody betont immer wieder, daß alle von ihm in Hypnosesitzungen beobachteten Rückführungserlebnisse mit gegenwärtigen Lebenskonflikten in Beziehung standen.

Eine Variante der Regressionstherapie ist besonders brisant: Um gegenwärtige neurotische Probleme zu lösen, wird der Patient in Trance veranlaßt, sein Vorleben zu verändern, so daß die Bedingungen für das Jetzt besser sind. Man nennt diese Methode „Rescripting". Die vorgeburtliche Vergangenheit wird also neu geschrieben. Moody lehnt diese Methode für sich ab, jedoch nicht mit der Begründung, daß dadurch der Gedanke wirklicher Vorleben lächerlich gemacht wird. Vielmehr sagt er: „Hauptgrund, weswegen ich auf die Anwendung der Reskriptionsmethode verzichte, ist ... der Umstand, daß sie bei weitem nicht so erfolgsträchtig ist wie die Rückführung an sich, also ohne Zutaten."[19]

Noch eine andere Beobachtung Moodys aus seiner Regressionstherapie verdient Beachtung. Er schreibt über eine Gruppensitzung, wie er sie nur gelegentlich durchführte: „Mehrmals kam es vor, daß eine Versuchsperson auf der einen Seite des Raums praktisch das gleiche Rückführungserlebnis zu Protokoll gab wie diejenige in der achsensymmetrisch gegenüberliegenden Position auf der anderen Seite. So erlebte ich beispielsweise den Fall, daß eine Studentin sich als Balletttänzerin im hautengen blauen Kostüm schilderte, die auf hell erleuchteter Bühne einen Auftritt vor großem Publikum absolvierte – und daß kurz darauf eine andere Studentin, die auf der gegenüberliegenden Seite des Raums plaziert gewesen war, fast haargenau die gleiche Szene beschrieb."[20]

Hieran ist zweierlei bemerkenswert. Zum einen ist es ein klares Indiz, daß es nicht um wirkliche Vorleben geht, sondern um unbewußte Bilder, die telepathisch übertragbar sind. Zum anderen bringt Moody überhaupt einmal übersinnliche, paranormale Phänomene ins Spiel. Im vorausgehenden Kapitel des gleichen Buches äußert er im Hinblick auf Nahtod-Erlebnisse, daß diese mit paranormalen Phänomenen wenig zu tun haben. Offenbar ist Moody auch in neuerer

Zeit noch der Meinung, daß Nahtod-Erfahrungen entweder spiritistisch oder materialistisch zu verstehen sind. Die Einbeziehung des Übersinnlichen, die die moderne Nahtod-Forschung entscheidend weiterbringt, wird von Moody vernachlässigt.

Kehren wir aber zur allgemeinen Frage der Reinkarnation zurück! Die Art und Weise, wie Regressionstherapie mit ihr umgeht, hat kaum noch etwas mit religiösen oder theosophischen Gedanken zu tun. Man kann darin vielleicht noch Spuren einer säkularisierten Karmalehre entdecken: Während nach Steiner das Ich zwischen Tod und neuer Geburt an der Verbesserung des Karmas arbeitet, geschieht das im „Rebirthing" unter Hypnose mit Unterstützung des Psychotherapeuten. Dabei wird nicht die Frage nach Schuld und Schicksal aufgerollt; vielmehr werden Neurosen behandelt oder wird Lebensberatung ausgeübt. Die Entfernung zur hinduistischen oder buddhistischen Reinkarnationsvorstellung ist noch größer als in der Anthroposophie.

Gleichwohl kann man fragen, ob man den Rückführungserlebnissen nicht genauso viel Realitätswert einräumen kann wie den Nahtod-Erfahrungen. In beiden Fällen ist man auf die Glaubwürdigkeit von Zeugen angewiesen, und es bedarf in jedem Fall einer Überwindung der materialistischen Denkweise, um die Erlebnisse nicht einfach psychologisch wegzudeuten. Diese Ähnlichkeit ist jedoch vordergründig. Wir stellen den Unterschied in drei Punkten heraus.[21]

Erstens werden in Außer-Körper-Erlebnissen reale Dinge und Personen aus der unmittelbaren Umgebung des Betroffenen wahrgenommen, die grundsätzlich einer Überprüfung zugänglich sind. Zwar hat man auch bei einigen Rückführungserlebnissen mit „Vorleben" aus der jüngeren Vergangenheit nachgeforscht, ob sie „stimmen", und ist zu einigen positiven Ergebnissen gekommen. Diese lassen sich jedoch mit Hilfe von Telepathie und Hellsehen erklären. Ferner hat die Verankerung im genetischen Code, die wir für

Nahtod-Erfahrungen noch studieren werden, für Rebirthing-Erlebnisse kein Gegenstück.

Zweitens treten Nahtod-Erfahrungen meistens spontan auf, oft in Zusammenhang mit Unfall oder schwerer Operation. Die Auseinandersetzung mit dem Tod, der jedem bevorsteht, gewinnt durch Nahtod-Erlebnisse eine besondere Tiefe und greift unmittelbar in das gegenwärtige Leben hinein. Im Fall der Rückführung in „frühere Leben" sind psychotherapeutische Suggestion und in der Regel auch eine esoterische Grundeinstellung im Spiel. Eine der Befassung mit dem Tod vergleichbare Notwendigkeit, sich mit Vorleben zu beschäftigen, besteht nicht.

Der dritte Unterschied ist der wichtigste, den wir zu diskutieren haben. Er betrifft das Menschenbild, das wir zugrunde legen. Hier sind wieder Extreme nach beiden Seiten abzuwehren. Wie weiter oben (S. 87 ff.) näher ausgeführt, ist ein evolutionistisches Menschenverständnis, das den individuellen Menschen als Nebenprodukt, als zu vernachlässigendes Einzelexemplar einer sich höher entwickelnden Gattung versteht, weder durch Naturwissenschaft gedeckt noch einem Sinnverständnis angemessen. Individualität ist ein biologischer Faktor, der mit dem Selbstbewußtsein des Menschen eine hohe Bedeutung erhält; wir nehmen an, daß sie beim Tod nicht zerstört wird.

Auf der anderen Seite wehren wir jedoch ein Menschenbild ab, das auf die frühe ägyptische Seelenvorstellung zurückgeht und in der griechischen Philosophie von Plato ausformuliert wurde: Die Seele läßt sich bei der Geburt des Menschen wie ein Vogel im Käfig des menschlichen Leibes nieder, um dieses Gefängnis beim Tod wieder zu verlassen. Wir betrachten den Menschen als körperlich-geistiges Wesen, das nicht nur durch bestimmte Merkmale und eine bei der Geburt mitgebrachte geistige Struktur definiert ist. Vielmehr ist mein individuelles Ich zugleich meine individuelle Lebensgeschichte, meine soziale Umgebung, die Menschen, mit denen ich lebe, meine Erfahrungen, Enttäuschungen und Hoffnungen, meine Ängste und der Spaß, den ich hatte. Mein Ich ist unverwechselbar, an einem bestimmten Ort der Weltgeschichte entstanden, eine Neuschöpfung. Wir suchen nach Anhaltspunkten, daß diese Geschichte über den Tod hinaus weitergeht.

Reinkarnation würde Schizophrenie erzeugen, die Identität des Ich spalten und damit zerstören. Der Gedanke fortgesetzter Wiedergeburt setzt einen ungeschichtlichen Geist voraus, für den Aufenthalte in einem Körper nur Mittel zum Zweck sind: im genuinen Buddhismus, um das Karma schicksalhafter Mächte abzustreifen, im theosophisch-esoterischen Denken, um Fortschritte in Richtung höheren geistigen Seins zu erzielen.

Unsere Annahme, daß im Leben schon eine über den Tod hinausreichende Existenz vorbereitet wird, weist nicht auf eine Neugeburt innerhab der Erdgeschichte hin, sondern weist über den sichtbaren Kosmos hinaus. Sie löst den Einzelmenschen nicht aus seiner Geschichte heraus. Vielmehr ist sie mit der Erwartung verbunden, daß auch die Mitmenschen – geliebte und ungeliebte – in einem künftigen Sein eine Rolle spielen werden. Wie das geschieht, ob dabei Versöhnung, Läuterung oder nur Glückseligkeit geschieht, ist eine Frage, die über die wissenschaftliche Perspektive hinausreicht.

Nahtod zwischen Natur und Jenseits

Erklärt Sauerstoffmangel Nahtod-Erfahrungen?

Mit den Vorbereitungen, die wir in den vorangehenden drei Kapiteln getroffen haben, können wir nun die Frage angehen, ob Nahtod-Erlebnisse wissenschaftlich erklärbar sind oder ob wir sie nur als „wunderbare Ereignisse" religiös verstehen können.

Beginnen wir mit dem banalsten Argument, das immer wieder vorgebracht wird: Bei Nahtod-Erfahrungen handelt es sich um weiter nichts als Sauerstoffmangel im Gehirn; auch bei anderen Formen des Sauerstoffmangels, etwa beim Langstreckenlauf, treten vergleichbare Hochgefühle auf, mit denen der Körper auf den Mangel reagiert.

Nehmen wir einmal an, Sauerstoffmangel im Blut, medizinisch Hypoxie genannt, steht am Anfang jedes Nahtod-Erlebnisses. Dann ist die Logik der Aussage „Es handelt sich nur um Sauerstoffmangel" etwa dieselbe wie in folgendem Vergleich: Beim Abstauben der Bücher eines Bücherregals ziehe ich ein Album heraus, das aufgeklappt ein Bild aus meiner Kindheit zeigt. Vielleicht habe ich viele Jahre nicht mehr an die Szene gedacht, die dort abgebildet ist. Das Abstauben der Bücher hat mir die Szene wieder ins Bewußtsein gerufen. So folgere ich nun: Das Anschauen des Bildes ist nichts als Abstauben von Büchern!

Natürlich wird ein Kritiker, der von „nur Sauerstoffmangel" redete, versichern, daß er das so einfach nicht gemeint habe. Was aber hat er sich dabei gedacht? Offensichtlich will er zum Ausdruck bringen, daß alle Phänomene, die mit einer Nahtod-Erfahrung verbunden sind, als Folgen von Gehirnvorgängen erklärbar sind, die sich bei Hypoxie – oder im Extremfall bei Anoxie, das heißt völligem Fehlen von Sauerstoff im Blut – einstellen. Verfolgen wir die Argumente im einzelnen!

Zunächst fragen wir, ob überhaupt an jedem Nahtod-Phänomen Sauerstoffentzug beteiligt ist. Die Antwort lautet: nein. Man hat bei einem großen Prozentsatz von Betroffenen entweder normalen oder sogar erhöhten Sauerstoffgehalt im Blut nachgewiesen.

Dem wird allerdings folgendes entgegengehalten: Die Ärzte messen den Blutsauerstoffgehalt nicht im Gehirn selbst. Wie sollte das auch ohne Komplikationen geschehen? Außerdem steht bei der meist kurzen Dauer eines Herzstillstandes nicht genug Zeit für einen entsprechenden Eingriff zur Verfügung. Also nimmt man eine Blutprobe irgendwo am Körper. Die entscheidende Frage ist jedoch, wieviel Sauerstoff im Blut des Gehirns zur Verfügung steht, ob, wie es medizinisch heißt, eine „zerebrale Hypoxie" vorliegt oder nicht. Zerebrale Hypoxie braucht sich nicht unbedingt in allgemeiner Hypoxie zu äußern.[1] In der Tat weiß man wenig darüber, wie beide miteinander verkoppelt sind.

Um mehr herauszufinden, sind die verschiedenen Arten von Hypoxie zu beachten:

Die erste entsteht bei einer Drosselung der Blutzufuhr, bespielsweise im Falle eines Herzstillstandes oder eines extremen Schocks.

Zweitens kann es sein, daß in der Umgebung nicht genügend Sauerstoff vorhanden ist, etwa bei einem Ertrinkenden oder in großer Höhe. Auch dann, wenn die Atemwege blockiert sind, kann dieser Fall eintreten.

Drittens kann das Blut vergiftet sein, vielleicht durch Kohlenmonoxid von Autoabgasen, so daß das Blut nicht genug Sauerstoff zu transportieren vermag.

Viertens kommt es vor, daß die Gewebezellen den Sauerstoff, der ausreichend vorhanden ist, nicht verarbeiten können. Der Grund hierfür mag beispielsweise starker Alkoholgenuß sein oder die Einnahme von Zyanid.

Möglicherweise spielt in allen vier Fällen auch die Geschwindigkeit eine Rolle, mit der es zum Sauerstoffmangel kommt.

So ergeben sich also sehr unterschiedliche Möglichkeiten, daß eine Hypoxie im Gehirn vorliegt, die im übrigen Körper schwer registriert werden kann. Sehr wahrscheinlich ist das allerdings nicht. Es mag demnach sein, daß in manchen Fällen auch dort noch zerebrale Hypoxie im Spiel ist, wo man unveränderten oder gar erhöhten Sauerstoffgehalt im Blut mißt. Das ist aber keineswegs immer der Fall. Als Beispiele kennt man Nahtod-Erlebnisse unter physischen Bedingungen, bei denen kein Anlaß besteht, eine veränderte Blutzusammensetzung anzunehmen: bei Bergsteigern, die einen Absturz überleben, bei fehlgeschlagenen Selbstmordversuchen durch den Sprung von einer Brücke oder bei entspannter Meditation besonders sensibler Menschen.

Man hat sogar festgestellt, daß durch Einatmen eines Gasgemisches von 70 Prozent Sauerstoff und 30 Prozent Kohlendioxid Nahtod-Erlebnisse ausgelöst werden können. Da Luft normal nur etwa 20 Prozent Sauerstoff enthält, wird also der Sauerstoffgehalt im Blut stark in die Höhe getrieben, so daß kein Anlaß besteht, eine geheime zerebrale Hypoxie anzunehmen.

Wenn es aber Nahtod-Erfahrungen gibt, die nicht durch Sauerstoffmangel im Gehirn ausgelöst werden, dann können sie auch nicht als Folgen eines solchen Mangels erklärt werden. Hypoxie ist ein möglicher auslösender Faktor, neben dem es andere gibt – so wie man aus verschiedenen Gründen ein Album aus dem Bücherregal ziehen kann.

Aber auch dort, wo Sauerstoffmangel mitwirkt, kann man noch wenig folgern. Der Heidelberger Psychiater und Nahtod-Forscher M. Schröter-Kunhardt bemerkt, daß reiner Sauerstoffmangel ganz andere Erlebnisse bewirkt, als wir sie von Nahtod-Erlebnissen her kennen: „Anfangs entwickelt sich ein gesteigertes Wohlbefinden und ein Gefühl der Macht. Dann kommt es jedoch zu einer Abnahme und schließlich zu einem Verlust der Urteilsfähigkeit, endlich zu Wahrnehmungsstörungen wie Illusionen; Halluzinationen und schließlich zur Bewußtlosigkeit. Auch Konfusion und Angstzustände treten auf.“[2] Das ist aber ziemlich genau das Gegenteil dessen, was in einer

Nahtod-Erfahrung mit ihrer geordneten Aufeinanderfolge von „ekstatischen Glücksgefühlen, verifizierbaren Wahrnehmungen der physikalischen Umwelt, hochethischer Urteilsfähigkeit im Lebensfilm und überbewußter Verschmelzung mit dem ganzen Universum"[3] geschieht.

Die Möglichkeiten, mit Hilfe von Sauerstoffmangel im Gehirn etwas von den Nahtod-Phänomenen zu erklären, schmelzen somit erheblich zusammen. Wir wollen sie dennoch weiterverfolgen, zusammen mit anderen auslösenden Faktoren des außerordentlichen Geschehens an der Schwelle zum Sterben.

Drogen, Streß und Endorphine

Vergegenwärtigen wir uns noch einmal die Aufgabe, die zu lösen ist: Wir möchten Gehirnvorgänge beschreiben, die einerseits ausreichen, um die Auslösung jeder Nahtod-Erfahrung zu beschreiben, andererseits spezifisch sind, also Nahtod-Erfahrungen von anderen Vorgängen wie Halluzination oder epileptischem Anfall unterscheiden. Die Aufgabe besteht demnach nicht darin zu erklären, was Nahtod-Erlebnisse sind. Leider werden diese beiden Aufgabenstellungen oft verwechselt. Um einen Vergleich zu gebrauchen: Will man charakteristische Merkmale für ein „Wohnhaus" angeben, dann können diese in technischen Angaben bestehen, die ein Wohnhaus von einer Kirche, einem Holzschuppen, einem Bunker oder einer Fabrikhalle unterscheiden. Sie können so detailliert sein, daß sie ein Wohnhaus unter allen möglichen Objekten kennzeichnen. Im Katalog aller technischen Dinge hat man dann die genaue Nummer gefunden. – Damit ist aber nicht alles über ein Wohnhaus gesagt, was zu sagen ist. Vom Zweck her gesehen unterscheidet sich das Wohnhaus von einem Vogelnest, einem Fuchsbau und einem Ameisenhaufen, obwohl alle dem Zweck des Bewohnens dienen. Man kann auch im Katalog der möglichen Zwecke die Merkmale für das Wohnen von Menschen in einer Gesellschaft mit hohem Zivilisationsgrad angeben und auf diese Weise den Begriff „Wohnhaus" festlegen. Der Bezugsrahmen ist jetzt ein anderer als der technische. Es wäre sinnlos, darüber zu streiten, welche Beschreibung die richtige ist.

Wenn es also gelingt, gehirnphysiologische Merkmale für die Auslösung eines Nahtod-Erlebens zusammenzustellen, dann beziehen diese sich auf eine bestimmte, nämlich physiologische Fragestellung, mehr nicht. Man erhält eine Antwort innerhalb des Bezugsrahmens, der vorgegeben ist. Auch die Tatsache, daß man Nahtod-Phänomene künstlich herbeiführen kann, bringt nicht viel weiter: Daß man einen Menschen totschlagen kann, besagt auch nichts über das Wesen des Todes.

Schaltstellen und Bilderwelten

Wo sind nun die Auslöser für Nahtod-Erlebnisse zu suchen? Die Vorgänge im Gehirn spielen sich zum großen Teil in elektrischen Signalprozessen zwischen den Nervenzellen ab. Viele Milliarden Nervenzellen sind, im technischen Jargon gesprochen, miteinander „verschaltet" und veranstalten ein ständiges Blitzgewitter. Das Medium, durch das sie zucken, ist nicht Luft, sondern die Hirnflüssigkeit. Sie leuchten auch nicht; es handelt sich um Schwachstrom wie in Telefonleitungen oder im Computer, allerdings nicht in metallischen Drähten, sondern auf elektrochemischer Basis, ähnlich wie die Vorgänge in einer Batterie. Von besonderem Interesse für uns sind die Schaltstellen zwischen den Nervenzellen, an denen die „Blitze" weitergegeben werden; man nennt sie Synapsen. Es sind winzig kleine Spalte, in denen „Botenstoffe" die Hirnflüssigkeit durchwandern. Jede Zelle hat einen Schwellenwert der elektrischen Ladung, bei der sie ein elektrisches Signal „abfeuert". Diese Ladung kann durch die „Blitze" an den Synapsen sowohl erhöht wie auch vermindert werden; das hängt an der Bauweise der Synapse („exzitatorische" = erhöhende oder „inhibitorische" = hemmende Synapse).

Nun kann man den Übertragungsvorgang an der Synapse dadurch beeinflussen, daß man die umgebende Flüssigkeit verändert. Das geschieht etwa dann, wenn man Schlaftabletten, Beruhigungstabletten oder Stimulantien einnimmt. So wie die Leitfähigkeit von Wasser durch beigemengte Salze verändert wird (in destilliertem Badewasser könnte man beruhigt elektrische Geräte benutzen!), wird auch die Ladungsübertragung an den Synapsen durch bestimmte Chemikalien gesteuert.

Ein Ansatzpunkt für die Wirkung von Sauerstoffmangel im Gehirn ist dann folgender. Man hat herausgefunden, daß hierbei die inhibitorischen Synapsen schneller und stärker betroffen sind als die exzitatorischen. Es kommt also in bestimmten Hirnbereichen zu einer „Enthemmung", die Nervenzellen „feuern wild drauflos". So können Gefühle und Visionen in Gang kommen, die vorher „ruhten", auch Veränderungen, die epileptischen Anfällen ähneln.

Deutlicher aber sind die Einflüsse, die bestimmte chemische Substanzen an den Synapsen ausüben, sogenannte Endorphine und Enkephaline. Man hat sich die Wirkung nicht einfach so vorzustellen, daß die Leitfähigkeit um die Synapsen herum erhöht oder vermindert wird. Die Art, wie eine Zelle oder Zellgruppe aufgrund ihrer Bauweise auf Chemikalien reagiert, spielt ebenfalls eine Rolle.

Anfang der siebziger Jahre hat man Empfangsstellen, „Rezeptoren", gefunden, die ganz spezifisch auf Endorphine oder Enkephaline ansprechen. So lag es nahe, daß diese Chemikalien nicht nur in bestimmten Drogen enthalten sind, sondern im Gehirn selbst produziert werden. In der Tat hat man das nachweisen können. Wenn also ein Langstreckenläufer nach einer genügend großen Laufstrecke Glücksgefühle besonderer Art verspürt, so weiß man, daß diese durch Endorphine bewirkt werden, die das Gehirn als Antwort auf den Streß „ausschütteß". Auch bei anderen Ereignissen wie im Geschlechtsakt oder beim Kampfverhalten spielt sich dieser Prozeß ab, möglicherweise bei jeder Gefühlsäußerung.

So ist es nicht verwunderlich, daß auch bei Nahtod-Erlebnissen Endorphine oder Enkalephine mitwirken. Aber deren Wirkung reicht weder aus, um die Auslösung aller Teilerscheinungen von Nahtod-Erfahrungen zu erklären, noch ist sie spezifisch, gerade weil sie auch anderen körperlich-psychischen Prozessen zugrunde liegt.

Beispielsweise erzeugen Endorphine keine Halluzinationen oder andere bildhafte Erfahrungen.[4] Diese spielen aber in Nahtod-Erlebnissen eine entscheidende Rolle. Überdies stechen die Klarheit und die inhaltliche Erlebnisfülle der Nahtod-Visionen so stark hervor, daß sie einer besonderen Begründung bedürfen.

So ist also der Erklärungswert von Endorphinen, Enkephalinen und anderen Opiaten gering, um auch nur die Auslösung von Nahtod-Erlebnissen zu verstehen.

Wie steht es nun mit anderen Chemikalien, die beteiligt sein könnten? Man hat Anhaltspunkte, daß beispielsweise die Droge LSD, die bekanntlich phantastische Bilderwelten im Bewußtsein erzeugt, ihre Wirkung einem „Botenstoff", Serotonin genannt, verdankt. Dieser findet sich besonders in Teilen des Mittelhirns. Man nimmt an, daß emotionaler Streß sich – ebenso wie LSD oder Cannabis – hemmend auf serotoninhaltige Zellen auswirkt, wodurch wiederum die „Feuerungsfreudigkeit" im sogenannten Schläfenlappen im Großhirn gesteigert wird, der mit der Speicherung und Aktivierung von Bildern zu tun hat.

So liegt es nahe, daß auch in Nahtod-Erfahrungen Serotonin eine Funktion ausübt. Einstweilen ist man jedoch auf Vermutungen angewiesen.

Aber auch wenn man in Zukunft Genaueres herausfindet, bleibt die Feststellung, daß die Serotoninwirkung nicht spezifisch ist für Nahtod-Erlebnisse, sondern in vielen Gehirnleistungen vorkommt.

Fragen wir abschließend: Wenn hirnphysiologische Vorgänge ohnehin nur Auslösemechanismen für Nahtod-Phänomene beschreiben, die Phänomene selbst aber nicht erklären können, warum befassen wir uns dann überhaupt mit Endorphinen und Serotonin? Man kann einerseits darauf antworten, daß angesichts verbreiteter

Mißverständnisse zu diesem Thema Aufklärung nottut. Andererseits aber liegt eine große Brisanz in den hirnphysiologischen Untersuchungen: Wenn es gelingt, im Gehirn ein unverwechselbares Erregungsmuster für Nahtod-Erlebnisse zu finden, so bestätigt das nicht etwa das materialistische Menschenbild, sondern stellt es in Frage. Wenn nämlich die Nahtod-Erfahrungen eine eigenständige biologische Grundlage haben, so bekommt ihr Inhalt ein Gewicht, das es anders nicht hätte. Der Gedanke, daß im Augenblick des Todes eine neue Existenzform „programmiert" ist, drängt sich geradezu auf.

Wir werden das noch weiter besprechen. Zunächst jedoch wollen wir uns mit verschiedenen Einzelphänomenen von Nahtod-Erlebnissen näher befassen.

„Ich sah meinen Körper da liegen"

Der außergewöhnlichste Baustein einer Nahtod-Erfahrung ist, wie wir schon mehrfach sahen, das Außer-Körper-Erlebnis. An ihm kristallisiert sich die Frage nach dem Realitätsgehalt der Grenzerfahrungen in Todesnähe. Kann man Tunnel- und Lichterfahrung, Visionen von Gestalten und Glücks- oder Höllengefühle noch zu besonderen Träumen erklären, so fällt bei der erlebten Lösung vom physischen Leib endgültig die Entscheidung, ob es bei Nahtod-Erlebnissen um mehr geht als um psychologisch erklärbare Phänomene. Wir werden sehen, daß der Versuch, Außer-Körper-Erfahrung auf Biegen und Brechen „wegzudeuten" oder zu psychologisieren, der Annahme gegenübersteht, daß es sich um einen auch naturwissenschaftlich gesehen realen, wenngleich übersinnlichen Vorgang handelt. Im letzteren Fall sprechen wir kurz von der Realdeutung des Außer-Körper-Erlebnisses oder auch der Nahtod-Erfahrung, zu der das Außer-Körper-Erlebnis gehört.

Bei den Überlegungen zur Realdeutung möge man sich jedoch stets vor Augen halten, daß Nahtod-Erfahrungen nicht die Summe von Bestandteilen sind, sondern ein Ganzes bilden, das letztlich nur vom Gesamtverständnis des Menschen und der individuellen Biografie her verstanden werden kann. Dennoch bedürfen die Einzelteile aufmerksamer Betrachtung, insbesondere angesichts kritischer Einwände gegen ihren Realitätsgehalt. Ein Grundproblem wird immer sein, daß wir auf die Aussagen von Betroffenen angewiesen sind und die Trennlinie zwischen subjektiver Deutung und objektivem Sachverhalt – wo das überhaupt möglich ist – nur schwer finden können.

Eine Grundlage für unsere Analyse haben wir schon mit den Betrachtungen über Hellsehen gelegt (S. 97 ff.). Außer-Körper-Erfahrung kann als eine besondere Form von Hellsehen angesehen werden. Eigentlich ist dann die Frage einer Realdeutung erledigt. Wir haben die eindrucksvollen Beispiele kennengelernt, die der (mit Einstein befreundete) amerikanische Schriftsteller Upton Sinclair in sachlicher und nüchterner Weise in seinem Buch „Radar der Psyche" vorgelegt hat. Auch die Untersuchungen des Parapsychologen Hans Bender mit dem holländischen Sensitiven Croiset lassen kaum Zweifel am Realitätsgehalt des Hellsehens zu.

Dennoch könnte es ja sein, daß im Falle der Außer-Körper-Erfahrungen gewichtige Gründe gegen eine Realdeutung sprechen oder die Einordnung als Phänomen des Hellsehens in Frage zu stellen ist.

Das „reduktionistische" Weltbild der Susan Blackmore

Die englische Psychologin Susan Blackmore hat 1993 ein Buch „Dying to Live. Near-Death Experiences" veröffentlicht, in dem sehr gründlich alle nur denkbaren Gründe gegen eine Realdeutung von Nahtod-Erfahrungen zusammengestellt sind. Blackmore gilt als bedeutende Nahtod-Forscherin und tritt in dieser Eigenschaft immer wieder im englischen Fernsehen auf. Indem wir uns mit ihren Äußerungen gegen eine Realdeutung befassen, tragen wir den kritischen Einwänden von materialistischer Seite allgemein Rechnung.

Susan Blackmore bestreitet nicht nur die Realdeutung von Außer-

Körper-Erlebnissen, sondern von außersinnlichen Phänomenen wie
Hellsehen überhaupt. Sie vertritt insgesamt ein „reduktionistisches"
Menschenbild, wie es uns im Zusammenhang mit der Gehirnfor-
schung (S. 78 ff.) begegnet ist. Hilfreich ist, daß sie das offen sagt
und nicht mit verdeckten Karten spielt. „Es gibt keinen künftigen
Himmel", meint sie schon im Vorwort, „auf den hin Evolution voran-
schreitet. Und keinen letzten Zweck. Es treibt alles nur so dahin."[5]
Und über Nahtod-Erlebnisse wie über mystische oder spirituelle
Erfahrungen stellt sie kategorisch fest, diese seien Produkte des
Gehirns und des Universums, dem es angehört. Denn es gibt, wie sie
meint, nichts anderes; es ist unser Verlangen nach etwas anderem,
das uns in die Irre führt.

Derartige Bemerkungen bringen einerseits eine konsequente
Weltanschauung zum Ausdruck. Andererseits schwächen sie die vorgelegten Argumente ab, weil sie keine wirkliche Offenheit zulassen.
Hier unterscheidet sich Susan Blackmore – zumindest einstweilen –
von Sigmund Freud. Dieser war auch konsequenter Reduktionist
oder, wenn man will, Materialist und stellte sich lange gegen übersinnliche Phänomene. Aber er hatte die Größe, sich den Tatsachen zu
beugen. In der späten Vorlesung „Traum und Okkultismus" (mit
„okkult" bezeichnete Freud allgemein übersinnliche Phänomene)
äußert Freud über das Beispiel Telepathie: „… wenn man sich sein
Leben lang gebückt gehalten hat, um einem schmerzhaften Zusam-
menstoß mit den Tatsachen auszuweichen, so behält man auch im
Alter den krummen Rücken, der sich vor neuen Tatsächlichkeiten
beugt. Ihnen wäre es gewiß lieber, ich hielte an einem gemäßigten
Theismus fest und zeigte mich unerbittlich in der Ablehnung alles
Okkulten. Aber ich bin unfähig, um Gunst zu werben, ich muß Ihnen
nahelegen, über die objektive Möglichkeit der Gedankenübertragung und damit auch der Telepathie freundlicher zu denken."[6]

Welche Argumente bringt Blackmore gegen die Realdeutung vor?
Sie gibt vier Gruppen an:
– Vorwissen und Erwartung,

– Phantasie,
– glückhafte Vermutungen,
– Restwahrnehmung der Sinne bei Bewußtlosigkeit oder Herzstillstand.[7]

Wo alle vier Möglichkeiten versagen, bleibt eine fünfte, von der
Susan Blackmore reichlich Gebrauch macht: Die Betroffenen bzw.
die Berichterstatter betrügen sich selbst oder andere.

Was Vorwissen und Erwartung angeht, so gibt Blackmore zu bedenken, daß ein Wiederbelebter, der seiner eigenen Wiederbelebung
angeblich zuschaut, sicherlich eine Menge über Operationssäle weiß
und gerade deshalb, weil der Vorgang emotional gefüllt ist, dieses
Wissen intensiviert. Auch mag zwischen Operation und Erzählung
eine Zeitspanne liegen, in der ein Betroffener unbeabsichtigt mehr
Informationen eingeholt hat, als ihm bewußt ist.

Und was das Sehen seiner selbst von der Decke aus angeht, schlägt
Blackmore ein Experiment vor: Man schließe die Augen, versetze
sich in Gedanken in eine entsprechende Beobachterposition, um sich
dann zu wundern, wie gut man sich vorstellen kann, den eigenen
Körper von außen wahrzunehmen.

Als kritisch zu wertendes Beispiel nennt die Autorin einen Bericht
des Kardiologen M. Sabom, der einen Patienten fünf Jahre nach
einer Reanimation interviewt hat. Daß der Patient die Wiederbelebung im Detail beschreiben kann, insbesondere die genauen Vorgänge in den Meßgeräten, sieht Blackmore als weniger überzeugend an,
als Sabom es tut: Letzterer habe deshalb erwartet, daß die detaillierte Schilderung stimme, weil er eine Realdeutung für richtig hält.
Eine sorgfältige Überprüfung dessen, was fünf Jahre zuvor im OP
geschehen sei, liege aber nicht vor.

Daß die Erwartungshaltung eine methodische Falle darstellt, ist
sicher richtig. Nicht zuletzt spricht Blackmore damit ihr eigenes
Dilemma hinsichtlich Realdeutung an. Mit ihrer methodischen Kritik hat sie indessen nichts zur Frage beigetragen, welcher Realgehalt
in dem von Sabom dargestellten Erlebnis steckt.

156

Erinnern wir uns an das, was Anton Bartholdy berichtet hat (S. 21 ff.)! Im Unterschied zu dem eben genannten Fall hat er gleich nach der Wiederbelebung dem Arzt von Merkmalen der Geräte erzählt, die er vor und nach der Operation nicht von seinem Körper aus sehen konnte. Der Arzt hat sie bestätigt. Die Versicherung von A. Bartholdy, daß er kein Vorwissen hatte, erscheint glaubwürdig. Eine entsprechende Protokollierung durch den Arzt wäre natürlich einem objektiven Befund dienlich gewesen. In der Tendenz spricht jedoch der Bericht Bartholdys klar für seine Richtigkeit — wenn man hellseherische Phänomene nicht von vornherein leugnet und deshalb auf einem unbekannten Fehler beharrt.

Es gäbe die Möglichkeit, mit Hilfe empirischer Forschung die Angelegenheit zu untersuchen und genügend viele Ärzte sowie Krankenschwestern, die in Operationssälen tätig sind, entsprechend einzubeziehen: Man könnte — einem Vorschlag von R. A. Moody entsprechend — Zeichen oder Nummern auf den Oberseiten der Lampen im OP anbringen, die keinem der Anwesenden bekannt sind, die aber, falls der Patient hinterher von einem Außer-Körper-Erlebnis erzählt, gegebenenfalls überprüft werden können. — Ein derartiger Versuch hat kaum Aussicht, durchgeführt zu werden: Die Erwartungshaltung von Ärzten wird ihn nicht für sinnvoll erachten.

Verborgene Sinneswahrnehmung

Daß Phantasie und geglückte Schätzung oft im Spiel sind und Selbsttäuschungen hervorrufen können, ist klar und braucht nicht im einzelnen begründet zu werden. Insbesondere zieht Blackmore Phantasie in ihrem vierten Argument gegen eine Realdeutung mit heran: Auch unter Narkose oder im Koma ist die Sinneswahrnehmung nicht ganz ausgeschaltet. Aus Wahrnehmungsfetzen, so ihr Argument, setzt sich der Bewußtlose mit Hilfe unbewußter Phantasie möglicherweise Bilder zusammen, die dem realen Geschehen nahekommen und dann als Betrachtung „von außen" geschildert werden.

Es ist unbestritten, daß auch einem bewußtlosen, vielleicht im Koma liegenden Menschen die Sinneseindrücke nicht ganz verschlossen sind, vor allem was Hören und Fühlen angeht. Bei Herzstillstand allerdings kann man aus einer solchen Möglichkeit wenig schließen. Einiges mag in die Ausgestaltung eines Außer-Körper-Erlebnisses eingehen. Für eine Gesamterklärung dürfte das jedoch in keinem der beschriebenen Fälle ausreichen.

Denken wir etwa an Manfred Rövekamp (S. 19 ff.), der im Schwebezustand das Krankenhaus, in dem er operiert wurde, sah. Mag sein, daß er beim Hineinfahren im Krankenwagen einen optischen Fetzen mitbekommen hat oder hörte, wie Arzt und Fahrer sich über die Gebäude unterhalten haben. Seine detaillierte Schilderung des Gebäudes, wie er sie hinterher gemeinsam mit seiner Frau überprüft hat, dürfte auch bei voller Nutzung der Phantasie dabei kaum herausgekommen sein.

Was Leoni Schumann angeht (S. 9), so mag man annehmen, daß sie den Druck auf ihren Bauch unbewußt wahrgenommen hat. Daß sie aber die dunkle Hautfarbe des hinter ihrem Kopf stehenden Arztes erkannt, vielleicht über dessen Hände eine Andersartigkeit erfühlt hat, erscheint sehr unwahrscheinlich, wenn man es auch nicht ganz ausschließen kann.

Susan Blackmore führt selbst ein Beispiel an (1984 von einer Sozialarbeiterin berichtet), das in seiner Schilderung mehr überzeugt als die Zweifel, die Blackmore daran anbringt: „Maria wurde nach einem schweren Herzanfall in ein Krankenhaus in Seattle gebracht und erlitt dort einen Herzstillstand. Später erzählte sie Clark, sie habe von der Decke heruntergeschaut. Clark war davon nicht beeindruckt, wurde aber hellhörig, als Maria den Blick von außerhalb des Unfallkrankenhauses schilderte, da sie nachts in einem Krankenwagen angekommen war. Maria erklärte, ihre Aufmerksamkeit sei auf etwas gezogen worden, das auf einem Mauervorsprung im dritten Stock des Gebäudes lag. Bei näherem Hinsehen fand sie heraus, daß es sich um einen Tennisschuh mit einem abgetragenen Flicken im Bereich der kleinen Zehe handelte und der Schnürsenkel unter dem

Absatz klemmte. Sie bat darum, daß jemand nachschauen geht. Clark ging mit gemischten Gefühlen los und sah zunächst nichts. Erst nachdem sie in den Zimmern einer Reihe von Patienten zum Fenster hinausgeschaut hatte, fand sie den nunmehr berühmten Schuh und brachte ihn herbei."[8]

Blackmores Kommentar ist lediglich, daß sie nicht in der Lage war, über die Geschichte Genaueres in Erfahrung zu bringen, und daß sie den Verdacht hat, die Geschichte sei übertrieben oder gar erfunden, um den Wahrheitsgehalt eines Nahtod-Erlebnisses glaubhaft zu machen.

Daß es auch wirklich Betrug oder zumindest Irreführung gegeben hat, schildert Blackmore am Beispiel eines Berichts, in dem ein Arzt eine fingierte Geschichte publizierte, nach der eine von Geburt blinde Frau in einer Nahtod-Erfahrung sehen konnte.[9] Hier kann man ihrem Abscheu folgen und an die Verpflichtung erinnern, immer kritisch zu recherchieren und äußerste Vorsicht walten zu lassen. Die Frage der Realdeutung wird damit allerdings nicht entschieden.

Halten wir fest, daß eine Realdeutung der Außer-Körper-Erlebnisse durch die Argumente von S. Blackmore nicht widerlegt ist. Zwar sind manche Einzeleinwände, vor allem methodischer Art, berechtigt. Im Kern reduzieren sich die Argumente jedoch auf eine Leugnung von Übersinnlichem. Legt man dagegen Telepathie und Hellsehen als „natürliche" Phänomene zugrunde, so sind auch real gedeutete Außer-Körper-Erfahrungen eine natürliche Angelegenheit. Die Alternative ist nicht Materialismus oder Spiritismus. Vielmehr ist mit der Realdeutung die Frage nach dem jenseitigen und religiösen Gehalt von Nahtod-Erfahrungen noch gar nicht aufgerollt. Wenn ein im Koma liegender Mensch im Sinne eines Hellsehens besonderer Art seinen eigenen Körper vor sich liegen sieht und medizinische Details beobachtet, so ist damit noch nichts über eine allgemeine Lösung der Seele vom Körper ausgesagt, von einer religiösen Deutung ganz zu schweigen. Wir haben es zunächst mit einer erweiterten naturwissenschaftlichen Auffassung vom Menschen zu tun, in der menschliches

Bewußtsein – wenn man will, der „selbstbewußte Geist" im Sinne von Eccles – nicht in den Kategorien einer reduktionistischen Neurowissenschaft unterzubringen ist. Daß ein so verändertes Menschenbild allgemein notwendig geworden ist, haben wir im zweiten Kapitel begründet. Hier zeigen sich nun die Konsequenzen.

Man muß schon im Übermaß nach dem Vorwurf der groben Selbsttäuschung oder der absichtlichen Irreführung greifen, will man das Grundmuster der klar strukturierten Außer-Körper-Erfahrungen mit ihrer präzisen Wahrnehmung des „verlassenen" Körpers wegdeuten. Für Susan Blackmore bleibt kaum ein anderer Ausweg, da sie sich auf ein materialistisches Menschenbild festgelegt hat.

Für uns ist dagegen der Weg frei, nach der tieferen Bedeutung der Außer-Körper-Erfahrung und deren Einordnung in Bezug zu den Nahtod-Erlebnissen zu fragen.

Indessen steht das stärkste Argument zugunsten einer Realdeutung der Außer-Körper-Erlebnisse noch aus: Es ist in dem enthalten, was Blinde über Nahtod-Erfahrungen erzählen.

Blinde, die im Nahtod-Erlebnis sehen

Wenn sich der Nachweis erbringen läßt, daß blinde Menschen in einer Nahtod-Erfahrung, insbesondere in einem Außer-Körper-Erlebnis, Menschen oder Dinge in ihrer Umgebung wirklich sehen können, dann ist die Realdeutung solcher Erlebnisse nur noch schwer zu bestreiten. So hat sich auch, wie wir im vorigen Abschnitt sahen, Susan Blackmore große Mühe gegeben, das Fehlen eines Nachweises für die Realdeutung plausibel zu machen – wäre dieser doch die Axt an der Wurzel ihres materialistischen Denkgewächses.

Um gründlich an die Frage heranzugehen, haben Kenneth Ring und seine Mitarbeiterin Sharon Cooper systematisch nach blinden Menschen gesucht, die ihnen Antwort geben konnten. Ihre Studie „Near-Death and Out-of-Body Experiences in the Blind: A Study of Apparent Eyeless Vision" wurde 1997 veröffentlicht.[10]

Ring und Cooper fanden 21 Frauen und zehn Männer im Alter zwischen 22 und 70, die blind waren und ein Nahtod-Erlebnis oder nur eine Außer-Körper-Erfahrung hatten. Das Ergebnis fiel deutlicher aus, als man es hätte erwarten können: 24 der 31 Betroffenen gaben an, gesehen zu haben, vier waren unsicher, drei hatten nichts visuell wahrgenommen.

Besonders eindrucksvoll ist die Tatsache, daß fast die Hälfte der Angesprochenen, nämlich 13, seit der Zeit ihrer Geburt blind waren, zwei schon während der Geburt, die anderen verloren nach einer Frühgeburt ihr Augenlicht, weil im Brutkasten der Sauerstoffanteil zu hoch war.

Gerade diejenigen, die unsicher waren, ob sie „gesehen" hatten, verdienen eigens Aufmerksamkeit. Einer bemerkte auf die Frage hin, ob er sehen konnte: „Ich weiß nicht, was Sie mit ‚Sehen' meinen." Wenn ein Mensch nie eine Spur von Licht wahrgenommen hat, wie soll er den Begriff „Sehen" überhaupt kennen? Daß von Geburt an Blinde von Seherlebnissen berichten, ist also schon vom Sprachlichen her erstaunlich. Im Falle der Frühgeburt kann man vermuten, daß die ersten Lichteindrücke und vielleicht Anfänge optischer Wahrnehmung ausreichten, daß der Früherblindete später das Wort „Sehen" den ersten visuellen Eindrücken zuzuordnen vermochte. Auch dann muß es für den Blinden noch schwer gewesen sein, die plötzlich auf ihn einstürmenden optischen Wahrnehmungen in Worte zu fassen. Einige haben diese Wahrnehmungen auch als beängstigend bezeichnet. Andere versuchten, sie zu umschreiben.

Gleichwohl ist das größte Rätsel, wie Blinde oder stark Sehbehinderte auf einmal klare Konturen wahrzunehmen vermögen. Handelt es sich überhaupt um „Sehen" im gewöhnlichen Sinn? Ehe wir nach einer Antwort suchen, nehmen wir die Geschichte auf, die Ring und Cooper von Vicki Umipeg, einer 43jährigen Frau, erzählen.

Vicki wurde im sechsten Monat geboren und wog bei der Geburt ganze drei Pfund. Danach fiel ihr Gewicht noch einmal auf etwas mehr als ein Pfund. „Sie wurde, wie man das in den fünfziger Jahren tat, in einen luftdichten Inkubator gelegt, durch den man Sauerstoff schickte. Unglücklicherweise gab man Vicki aufgrund eines Fehlers bei der Regulierung der Sauerstoffmenge eine zu hohe Dosis, und so erlitt sie, zusammen mit etwa 50 000 anderen zu dieser Zeit frühgeborenen Kindern in den Vereinigten Staaten, eine so schwere Sehnervschädigung, daß sie vollständig erblindete."[11] Vicki bestätigte dem Interviewer noch einmal auf die Frage, ob der optische Nerv für beide Augen zerstört sei: „Ja, und so habe ich niemals auch nur den Begriff des Lichtes verstanden."[12]

1973 hatte Vicki dann einen schweren Autounfall. Bis zur Einlieferung in das Krankenhaus erinnert sie sich an nichts. Dort aber kam sie wieder zu Bewußtsein und „fand sich oben an der Decke, von wo aus sie einen männlichen Arzt und eine Frau beobachtete – sie ist unsicher, ob die Frau Ärztin oder Krankenschwester war –, die an ihrem Körper arbeiteten. Sie konnte auch deren Unterhaltung mithören, die sich um die Furcht drehte, Vicki könne wegen eines möglichen Schadens am Trommelfell neben ihrer Blindheit auch noch taub werden. Vicki versuchte verzweifelt, ihnen zu vermitteln, daß sie in Ordnung sei, erhielt aber naturgemäß keine Antwort. Sie war sich auch bewußt, daß sie ihren Körper unter sich liegen sah, den sie mit Hilfe bestimmter Erkennungsmerkmale identifizierte, beispielsweise einem unverwechselbaren Ehering, den sie trug … ‚Ich wußte, daß ich es bin … Zuerst erkannte ich, daß es ein Körper war, aber ich wußte ursprünglich ganz und gar nicht, daß es der meinige ist.' … Fast unmittelbar danach, so erinnert sie sich, bemerkte sie, wie sie durch die Decken des Krankenhauses nach oben schwebte, bis sie über dem Dach des ganzen Gebäudes war, und während dieser Zeit hatte sie kurz einen panoramischen Blick über ihre Umgebung. Sie fühlte sich sehr heiter bei diesem Aufstieg und genoß außerordentlich die Bewegungsfreiheit, die sie erfuhr. Auch fing sie an, erhabene, wunderschöne und außergewöhnlich harmonische Musik zu hören, verwandt mit dem Klang von Windgeläuten."[13]

Das Nahtod-Erlebnis ging noch weiter. Zu der Ansicht physischer Dinge und Menschen kam noch das, was Ring und Cooper das „Sehen jenseitiger Dinge" nennen, das Lichterlebnis am Ende des Tunnels, das Schauen herrlicher Landschaften und die Begegnung mit menschlichen oder himmlischen Gestalten:

„Mit kaum merklichem Übergang entdeckte sie dann, daß sie mit dem Kopf voraus in ein Rohr hineingesaugt wurde, und fühlte sich darin hinaufgezogen. Um sie herum war es, wie Vicki sagte, dunkel, aber sie bemerkte, daß sie sich zum Licht hinbewegte. Als sie die Öffnung des Rohres erreichte, schien sich die Musik, die sie vorher gehört hatte, in Hymnen zu verwandeln …"[14]

Vicky sah sich dann im Gras liegen, umgeben von Bäumen und Blumen sowie einer Anzahl von Menschen. „Sie war an einem Platz mit überaus starkem Licht, und das Licht, sagte Vicki, war etwas, das man sowohl fühlen wie auch sehen konnte. Was das Licht vermittelte, war Liebe. Sogar die Leute, die sie sah, waren strahlend hell und spiegelten das Licht dieser Liebe. ‚Jeder war aus Licht gestaltet. Und ich bestand aus Licht. Überall war Liebe. Es war, als ob Liebe aus dem Gras emporstieg, von den Vögeln herabkam und von den Bäumen.'

Vicki bemerkte dann fünf besondere Menschen, die sie von früher kannte und die sie an diesem Ort willkommen hießen. Debby und Diane waren Vickis blinde Schulfreundinnen, die vor Jahren gestorben waren, im Alter von elf und sechs. Im Leben waren beide erheblich unterentwickelt und blind gewesen, aber hier schienen sie strahlend und hübsch, gesund und vital zu sein, keine Kinder mehr, sondern, wie Vicki es ausdrückte, ‚in ihrer höchsten Blüte'. Außerdem berichtete Vicki, zwei Hausmeister aus ihrer Kindheit gesehen zu haben, ein Ehepaar namens Herr und Frau Zilk, die auch beide schon verstorben waren. Schließlich war da Vickis Großmutter, die Vicki im wesentlichen großgezogen hatte und die nur zwei Jahre vor ihrem Unfall gestorben war. Die Großmutter, die weiter hinten stand, streckte ihre Hände aus, um Vicki zu umarmen. Bei dieser Begegnung wurden, wie Vicki sagt, keine Worte gewechselt, sondern nur Gefühle der Liebe und des Willkommens.

Mitten in diesem Entzücken überfiel Vicki auf einmal der Eindruck vollkommenen Wissens: ‚Ich hatte ein Gefühl, ich wüßte alles … , an diesem Platz würde ich die Antworten auf alle Fragen des Lebens finden, und über die Planeten und über Gott und über alles … Es ist, als ob dieser Platz das Wissen selbst sei.'"[15]

Ihre Visionen steigerten sich noch zur Begegnung mit einem Wesen, das sie als Jesus identifizierte. Dieser eröffnete ihr allerdings, ihre Zeit sei noch nicht gekommen, sie müsse zurückkehren. Das enttäuschte sie, und sie wollte lieber bleiben; aber das Wesen sagte, sie „müsse zurückkehren und lernen und mehr über Liebe und Vergebung erzählen". Vorher zeigte ihr das Wesen aber noch ihr Lebenspanorama, „alles von meiner Geburt an". Schließlich hörte sie ein lautes Dröhnen und glitt zurück in ihren Körper, wo sie sich schwer und voller Schmerzen fühlte.[16]

Transzendentes Wissen

Was bedeutet aber nun „Sehen" für Vicki und für die anderen, die als Blinde „gesehen" haben? Ring und Cooper folgern aus den verschiedenen Berichten, daß das Sehen „jenseitiger Dinge", also die optische Wahrnehmung beim Lichterlebnis, als schärfer und intensiver erlebt wird als das „Sehen" im Außer-Körper-Geschehen. Inhaltlich besteht ja auch ein Unterschied, da es sich bei letzterem um physische Gegenstände oder Menschen der Umgebung handelt, bei ersterem um Visionen, die entweder traumartig sind oder von „außerhalb" des im gewöhnlichen Sinne sichtbaren Kosmos herrühren.

Im Hinblick auf das „Sehen" physischer Dinge bietet sich auch für Blinde der im vorigen Abschnitt allgemein herangezogene Vergleich mit den Experimenten an, die Upton Sinclair und seine Frau Craig über Hellsehen angestellt haben (S. 99 ff.). Craig war in der Lage, Uptons Handskizzen, die sie nie gesehen hatte, mit erstaunlicher Genauigkeit nachzuzeichnen. Die Aufnahme der Bilder erfolgte nicht über die Retina des Auges, sondern auf anderem Wege. Ring und Cooper legen in ihrer Arbeit ausführlich dar, daß das „Sehen" der Blinden – und nicht nur der Blinden – im Nahtod-Erlebnis oder in der Außer-Körper-Erfahrung nicht „Sehen" im gewöhnlichen Sinne ist, sondern ein umfassendes Wissen, das sie als „transzendentes Wissen" (transcendental awareness) bezeichnen. Wie der Vergleich mit Hellsehen nahelegt – und die Annahme, daß es sich prinzipiell um dieselben Vorgänge handelt –, schließt das aber zunächst einmal konkrete Figuren- und Farbwahrnehmung ein. Im Falle von Craig Sinclair hatten wir offengelassen, inwieweit die Bilder telepathisch durch Upton „übermittelt" wurden und inwiefern ohne telepathisches Zutun eine Übertragung von Visuellem in Craigs Gehirn geschah. Vermutlich war beides im Spiel.

Auch bei Craig waren emotionale Wahrnehmungen beteiligt, die nicht unmittelbar das Sehen betrafen, etwa die Reaktion auf das gemeinsame Mittagessen von Upton und Charlie Chaplin. Das stimmt durchaus mit den Beobachtungen von Ring und Cooper überein, daß das „Sehen" der Blinden eine umfassendere Angelegenheit ist. Wir wissen noch wenig darüber, aber wir haben Grund genug, seine Existenz als naturwissenschaftliches Faktum anzunehmen. Insofern ist Behutsamkeit angebracht, wenn wir von „transzendentem" Wahrnehmen oder Wissen reden. Zwar lassen sich Mensch und Natur nicht ohne Transzendieren, Überschreiten der Grenzen des naturwissenschaftlichen Objektbereiches und der naturwissenschaftlichen Aussagemöglichkeiten verstehen. Zunächst sind aber die Möglichkeiten voll auszuschöpfen, die die Naturwissenschaft bietet. Das entspricht auch den Bemühungen von Ring und Cooper, wenngleich sie bedenklich schnell einen großen Schritt über die Grenze hinausgehen. Zuvor aber folgen wir ihnen bei der Abwehr von vier Erklärungsversuchen für das „Sehen" von Blinden im Nahtod-Erlebnis.

1) Der erste Versuch besteht darin, bei Blinden ebenso wie bei Sehenden Nahtod-Visionen als Träume besonderer Art zu verstehen. Man kennt Träume im Übergangsfeld zum Wachwerden, die die Realitätselemente enthalten, oder Träume, bei denen der Träumende weiß, daß er träumt.

Hier gibt jedoch die Traumforschung, die sich seit über 100 Jahren mit Träumen von Blinden befaßt, eine klare Auskunft: Blindgeborene haben in Träumen keine visuellen Erlebnisse. Menschen, die vor ihrem fünften Lebensjahr erblindet sind, träumen in der Regel ebenfalls nicht bildhaft. Da Nahtod-Erfahrungen immer bilderreich sind, können sie demnach nicht allgemein als Träume verstanden werden.

Ring und Cooper haben in dieser Hinsicht auch Vicki (und andere) befragt. Wegen der Brisanz ihrer Aussage sei das Interview wörtlich aufgeführt:

„Interviewer: Wie würdest du deine Träume mit deinen Nahtod-Erlebnissen vergleichen?

Vicki: Keine Ähnlichkeit. Überhaupt keine Ähnlichkeit.

„Interviewer: Hattest du irgendwelche visuellen Wahrnehmungen in deinen Träumen?

Vicki: Nichts. Keine Farbe, keine Ansicht irgendwelcher Art, keine Schatten, kein Licht, kein gar nichts.

Interviewer: Welche Art von Wahrnehmungen ist dir aus deinen typischen Träumen in Erinnerung?

Vicki: Geschmack. – Ich habe eine Menge Träume vom Essen (lacht). Und ich habe Träume, in denen ich Klavier spiele und singe … Ich habe Träume, in denen ich Dinge berühre … Ich schmecke Dinge, berühre Dinge, höre Dinge und rieche Dinge – mehr nicht.

Interviewer: Und keine visuellen Wahrnehmungen?

Vicki: Nein.

Interviewer: So, daß also das, was du im Nahtod-Erlebnis erfahren hast, sehr verschieden war von deinen Träumen?

Vicki: Aber ja, weil in jedem Traum, den ich habe, überhaupt kein visueller Eindruck vorkommt."[17]

Das Fazit aus der Traumforschung, bestätigt durch Vickis Schilderung, heißt: Nahtod-Visionen sind keine Träume.

2) Der zweite Einwand, den Ring und Cooper zurückweisen, ist der hauptsächlich von Susan Blackmore vertretene: Aus rudimentärer Wahrnehmung während des Nahtodes und mit Hilfe nachträglicher Rekonstruktion habe sich der Betroffene „ein Bild gemacht" von dem, was sich im OP oder sonst in der Umgebung ereignete. Wir haben uns damit bereits im vorigen Abschnitt auseinandergesetzt. Ring und Cooper fügen aus der besonderen Situation von Blinden heraus weitere Argumente hinzu und weisen ausdrücklich Black-mores Theorie zurück.

3) Als dritte Möglichkeit wird die sogenannte Blindsicht in Erwägung gezogen, ein Phänomen, das unabhängig von Nahtod-Fragen untersucht worden ist. Man hat festgestellt, daß Blinde auf die Bitte hin, nach einem bestimmten Objekt zu greifen, dessen Lage sie nicht kennen, sehr oft ihre Hände in die richtige Richtung bewegen. Dasselbe konnte man bei Affen beobachten, deren Sehfeld im Gehirn zerstört war.

Handelt es sich hier um eine Art optischer Wahrnehmung ohne Augen? – Unabhängig davon, wie dieses Phänomen zu verstehen ist, weisen Ring und Cooper darauf hin, daß es schon vordergründig nicht für eine Erklärung des Nahtod-Sehens herangezogen werden kann: Beispielsweise vermögen die Betroffenen den Gegenstand, nach dem sie greifen sollen, nicht zu beschreiben. Vor allem aber nehmen sie gar nicht für sich in Anspruch, in irgendeiner Weise das Objekt zu „sehen". Für das präzise und intensive „Sehen" von Nahto-ten trägt das nichts zum Verständnis bei.

4) Schließlich fragt man, ob eine Beziehung zum „Sehen mit der Haut" besteht, für das es Anhaltspunkte gibt. Der Grundgedanke ist hierbei folgender: Die Retina des Auges, die optische Eindrücke an das Gehirn weiterleitet, ist Teil der Haut. Könnte es sein, daß evolutionsgeschichtlich gesehen die Haut ursprünglich generell optische Wahrnehmung vermittelt hat, diese Funktion sich aber allmählich auf die Retina konzentrierte und in der übrigen Haut bis auf Rudimente verkümmerte?

Schon 1920 publizierte Jules Romains darüber ein Buch: „La Vision Extra-Rétinienne et la Sens Paroptic". Darin werden – von neutralen Beobachtern überprüfte – Experimente geschildert, wie die Haut als schwaches Auge fungieren kann. Die Versuchspersonen waren nicht blind, sondern ihnen wurden die Augen verbunden. Der Seheffekt funktionierte aber nur im hellen Raum und dann, wenn zwischen Objekt und Haut kein Hindernis (etwa Kleidung) im Wege war. Der Effekt wuchs mit der Größe der „sehenden" Hautfläche. Er bestand in der Angabe von Zahlen oder Buchstaben oder in Greifbewegungen ähnlich wie bei der „Blindsicht".

Allerdings ist diese Art von „Sehen" so schwach und bedarf derart intensiven Trainings, daß sie für eine Erklärung des spontanen Sehens in Nahtod-Erlebnissen nichts hergibt.

Nach Abwehr dieser vier Erklärungsversuche haben Ring und Cooper noch einmal ihre Unterlagen daraufhin durchgesehen, was die Betroffenen selbst über die Art und Weise ihres „Sehens" gesagt haben. Eine Frau äußerte beispielsweise: „ ... Ich hatte keine Ahnung, ob jene Bilder visuell waren ... Es war so etwas wie Tastsinn, so als ob ich regelrecht mit den Fingern meines Geistes fühlen konnte ... alle meine Sinne waren aktiv und sehr aufmerksam ..."[18] Wie war es überhaupt mit der Sprache, die Blinde mit den Sehenden teilen und die sie stets mit optischen Begriffen konfrontiert? Sie müssen derartige Begriffe in ihrer nichtvisuellen Vorstellungswelt unterbringen. „Eine Untersuchung des Sprachgebrauchs unserer Informanten", so schreiben Ring und Cooper, „zeigt, daß sie Verben, die Sehen betreffen, viel beiläufiger und lockerer verwenden als sehende Personen, ein Ergebnis, das auch andere Forscher bestätigen, die Sprache in der Blindheit untersucht haben ... Vicki beispielsweise sagte, daß sie sehr gerne Fernsehen ,anschaut' und verwendet Ausdrücke wie ,sieh dir das an', die man natürlich nicht wörtlich nehmen kann."[19]

Welche Schlußfolgerungen ziehen wir aber nun für Nahtod-Erfahrungen? Wir haben zwei Fragen zu beantworten:

1. Was ist genau darunter zu verstehen, daß Blinde im Nahtod-Erlebnis sehen?

2. Was trägt das zum Verstehen von „Sehen" in den Nahtod-Erfahrungen bei?

Bei der ersten Frage hat die Analyse von Ring und Cooper ergeben, daß sowohl im Laufe ihres Lebens Erblindete wie auch seit der Zeit ihrer Geburt Blinde spontane und präzise visuelle Eindrücke während eines Nahtod-Erlebnisses haben können und zu etwa 80 Prozent haben. Nur ist beim sprachlichen Umgang mit dem Begriff „Sehen" bei Blindgeborenen mit einer Verschiebung zu rechnen, die sowohl auf Sprachgewohnheit wie auf Konfrontation mit dem ungewohnt Neuen der Seheindrücke beruht. Bei Blinden zeigt sich viel schärfer als bei Sehenden, daß die „optische" Wahrnehmung im Nahtod ein umfassender Erkenntnisvorgang ist und eher einem Spontanwissen als einer Wahrnehmung gleichkommt.

Die letztgenannte Feststellung ist wesentlicher Teil einer Antwort auf die zweite Frage. In der Grenzsituation des Blindseins tritt die Einbettung von „Sehen" während der Nahtod-Erfahrung in ein vergeistigtes „Lichterlebnis" besonders deutlich hervor. Insbesondere erhält die Aussage von Betroffenen, daß zwischen Nahtod-Vision und Traum (oder auch Halluzination) ein tiefgreifender Unterschied besteht, durch die Blindenforschung ihre Bestätigung: Die Träume von Blindgeborenen enthalten in der Regel keine bildhaften Vorstellungen, wie sie im Nahtod-Sehen eine große Rolle spielen.

Ring und Cooper versuchen nun, diesen Ergebnissen über „Sehen" im Nahtod-Erleben eine viel weiter gehende Deutung zu geben; sie kommt in dem Begriff „transzendentes Wissen" zum Ausdruck. „Was wir hier vor uns zu haben scheinen", so heißt es, „ist ein bestimmter Zustand des Bewußtseins, den wir transzendentes Wissen nennen möchten. In diesem Typ von Wissen (awareness) handelt es sich natürlich nicht darum, daß die Augen irgend etwas sehen; vielmehr sieht der Geist (mind) selbst, aber mehr im Sinne eines ‚Verstehens' oder ‚Aufnehmens' als im Sinne einer Wahrnehmung als solcher. Anders ausgedrückt, könnten wir sagen, daß nicht das Auge sieht, sondern das ‚Ich'."[20]

Diese Umschreibung von „transzendentem Wissen" hält sich noch in den Grenzen einer empirischen Wissenschaft. Dann aber wenden sich Ring und Cooper einem naturphilosophischen Erklärungsmodell zu, das die sichtbare Natur insgesamt als Realisierung eines Universalbewußtseins oder Universalgeistes (Mind, mit großem „M") betrachtet. Aus verschiedenen Darstellungen eines solchen Prinzips durch andere Autoren greifen sie vier Merkmale als so etwas wie definierende Merkmale des universal zu verstehenden „Bewußtseins" heraus:[21]

Erstens ist „Bewußtsein primär und der Grund allen Seins". Zweitens ist Bewußtsein in dem Sinne „nichtlokal", als es nicht im Individuum lokalisiert und nicht durch Leben oder Tod beschränkt ist, vielmehr „weder in Raum noch in Zeit fixiert".

Drittens ist Bewußtsein die Einheit schlechthin, „der Begriff des individuellen Geistes ist im Grunde nichts anderes als eine nützliche Fiktion …".

Viertens kann und muß Bewußtsein „manchmal unabhängig vom Gehirn funktionieren".

Besonders die vierte Annahme bezeichnen Ring und Cooper als das Schlüsselpostulat für die Art und Weise, wie Blinde etwas gewahr werden, was visuelle Wahrnehmung zu sein scheint.

Dieser Begriff von Bewußtsein läßt einen großen Interpretationsspielraum. Man kann ihn als Metapher für den christlichen Schöpfergott betrachten, der alle Dinge geschaffen hat und sie in jedem Augenblick erhält. Man kann den Begriff auch esoterisch deuten (Ring und Cooper tendieren in diese Richtung). In jedem Fall handelt es sich nicht um einen naturwissenschaftlichen Begriff – auch wenn man Naturwissenschaft nicht im materialistischen Sinn einschränkt.

Hier liegt eines unserer Bedenken. Wir vertreten zwar auch die Auffassung, daß Naturwissenschaft niemals das Ganze der Natur erklären kann, und haben das mit der Rede vom „kreativen Chaos Natur" zum Ausdruck gebracht. Das bezieht sich auch auf eine erweiterte Naturwissenschaft. Wir betrachten es daher als Irrweg, durch Einführung eines transzendenten Prinzips doch das Ganze der Natur auf den Begriff bringen zu wollen, es sei denn in einer bildlichen, metaphorischen Erläuterung, die nicht naturwissenschaftlich sein will. Die Alternative ist für uns nicht, wie schon mehrfach betont, materialistische Naturwissenschaft oder pseudowissenschaftliche Esoterik. Vielmehr suchen wir – wie es Relativitätstheorie und Quantenphysik getan haben – nach einer angemessenen Erweiterung der „klassischen" Naturwissenschaft, die bisher unbeachteten Phänomenen Rechnung trägt, ohne ihre grundsätzliche Begrenzung damit zu verlieren.

An der Frage, in welcher Weise Blinde im Nahtod-Erleben „sehen" können, wird das konkret. Um über traditionelle Denkmuster hinauszukommen, brauchen wir nicht den großen Sprung in das Universalbewußtsein. Wir betrachten Hellsehen als natürliches Phänomen, das als Gegenstand einer genügend weit gefaßten Naturwissenschaft zu betrachten ist. Mit den Vorstellungen von „Bewußtsein", wie man sie in den meisten Gruppen gegenwärtiger Neuroforscher vorfindet, ist das nicht zu schaffen. Vielleicht wird uns die Superstringtheorie helfen, einen erweiterten individuellen Bewußtseinsbegriff zu finden, in dem das unterzubringen ist, was Ring und Cooper – vor einer Interpretation mit Hilfe von „Mind" – transzendentes Wissen nennen.

Wir greifen abschließend einen speziellen Aspekt heraus, der bei Ring und Cooper ganz weggelassen ist: Wenn das individuelle Bewußtsein über die im Gehirn ablaufenden Prozesse hinausreicht, können dann Grundmuster dieses erweiterten Erkennens nicht trotzdem im genetischen Code verankert sein? Denkt man etwa an das „kollektive Unbewußte" von C. G. Jung (S. 116 ff.), das archetypische Bilder hervorruft, dann bedeutet „kollektiv" im Grunde nichts anderes als „im Erbgut aufgezeichnet". Neben den angeborenen Verhaltensmustern (wie etwa in der Aggression oder dem

Sexualverhalten) finden sich im genetischen Programm viele andere Strukturen, darunter „Urbilder" wie z. B. Mandala-Symbole.

S. Freud, der zuerst alles Übersinnliche beiseite schob, hat mit seinem Aufsatz „Traum und Okkultismus" (vgl. das Zitat im vorigen Abschnitt) einen bemerkenswerten Vorschlag gemacht, der für die Frage nach Grundmustern für Hellsehen im genetischen Code interessant sein könnte: Freud gibt zu bedenken, ob nicht evolutionsgeschichtlich Telepathie (man kann das auf Hellsehen ausdehnen) die ursprüngliche Form von Kommunikation zwischen Lebewesen darstellte, die dann erst mit fortschreitender Entwicklung von der Verständigung mit Hilfe von Zeichen abgelöst wurde und deshalb verkümmerte. Das würde bedeuten, daß übersinnliche Fähigkeiten im Erbprogramm versteckt sind und nur unter besonderen Bedingungen aktiviert werden. Nahtod-Erlebnisse könnten solche Bedingungen darstellen.

Ob die Bezeichnung „verkümmert" angemessen ist, kann man hierbei in Frage stellen. Es kann auch ein Bedeutungswandel mit im Spiel sein. Vom Sehen mit den biologischen Augen weiß man, daß es ursprünglich der Futtersuche und der Freund-Feind-Erkennung diente. Später erhielt es aber neue Bedeutung bei der Entwicklung von Denken und Sprache. So gehören möglicherweise die genetisch fixierten Grundmuster des übersinnlichen Sehens zu den Bausteinen, mit denen ein Leben des Individuums über den Tod hinaus vorbereitet wird.

Gibt es einen Tunnel zum Jenseits?

Ein weiterer Baustein der Nahtod-Erfahrungen ist das „Tunnelerlebnis". Es tritt wie Außer-Körper-Erfahrung und Lichterlebnis sehr häufig auf und ist oft auch ein „Verbindungsstück" zwischen diesen. Wie wir in den verschiedenen Beispielen dargelegt haben, sieht sich der Betroffene meist durch einen Tunnel, ein tunnelartiges Gebilde oder einen dunklen Raum hindurch zu einem Licht hin bewegen, mit dem er starke Gefühle verbindet und in dem er oft Gestalten wahrnimmt. Gibt es eine besondere naturwissenschaftliche Erklärung für diesen Teil von Nahtod-Erfahrungen?

Wir besprechen zunächst kurz eine häufig vorgebrachte Erklärung des „Tunnels", die von Fachleuten – unabhängig von sonst unterschiedlichen Auffassungen – einhellig verworfen wird. Sie ist tiefenpsychologischer Art und betrachtet das Streben durch den Tunnel zum Licht hin als Rückerinnerung an die eigene Geburt. Das „helle Licht" ist dann einfach das Neonlicht im Kreißsaal. Das einfachste Argument gegen diese Theorie besteht darin, daß eine Anzahl von Tunnelerlebnissen bei Menschen aufgetreten sind, die durch Kaiserschnitt geboren wurden. Ein statistisch relevanter Vergleich mit Tunnelerlebnissen bei Menschen, die normal geboren wurden, hat keinen Unterschied ergeben.

Auch psychologisch gesehen ist das Argument einer Geburtserinnerung nicht überzeugend: Man betrachtet im allgemeinen Geburt als ein Schockerlebnis. Das neugeborene Kind hat die Geborgenheit des Mutterleibes verloren und muß sich erst in einer fremden, hellen Welt zurechtfinden. Das Lichterlebnis am Ende des Tunnels ist dagegen in den meisten Fällen ein glückseliges.

Wenden wir uns nun wieder der materialistischen Deutung von Susan Blackmore zu (die wie wir die Theorie von der Geburtserinnerung ablehnt). Deren Denkweise hatten wir in den vorigen Abschnitten kennengelernt. Blackmore knüpft an den kalifornischen Psychologen R. K. Siegel an, für den Nahtod-Erlebnisse weiter nichts als Halluzinationen sind und Halluzinationen falsche Wahrnehmungen darstellen, die ihre Wurzeln in einer Erregung des Zentralnervensystems haben. „Da wir herausgefunden haben", so Blackmore, „daß eine zeitweilige Erregung das ist, was wir von einem sterbenden Gehirn erwarten, erscheint es möglich, daß auf diese Weise eine Erklärung des Tunnels gefunden wird."[22]

Indessen finden sich in der Bilderwelt von Halluzinationen nicht nur tunnelartige Grundmuster, sondern auch gitterförmige, spiralartige oder solche, die Spinnweben ähneln. Also gilt es spezifische Bedingungen zu orten, die für die Tunnelform verantwortlich sind, wie sie bei Nahtod-Erfahrungen auftreten. Allerdings: „Nahtod-Tunnels sind nicht einfach nur kreisförmige Gebilde. Das Licht ist hell und anziehend, seine Wärme hat fast persönliche Züge und kann, in der Tat, im Tunnel wie eine anwesende Person erlebt werden, eine Begegnung von Geist zu Geist ... Eine Erklärung des Todestunnels kann das nicht alles ignorieren."[23] Dem kann man nur zustimmen!

Will man aber mit dem „sterbenden Gehirn" argumentieren, dann entsteht die Schwierigkeit, daß Tunnelerfahrungen nicht nur in Todesnähe vorkommen. Hierzu bemerkt Blackmore: „Obwohl Tunnels auch bei einigermaßen gesunden Leuten vorkommen können, sind sie doch in Todesnähe häufiger. Jede Erklärung des Tunnels muß dem Rechnung tragen."[24]

Das geschieht so, daß sich Susan Blackmore auf diesen Fall ganz beschränkt. Damit ist sie bei der Möglichkeit angelangt, die Überlegungen zum sterbenden Gehirn anzuwenden. Sie betrachtet nur Tunnels von tatsächlich zwischen Leben und Tod schwebenden Menschen, und dann auch nur solche, die kreisrund sind. Eigentlich würde man mit der Einordnung der Tunnelerfahrungen in die Rubrik „Halluzinationen" erwarten, daß erst diese und dann ihre spezielle Form im Nahtod-Erlebnis erklärt werden. Aber nicht einmal alle Tunnelerlebnisse der im Koma Liegenden sind einbezogen.

Wie sieht nun die Erklärung selbst aus? Sie greift auf den Sauerstoffmangel zurück, der im Mittelhirn enthemmend wirkt und in der Folge erhöhte Aktivitäten im rechten Schläfenlappen (Teil des Großhirns) in Gang setzt. Insbesondere werden dadurch in der Retina Lichteffekte hervorgerufen, die in der Mitte stärker sind als zum Rand hin. Dadurch kommt der optische Eindruck eines Tunnels zustande. Blackmore gibt Bilder einer Computersimulation wieder, die das veranschaulichen und dabei illustrieren sollen, wie der Lichtkreis mit erhöhtem Sauerstoffmangel größer wird und so der Eindruck entsteht, man bewege sich auf das Licht zu. Als Möglichkeit einer Verallgemeinerung fügt sie hinzu, daß LSD oder andere Halluzinogene ähnlich wie Sauerstoffmangel eine erhöhte Erregung im Mittelhirn auslösen können.

Wie erklärt Blackmore aber die Lichterlebnisse und Personenbegegnungen? Die verschiebt sie auf spätere Kapitel und greift dort wieder auf Endorphine und andere hirnchemische Substanzen zurück, um die Argumente anwenden zu können, die wir schon allgemein diskutiert haben.

Ein Tunnel ist nicht immer rund

Das also ist Susan Blackmores Erklärung, wie es zu einer Tunnelerfahrung kommt. Sie benutzt wieder die Argumentation mit dem Sauerstoffmangel, deren Löchrigkeit wir schon besprochen haben. Mit ihr soll die Scheinwahrnehmung eines Lichtflecks beweglicher Größe auf der Retina plausibel gemacht werden. Selbst wenn man die Argumentation für den eingeschränkten Fall von Nahtod-Erlebnissen, auf den sie anwendbar ist, akzeptiert, so sagt sie wenig aus. Die Einschränkung selbst ist aber unbefriedigend: Denken wir an Inge Drees (S. 31). Sie hatte in völlig gesundem Zustand ein Tunnelerlebnis, das in seiner Intensität, mit seinen Glücksgefühlen und seiner Auswirkung auf das weitere Leben einem Tunnelerlebnis von Menschen mit Herzstillstand gleichkommt. Nach Blackmore dürfte das gar nicht passiert sein. Denn sie ist der Meinung, daß ein im Tunnel größer werdendes Licht nur bei solchen Nahtod-Erlebnissen auftritt, bei denen der Tod wirklich nahe ist. „Lediglich unter solchen Bedingungen wird das Licht hell sein und größer werden."[25] Das entspricht ja auch genau ihrer Theorie. Bei Inge Drees waren die Bedingungen aber nicht erfüllt! Schon für die Auslösung müßte eine andere Erklärung gefunden werden als die Theorie vom sterbenden Gehirn, abgesehen davon, daß eine Begründung der inhaltlichen Gestaltung noch ganz aussteht.

Auch bei Menschen im Koma bleiben Ungereimtheiten. So geht für Monika Meyerbeer (S. 15) der Operationssaal nach oben hin in die Lichtzone über. Vermutlich war der OP nicht kreisrund. Oder denken wir an Siegfried Unger (S. 28). Er fand sich in einem tunnelartigen Gewölbe „mit einem hellen Fenster am Ende" vor und berichtet: „Wie in einer Sänfte getragen, ‚schwebte' ich auf dieses Fenster, das sich beim Näherkommen zu einem Portal erweiterte, zu." Mag ein Fenster noch kreisrund sein, ein Portal ist es nicht. Wieder paßt Blackmores Erklärung mit dem runden weißen Fleck nicht.

Zur Bedeutung von Farben im Nahtod-Erlebnis

Susan Blackmore versucht, noch an anderer Stelle die „Enthemmungstheorie" anzuwenden, also die Annahme, daß durch Herabsetzung des Serotoningehalts von Zellen im Mittelhirn die „Feuerungsfreudigkeit" von Zellen des Schläfenlappens erhöht wird und auf diese Weise Farbeindrücke ausgelöst werden. Die Theorie betrifft hier die Farbe des am Tunnelende erblickten Lichts. Diese wird von Betroffenen durchweg als weiß, gelb oder golden bezeichnet. Susan Blackmore gibt für das dominierende Weiß folgende Erklärung: Bei den im Schläfenlappen ausgelösten Farbblitzen ist blinder Zufall am Werk, also kann man annehmen, daß alle Farbtöne in gleichem Maß ausgelöst werden. „Das ergibt die klare Voraussage weißen Lichtes, denn dieses besteht aus allen Farben zusammengemischt."[26]

Sehr klar ist diese Voraussage nicht. Wer als Kind mit dem Farbkasten gemalt hat, kennt das Spiel, daß man gern einmal alle Farben mischt, um zu sehen, was dabei herauskommt. Das Ergebnis ist nicht ein schönes Weiß, sondern eher ein schmutziges Hellgrau. Zwischen einem leuchtenden goldfarbenen Ton und schmuddeligem Grau liegen erst recht Welten! Das Sonnenlicht hat seine weiß-gelbliche Farbe durch eine bestimmte Struktur des Spektrums. Zwar kann man dieses in die Regenbogenfarben zerlegen, aber nicht durch Zufallsmischung aus Farben gewinnen.

Schließlich wird bei den Blackmoreschen Bemühungen der ganze Bereich des „Sehens" im Sinne eines umfassenden Erkennens außen

176

vor gelassen, wie wir ihn insbesondere bei Nahtod-Erfahrungen von Blinden diskutiert haben. Man kann dabei begleitende Hirnprozesse im Auge behalten, aber zur Erklärung des Gesamtphänomens „transzendentes Wissen" tragen sie etwa so viel bei, wie die Physik elektrischer Kabel zur Konstruktion eines Jumbo-Jets.

Interessanter ist die Frage, ob und wie die Grundmuster von Tunnel und Licht, auch der Farbe des Lichtes im genetischen Code verankert sind und welche Bedeutung das für einen Menschen hat. Wir stoßen immer wieder auf das Phänomen, daß in der Evolution nicht nur Strukturen „gewachsen" sind, die sich aus der unmittelbaren Notwendigkeit etwa der Nahrungssuche oder des Überlebenskampfes ergeben. Daß überhaupt geistige Strukturen herangereift sind, ist rätselhaft genug. Sie werden über den genetischen Code weitergereicht, aber nicht erklärt. Weder ihr Ursprung noch ihre Bedeutung lassen sich durch die Naturwissenschaft erfassen.

Wenn archetypische Bilder im Erbprogramm aufgezeichnet sind, dann liegt, wie wir sahen, die Vermutung einiger Nahtod-Forscher nicht fern, daß auch Bausteine der Nahtod-Erlebnisse genetisch programmiert sind. Tunnel und Farbe des erlebten Lichts mögen dazugehören. Die Sonne ist ein Urphänomen für die irdische Natur. Daß sich ihre weiß-goldene Farbe in den Genen spiegelt, ist natürlich. Das Erlebnis eines Sonnenunterganges belebt nicht nur die romantische Vorstellungswelt bestimmter Menschen. Man hat beobachtet, wie sich manchmal Affen bei einem schönen Abendhimmel am Urwaldrand versammeln und gebannt in die goldfarbene Pracht hineinstarren. Weißes, gelbes, orangefarbenes und goldenes Licht sind Urerfahrungen des Lebendigen. Daß diese sich mit dem erwachenden Geist des Menschen in einer Symbolik verbunden haben, die über sich hinausweist wie das Leben und der Geist selbst, ist ein naheliegender Gedanke.

Wenn Freuds Vermutung stimmt, daß sich die ursprüngliche Kommunikation zwischen Lebewesen auf telepathischer Ebene abspielte – Freud nimmt das bereits für Ameisen an –, und wenn man das mit Telepathie eng verwandte Hellsehen mit einbezieht, dann erscheint

es natürlich, daß Sonnenlicht – in den verschiedenen Stadien des
Tages – seinen Anteil hat, ebenso das Mondlicht. Einstweilen wissen
wir kaum etwas über derartige Zusammenhänge. Das kann sich
jedoch ändern. Eine Suche danach wird jedenfalls durch die regelmäßig in Nahtod-Erfahrungen auftretenden hellseherischen Lichter-
fahrungen angeregt.

Möglicherweise hat auch das Tunnelerlebnis in frühen Phasen der
Evolution seinen Ursprung. Man denke an Fische, die immer wieder
nach oben steigen, um dort, wo Licht ist, nach Luft zu schnappen.
Von unterhalb der Wasseroberfläche erblickt man das Tageslicht wie
am Ende eines Tunnels. Oder man denke an einen Fuchs, der aus seinem Bau durch einen tunnelförmigen Ausgang dem Licht zustrebt.

Stärkstes Erlebnis eines Übergangs vom Dunkel zum Licht ist aber
der Tagesanbruch. Für unsere technische Lampenwelt hat er nicht
mehr die Bedeutung wie in früheren Zeiten. Und wenn die Wiege
der Menschheit in Afrika oder sonst in Gefilden des Südens stand, so
kommt noch die Intensität des Kontrastes zwischen schwarzer Nacht
und aufbrechendem Licht hinzu. C. G. Jung hat in eindrucksvoller
Weise von einem Sonnenaufgang erzählt, den er bei einer Reise
durch Kenia und Uganda tief im Urwald erlebte. Wir geben seine
Schilderung und seine Gedanken zum Lichterlebnis wieder:

„… Zunächst herrschten scharfe Kontraste zwischen Hell und
Dunkel; dann trat alles plastisch in das Licht, das mit einer geradezu
kompakten Helligkeit das Tal ausfüllte. Der Horizont darüber strahlte weiß. Allmählich drang das steigende Licht sozusagen in die Körper ein, die von innen sich erhellten und schließlich durchsichtig wie
farbige Gläser glänzten. Alles wurde zu flimmerndem Kristall. Der
Ruf des Glockenvogels umläutete den Horizont. In diesem Augenblick befand ich mich wie in einem Tempel. Es war die allerheiligste
Stunde des Tages. Ich betrachtete die Herrlichkeit mit nimmersattem
Entzücken oder besser, in zeitloser Verzückung.

In der Nähe meines Platzes befand sich ein hoher Felsen, von
großen Affen (baboons, Pavianen) bewohnt. Jeden Morgen saßen sie

178

ruhig, fast bewegungslos auf dem Grat an der Sonnenseite des Felsens, während sie sonst tagsüber den Wald mit Geschnatter und Gekreisch durchlärmten. Wie ich, schienen sie den Sonnenaufgang zu verehren. Sie erinnerten mich an die großen Paviane vom Tempel in Abu Simbel in Ägypten, welche die Adorationsgeste machen. Sie erzählen immer dieselbe Geschichte: Seit jeher haben wir den großen Gott verehrt, der die Welt erlöst, indem er als strahlendes Licht aus dem großen Dunkel taucht.

Damals verstand ich, daß in der Seele vom Uranfang her eine Sehnsucht nach Licht wohnt und ein unabdingbarer Drang, aus ihrer uranfänglichen Dunkelheit herauszukommen ..."[27]

Vertrautwerden mit dem Schiff

Wie steht es aber nun mit der Frage, ob der Tunnel Übergang zu einem Jenseits ist? Das würde bedeuten, daß auch das Lichterlebnis am Ende des Tunnels jenseitigen Charakter hat. Ist im subjektiven Erleben „der große Gott aus dem Dunkel getaucht"? Hat die Ursehnsucht des Menschen nach dem großen Licht eine – wenn auch vorübergehende – Erfüllung gefunden?

Bedenkt man, daß verstorbene Angehörige oder auch „himmlische" Gestalten in vielen Lichterlebnissen erscheinen, dann wird die Frage noch drängender, ob sich nicht hier ein „Leben nach dem Tod" bereits anbahnt, wenn es auch noch einmal unterbrochen und der Erlebende zurückgeschickt wird?

Wir können schon deshalb diese Fragen nicht beantworten, weil wir keinen Begriff von „Jenseits" haben, auf den sich Fragen und Antworten beziehen. Einstweilen reden wir eher indirekt vom Jenseits als dem, worauf das Diesseits hinzeigt, wenn es „über sich hinausweist". Inhaltlich können wir nur in Metaphern etwas über das „ganz andere" des Jenseits sagen.

Wir haben vom Tunnel und vom Lichterlebnis am Ende des Tunnels im Rahmen eines erweiterten Konzepts von Naturwissenschaft gesprochen. So sehen wir auch beide als „diesseitig" an, mit der Besonderheit, daß in ihnen eine ungewöhnliche hellseherische Komponente zutage tritt.

„Diesseitig" schließt aber einen engen Bezug zu „jenseitig" nicht aus. Hier ist es sicher gut, eine Metapher anzuwenden: Der Lichtraum am Ende des Tunnels ist mit einem Hafen vergleichbar. Die Häfen in Bremen, Hamburg und Stralsund sind Teil des Landes, in dem ich lebe. Dennoch strahlen sie etwas von dem Flair der anderen Welten aus, in die man von ihnen aus aufbricht. Ein Hafen ist keine Foto- oder Kunstausstellung mit Bildern eines imaginären Landes, von dem man träumt. Er bereitet vielmehr die reale Fahrt zu anderen Gestaden vor. Die Schiffe liegen am Kai und sind dort festgemacht, aber die Leinen lassen sich lösen. Die eine oder andere Schiffsbesatzung kommt schon von einem fernen Land, bringt Nachrichten von dort mit und beschreibt vielleicht das Schöne oder auch das Häßliche, das den Reisenden dort erwartet.

Die Häfen selbst sind also „diesseits". Aber die Schiffe in ihnen sind es nur so lange, wie ein Steg oder eine Brücke und die Taue sie mit dem Land verbinden.

Nahtod heißt – im Bild gesprochen – daß man das Schiff betritt, aber noch einmal zurückkehren muß. Es ist keine „Reise ins Jenseits", sondern ein erstes Vertrautwerden mit dem Schiff, das dorthin führt. Meistens möchten diejenigen, die das Schiff betreten haben, dort bleiben und die Reise wirklich antreten. Aber die Crew vom anderen Land vermittelt ihnen, daß sie noch nicht mitkommen können.

Das Lebenspanorama und seine Bedeutung

Als vierten Baustein von Nahtod-Erlebnissen – neben Außer-Körper-Erfahrung, Lichterleben und Tunnel – betrachten wir das „Lebenspanorama", ein Erlebnis, das seit den Veröffentlichungen von Albert Heim über abgestürzte Bergsteiger im Jahre 1892 sehr bekannt ist und nun einen besonderen Stellenwert in der Nahtod-Diskussion erhalten hat. In kürzester Zeit läuft vor dem „geistigen Auge" des Betroffenen eine Art Lebensfilm ab mit vielen Einzelheiten vor allem aus der Kindheit, aber auch aus späteren Lebenssituationen. Die Aufeinanderfolge der Szenen ist so dicht, daß das ganze Leben wie ein Panorama über die Zeit hinweg erscheint, die Bilder wie ausgebreitet nebeneinanderliegen und gleichzeitig wahrgenommen werden.

Nicht jeder, der von Nahtod-Erfahrungen berichtet, erzählt von einem solchen Panorama-Erlebnis. Die statistischen Angaben schwanken zwischen 20 und 30 Prozent der Betroffenen. In unseren eingangs geschilderten Beispielen erzählen Inge Drees (S. 31) und Franz Joachim Bilitewski (S. 34) von einem Lebenspanorama. Ferner haben wir den Bericht des Bergsteigers Hias Rebitsch kennengelernt (S. 45).

Mehrere Besonderheiten stechen gleich ins Auge. Zunächst ist es erstaunlich, wie menschliches Bewußtsein in Bruchteilen von Sekunden eine Fülle von verschiedenen Bildern und Szenen bewußt wahrnehmen kann. Wenn man einen Videofilm ansieht und ihn anschließend zurückspult, macht es dem Auge schon große Mühe, in der schnellen – allerdings rückwärts laufenden – Bildfolge das gerade Gesehene wiederzuerkennen. Dabei dauert das Zurückspulen vielleicht zehn bis 20 Minuten. Man kann sich nicht vorstellen, daß man noch irgend etwas mitbekommt, wenn der Film 1000mal so schnell abläuft wie beim Zurückspulen. Das aber müßte man können, um ein im Nahtod erlebtes Panorama der Lebensgeschichte nachzuvollziehen.

Am Beispiel des Bergsteigers Hias Rebitsch hatten wir schon gesehen, daß dieser seinen Lebensfilm in Sekundenschnelle wahrgenommen haben muß. Noch dramatischer ging es in einem Unfallgeschehen zu, das von Moody erwähnt wird:

„Im Sommer nach meinem ersten Jahr im College hatte ich einen Job als Fernfahrer angenommen. Ich fuhr einen schweren Sattelschlepper. Damals hatte ich dauernd damit zu kämpfen, nicht hinterm Steuer einzuschlafen. Eines Morgens früh, als ich mit dem Laster wieder auf einer langen Fahrt unterwegs war, nickte ich ein.

Das letzte, was ich vor dem Eindösen noch mitbekam, war ein Verkehrsschild. Dann kam ein fürchterliches Schrammen, der rechte äußere Reifen platzte, und durch das Gewicht und das Schwanken des Wagens platzten kurz darauf auch die Reifen auf der linken Seite. Der Laster kippte um und rutschte die Straße entlang auf eine Brücke zu. Ich hatte Angst, denn es war vorauszusehen, daß der Laster die Brücke rammen würde.

Während dieses Augenblicks, als der Wagen ins Rutschen kam, lief in Gedanken mein ganzes Leben vor mir ab. Ich sah nicht alles, nur die Höhepunkte. Es war vollkommen lebensecht. Als erstes sah ich, wie ich hinter meinem Vater am Strand entlangstapfte, als ich zwei Jahre alt war. Der Reihe nach kamen noch ein paar andere Erlebnisse aus meinen ersten Lebensjahren, und danach stand mir vor Augen, wie ich als Fünfjähriger das neue rote Auto demolierte, das ich zu Weihnachten bekommen hatte. Ich erinnerte mich daran, wie ich in der ersten Klasse heulend in dem grellgelben Regenmantel zur Schule ging, den meine Mutter mir gekauft hatte. Aus jedem Jahr in der Grammar School fiel mir wieder ein bißchen was ein. Jeder einzelne meiner Lehrer tauchte wieder vor mir auf, und aus jedem Jahr kam mir wieder eine herausragende Einzelheit ins Gedächtnis. Dann wechselte ich auf die Junior High School über, ging nebenbei Zeitungen austragen und arbeitete in einem Lebensmittelgeschäft, und so ging es weiter bis zu dem Punkt, an dem ich damals stand, kurz vor dem zweiten Jahr im College.

Alle diese Ereignisse und noch viele andere zogen da im Geist blitzschnell an mir vorüber. Vermutlich dauerte es nicht länger als den Bruchteil einer Sekunde. Auf einmal jedoch war es vorbei, ich stand da, starrte auf den Lastwagen und dachte, ich sei ein Engel. Ich kniff mich in den Arm, um herauszukriegen, ob ich noch am Leben war, oder ein Geist, oder was eigentlich …"[28]

Verglichen mit dem bewußten Wahrnehmen hat das Unbewußte größere Möglichkeiten, schnell zu registrieren. Man denke an Filmmanipulationen, die vor vielen Jahren von der Werbebranche angestellt, dann aber für eine Verwendung in der Werbung verboten wurden: Es stellte sich heraus, daß man in einen Film so kurze Einspielungen vornehmen kann (etwa das Bild einer Coca-Cola-Flasche), daß der Zuschauer nichts bewußt wahrnimmt. Würde man ihn hinterher nach der Einspielung fragen, wäre sie ihm unbekannt. Im Unbewußten hat er sie aber sehr wohl aufgenommen. Das ließ sich in den Experimenten durch die erhöhte Kauffreudigkeit hinsichtlich der angepriesenen Ware nachweisen.

Was aber spielt sich im Unbewußten ab? Beachtenswert ist der Bewußtseinszustand, in dem sich diejenigen erleben, die von einem Lebenspanorama berichten. Was sich bei ihnen ereignet, ist nicht mit jener „Schrecksekunde" vergleichbar, in der man knapp an einem Unfall vorbeigeschrammt ist, vielleicht gerade dadurch, daß man instinktiv – das heißt unbewußt – schnell und richtig reagiert hat. Der Panorama-Sehende entfernt sich von der realen Situation; er wendet sich in „abgehobener" Art und Weise den Tiefen seines Unbewußten zu und der Erinnerungswelt, die dort verborgen liegt. Wir sehen das am Lastwagenfahrer, der nicht mehr in der Lage ist, den Aufprall auf den Brückenpfeiler abzuwenden, und dann sein Panorama-Erlebnis hat. Bei dem Bergsteiger Rebitsch und bei Inge Drees finden wir trotz der sehr unterschiedlichen äußeren Bedingungen eine Gemeinsamkeit: Sie erleben sich beide in einer Wolke:

„Ich sinke sanft auf einer Wolke durch den Raum, ergeben, erlöst ..." (Rebitsch)

„Es war schon wie ein Auflösen; ich empfand mich nicht mehr als Person, sondern irgendwie wie die Summe meiner Taten und Erlebnisse. Sie waren um mich herum, ich hatte das Gefühl wie in einer kugelförmigen Wolke, und ich war nicht mehr Person, sondern wie ein theoretisches Ergebnis." (Drees)

Das Panorama-Erlebnis ist im Zusammenhang mit dem Lichterlebnis zu sehen, in das es bei vielen Berichten eingebettet ist. Wir hatten weiter oben bei der Analyse des Blindensehens im Nahtod festgestellt, wie „Sehen" ein unmittelbares Erkennen darstellt, von Ring und Cooper sogar „transzendentes Wissen" genannt. Das Panorama-Sehen hat ganz ähnlichen Charakter. Besonders akzentuiert wird das in den Beispielen, wo der Lebensfilm von einer der Gestalten im Lichterlebnis „vorgeführt" wird. So erzählte Vicki, daß ihr das – mit Jesus identifizierte – Lichtwesen nach der Aufforderung, noch einmal zurückzukehren, ein Lebenspanorama gezeigt hat, „alles von meiner Kindheit an".

Als Teil des Lichterlebnisses ist die Panorama-Erfahrung übersinnlicher Art. Da kaum Anlaß besteht, die isolierten Panorama-Erlebnisse anders einzuordnen, können wir sie auch als übersinnlich bezeichnen. Dabei sei immer wieder betont, daß wir übersinnliche Phänomene als Gegenstand der Naturwissenschaft betrachten, sie in ihrer Bedeutung aber dadurch nicht voll erfaßt sehen.

Wir kommen so zur Frage einer Erklärbarkeit des Panoramas. Eigentlich ist für uns mit dem Bezug zum Übersinnlichen schon eine Entscheidung gefallen. Wir beantworten die Frage so wie bei Außer-Körper-Erfahrung, Lichterlebnis und Tunnel. Trotzdem diskutieren wir die Erklärungsversuche von materialistischer und esoterischer Seite, um uns von diesen abzugrenzen.

Als erster Versuch sei ein psychologischer erwähnt. Die Psychiater Russel Noyes und Roy Kletti vertreten die Meinung, daß das Panorama-Erlebnis eine Flucht vor der Realität sei, eine Art Vogel-Strauß-Verhalten. Sie stellen es mit „Depersonalisation" in eine Reihe, einen psychiatrischen Zustand, in dem die Welt als abseitig, unwirklich und traumartig erlebt wird.

„Als Antwort auf die Todesbedrohung", so Noyes und Kletti wörtlich, „schien die bedrohte Persönlichkeit in einem zeitlosen Augenblick Zuflucht zu suchen. Dort hörte der Tod dadurch auf zu existieren, daß sich die Person in ihr Erlebnis stürzte. Zu diesem Zweck kamen vergangene Erlebnisse mit relativ zeitlosem Wert ins Bewußtsein zurück, besonders solche, die selig stimmen. Derartige Augenblicke wurden großenteils aus der Kindheit herausgeholt, wo das Leben sich mit größter Intensität abspielte."[29]

Die Schwäche solcher Pauschalbemerkungen zeigt sich an verschiedenen Stellen. Zum einen braucht keine Todesbedrohung vorzuliegen, um ein Panorama-Erlebnis zu haben; Inge Drees zum Beispiel war ganz gesund. Zum anderen werden bei weitem nicht nur glückliche Momente ins Bewußtsein gehoben. Das zeigt das Beispiel des Lastwagenfahrers. Er sieht, wie er sein schönes Spielauto demoliert (was symbolisch zur Unfallsituation paßt), und geht heulend mit Regenmantel zur Schule – nicht gerade selige Momente. Um noch ein anderes Panorama-Erlebnis zu zitieren:

„Das Lichtwesen hüllte mich ein, und in diesem Augenblick begann mein ganzes Leben an mir vorüberzuziehen. Ich fühlte und sah alles, was mir jemals begegnet war. Es war, wie wenn ein Damm gebrochen wäre und alle Erinnerungen, die in meinem Gehirn gespeichert waren, sich ergießen würden. Diese Rückschau auf mein Leben war nicht angenehm. Von Anfang bis Ende war ich mit der unerträglichen Tatsache konfrontiert, daß ich ein unangenehmer Zeitgenosse gewesen war, ein egoistischer und böser Mensch. Das erste, was ich sah, war meine aggressive Kindheit. Ich sah mich selber, wie ich andere Kinder quälte, ihre Fahrräder stahl und ihnen die Schule zur Hölle machte. Eine der lebhaftesten Szenen war, wie ich auf der Grundschule ein Kind hänselte, weil es einen Kropf hatte. Die anderen Kinder in meiner Klasse hämten ebenfalls, aber ich war der Schlimmste ..."[30]

Dabei ist durchaus denkbar, daß eine Schockwirkung oder eine schwere Gefahrensituation, wie beim Ertrinken, die Lebensfilmerfahrung mit ausgelöst haben. Dann ist es aber nur eine mögliche, nicht notwendige, beteiligte Ursache – wie überhaupt unfallbedingte Nahtod-Erlebnisse den Unfall selbst als Ursache haben! Warum aber das Ich mit einem Lebenspanorama reagiert, ist damit nicht erklärt. Die Theorie von Noyes und Kletti erinnert an den gescheiterten Versuch Freuds, alle seelischen Konflikte kausal mit „Libido" zu erklären.

Insbesondere ist zu bedenken, daß das Lebenspanorama – auch in lebensbedrohlichen Situationen – häufig am Ende eines Nahtod-Erlebnisses steht oder gar aus diesem heraus erwächst, wie im Falle Vickis, bei der es sich kurz vor der Rückkehr ereignete.

Auch der Vergleich mit Depersonalisation ist nicht angebracht, weil Nahtod-Erfahrungen durchweg aufbauend, motivierend und vor allem sehr klar strukturiert sind, ganz im Gegensatz zu Depersonalisationsphänomenen.[31]

Gehen wir als nächstes auf Susan Blackmore ein, von der zu erwarten ist, daß sie auch das Lebenspanorama mit der Enthemmungstheorie und der Wirkung von Endorphinen erklären möchte. Das ist auch so. Sie gibt ein bemerkenswertes Beispiel eines Panorama-Erlebens an. Von einer Frau wird protokolliert:

„Besondere Erinnerungen: ein Trip nach Yosemite oder nach Reading; eine Szene in ihrem Haus; liegt auf einer Couch und schaut Football an; eine bestimmte telefonische Unterhaltung; eine Schokoladen-Cola, die sie einst in einer kleinen Stadt getrunken hat ... die Graduierung ihres Bruders am College und der erste Schultag ihres Sohnes."[32] – Das bezieht sich jedoch nicht auf eine Nahtod-Erfahrung, sondern auf eine Serie von elektrischen Reizungen des freigelegten Schläfenlappens der Frau. Man erkennt daraus, daß die im menschlichen Gehirn gespeicherten Erinnerungen durch Reizung „abgerufen" werden können, so daß die Frage entsteht: Welche spezifischen Reizungen des Gehirns lösen Panorama-Erinnerungen aus, und wie kommen diese Reizungen zustande?

Diejenigen Hirnregionen, die für das Gedächtnis zuständig sind und somit in ihren „Aktenschränken" Erinnerungsbilder aufgestapelt haben, sind besonders reich an Endorphinen und Enkephalinen und solchen Hirnzellen, die auf solche chemischen Substanzen empfindlich reagieren. Da durch Streß – wie etwa Absturz oder Ertrinken – Endorphine und Enkephaline ausgeschüttet werden, ist mit einer Auslösung von Bildvisionen zu rechnen. Eine solche Feststellung sagt allerdings kaum mehr über das Panoramaerlebnis aus als die Feststellung „Ein Pianist schlägt mit den Fingern auf die Tasten des Klaviers" über die Klaviermusik, die gespielt wird.

Blackmore geht allerdings noch weiter. Sie vergleicht das Panorama – wie andere Teile von Nahtod-Erfahrungen – mit epileptischen Anfällen.

„Es ist vielleicht die Schläfenlappen-Epilepsie, die uns den klarsten Einblick in das gibt, was sich bei Nahtod-Erlebnissen abspielt, denn limbisches System und Schläfenlappen sind besonders empfindlich für die Auswirkung von Endorphinen."[33]

Sie beschreibt selbst die Phänomene, die ganz andersartig sind als im Panorama-Erleben: In epileptischen Anfällen kommt es zu Krämpfen, Schmerzen, zwanghaften Körperbewegungen, verzerrten Seherlebnissen und Halluzinationen. Aber auch Gefühle wie Angst, Traurigkeit, Frieden oder Glücklichsein treten auf.

„Vielleicht am interessantesten, vom Standpunkt der Nahtod-Erfahrungen aus gesehen", so Blackmore, „ist, daß Epileptiker oft eine plötzliche, blitzartige Rückschau in ihre Vergangenheit haben. Viele haben Déjà-vu-Erlebnisse, als ob ihnen alles vertraut sei … Einige haben Außer-Körper-Erfahrungen, und einige sehen sogar Erscheinungen von toten Freunden und Verwandten."[34]

Damit soll gesagt werden, daß sich Panorama-Erlebnisse in die Kategorie abnormaler Hirntätigkeiten einordnen lassen, durch äußere Einflüsse hervorgerufene Reaktionen des neuronalen Netzes sind. Vor dem Hintergrund der Blackmoreschen Weltanschauung heißt das: Eine Bedeutung des Lebensfilms, die über die Hirnphysiologie hinaus etwas am Geschehen erklärt, ist Fiktion und leere Deutung.

Indessen kann man auch innerhalb des hirnphysiologischen Denkmusters die Argumentation umkehren: der Vergleich mit epileptischen Anfällen, den Krämpfen und Verzerrungen, die dort auftreten, zeigt gerade, daß mit Endorphinen und Enthemmung im Mittelhirn keine spezifische Erklärung für wohlstrukturierte Panorama-Erlebnisse im Nahtod-Geschehen gegeben wird. Hier finden die allgemeinen Überlegungen, die wir schon angestellt haben, noch einmal eine spezielle Anwendung. Eine spezifische Erklärung müßte dergestalt sein, daß kein anderes Phänomen als der Nahtod-Lebensfilm darunter fällt.

Zwar registriert Blackmore den Einwand von Michael Sabom, daß im epileptischen Anfall die dominierenden Emotionen Angst, Traurigkeit und Einsamkeit sind, während im Nahtod Glücksgefühle vorherrschen. Aber sie glaubt diesen Einwand mit einer einfachen Zusatzfeststellung beiseite schieben zu können: Im Nahtod-Erlebnis werden Mittelhirn und Schläfenlappen mit Endorphinen „überflutet", wodurch Gefühle von Frieden und Glück die Oberhand gewinnen. Bei einem epileptischen Anfall ist das nicht so. Das erklärt natürlich immer noch nicht, warum die Panorama-Erlebnisse nicht zerstückelt, sondern klar strukturiert sind und woher ihre Ähnlichkeit mit Erfahrungen kommt, die nicht unter Streß und somit nicht unter starker Endorphinausschüttung ausgelöst werden.

Immerhin fügt Frau Blackmore hinzu, daß der persönliche Hintergrund, die Lebenserfahrung und der Charakter zur Ausgestaltung der Panorama-Visionen beitragen und daß die von ihr vorgetragenen Argumente nicht alles erklären – ein Eingeständnis, das nicht der allgemeinen Tendenz ihres Buches entspricht.

Wir wehren stets die Extreme nach beiden Seiten ab: materialistische auf der einen und esoterische auf der anderen. Wir haben bereits auf die Vereinnahmung des Panorama-Erlebnisses durch die Anthroposophie hingewiesen: Steiner betrachtet es als eine Folge der Trennung des „Ätherleibs" vom „physischen Leib", die als Lockerung auch während des Lebens vorübergehend auftreten kann, etwa im Nahtod-Erlebnis. Nach Steiner tritt nicht immer, aber manchmal „der Teil des ätherischen Leibes, der die Kopfgegend erfüllt, ganz oder zum Teil aus dem Kopf heraus, und wenn dieses auch nur auf einen Moment geschieht, so wird doch dadurch die Erinnerung frei, weil der ätherische Leib in solchem Momente von der physischen Materie, dem Hindernis der ungehemmten Erinnerung befreit ist".[35]

An anderer Stelle erläutert Steiner das näher:

„Eine solche Lockerung des ganzen Ätherkörpers findet statt in der Todesgefahr. Das hängt so zusammen: Der Ätherkörper ist der Träger des Gedächtnisses; je feiner der Ätherkörper, desto ausgebildeter, desto besser ist das Gedächtnis. Steckt nun der Ätherkörper in dem physischen Körper fest, wie dies beim gewöhnlichen Menschen der Fall ist, dann können seine Vibrationen nicht genügend auf das Gehirn wirken und dem Menschen zum Bewußtsein kommen, weil der physische Leib mit seinen größeren Schwingungen sie gleichsam zudeckt. In Todesgefahr aber, wo sich der Ätherleib lockert, ist er mit seinen Erinnerungen vom Gehirn entlastet. Das verflossene Leben steht einen Augenblick vor der Seele des Sterbenden. Im Moment also, wo der Ätherleib sich lockert, tritt alles hervor, was jemals in den Ätherleib hineingeschrieben worden ist. Daher auch die Erinnerung an das verflossene Leben unmittelbar nach dem Tode."[36]

Der Ätherleib ist also nach Steiner Träger des Gedächtnisses und damit der Lebensbilder, wie sie im Panorama erscheinen. Das gilt aber nur für eine Übergangszeit, nämlich bis zu dem Augenblick, in dem sich der Astralleib aus dem Ätherleib herauslöst und der Ätherleib zerfließt, sich auflöst. Dennoch bleiben die Gedächtnisinhalte außerhalb des Körpers in der „Akasha-Chronik" erhalten, einer Art kosmischer Universalbibliothek, wo sich das Ich bei seiner Vorbereitung auf eine folgende Geburt notwendige Informationen besorgen kann.

Es erübrigt sich zu sagen, daß wir dieser begrifflich unklaren und künstlich konstruierten Beschreibung nicht folgen, auch nicht anderen Versionen der theosophischen Tradition, wie sie sich heute innerhalb unserer Kultur ausbreiten, oder Anlehnungen an den heutigen Buddhismus, wie sie manche prominente Personen (etwa der Schauspieler Richard Gere) versuchen.

Indessen scheint es angebracht, noch etwas zu einer „säkularisierten" „Akasha-Chronik" zu sagen, wie sie in Büchern verschiedener Autoren, beispielsweise bei Rupert Sheldrake, vertreten wird. Auch Susan Blackmore hing ursprünglich derartigen Anschauungen an, ehe sie sich dem reinen Materialismus zuwandte.

Rupert Sheldrake hat in seinem Buch „Das Gedächtnis der

Natur"[37] versucht, eine universale „Feldtheorie" des Gedächtnisses zu entwickeln, die mit den „Schulmeinungen" herkömmlicher Biologie und Psychologie kollidiert. Sie verallgemeinert die Idee der „morphogenetischen Felder", mit der verschiedene Biologen in der ersten Hälfte des 20. Jahrhunderts Ereignisse wie die embryonale Entwicklung eines Lebewesens beschrieben haben. (Mit der Entdeckung des in Molekülen aufgezeichneten „genetischen Codes" im Jahre 1953 trat diese Auffassung in den Hintergrund.) Sheldrake sieht als Ausgangsbedingung allen kosmischen Seins „Gestaltfelder" oder „morphische Felder", in denen mögliche Gestalten der Physik und Biologie schlummern, bis sie aus ihrem Dornröschenschlaf geweckt werden. Am Anfang steht jeweils eine mehr oder weniger zufällige Gestaltbildung, etwa ein bestimmtes Atom oder ein naturgesetzlicher Vorgang. Ein solches „Muster" prägt sich dem morphischen Feld ein und bleibt darin beständig. Atome derselben Gestalt treten immer wieder auf, aus dem naturgesetzlichen Vorgang wird ein Naturgesetz.

Dieses Prinzip reicht bis in die Verhaltensbiologie hinein: Hat ein Affe durch Zufall entdeckt, daß man eine Banane an der Decke dadurch erreichen kann, daß man auf eine Kiste steigt, dann prägt sich dieser Lernvorgang so dem morphischen Feld möglicher geschickter Verhaltensweisen ein, daß durch „morphische Resonanz" auch die anderen Affen zumindest schneller auf die gleiche Fertigkeit stoßen.

Wir brauchen hier nicht näher auf diese kühne Gedankenkonstruktion einzugehen mit ihren vielen sprachlichen und logischen Problemen sowie dem Mangel an experimentellen Nachweisen. Uns interessiert sie hier nur als Möglichkeit, übersinnliche Phänomene zu verstehen und damit auch ein Deutungsmuster für Nahtod-Phänomene, insbesondere das Lebenspanorama, anzubieten.

Sheldrake schätzt den Zusammenhang zwischen morphischen Feldern und Telepathie wie folgt ein:

„Wenn es morphische Resonanz gäbe zwischen uns und bestimmten Menschen, mit denen uns etwas verbindet, so wäre denkbar, daß wir – gänzlich abseits der bekannten und akzeptierten Kommunikationswege – Bilder, Gedanken, Eindrücke von ihnen aufnehmen. Für solche Resonanzbeziehungen würde Entfernung keine Rolle spielen. Spricht irgend etwas dafür, daß es so etwas gibt? Vielleicht ist eine solche Resonanzverbindung etwas Ähnliches oder das gleiche wie Telepathie. Es gibt eine Fülle von Berichten, die für die Existenz von Telepathie sprechen; viele Menschen behaupten, sie selbst erlebt zu haben; in zahlreichen parapsychologischen Experimenten wurde sie nachgewiesen. Natürlich ist dieses Material umstritten, vor allem aber deshalb, weil Telepathie und andere parapsychologische Erscheinungen nach der naturwissenschaftlichen Schulmeinung theoretisch nicht möglich sind. Für die Theorie der morphischen Resonanz stellt Telepathie überhaupt kein Problem dar."[38]

Hier wendet sich Sheldrake also zu Recht gegen eine materialistische Naturwissenschaft, die übersinnliche Phänomene ignoriert. Als Alternative bietet er sein Modell an, bringt dieses allerdings selbst mit folgender Bemerkung in die Nähe esoterischen Denkens: „Auch für ein anderes, relativ seltenes, aber gut dokumentiertes Phänomen könnte die morphische Resonanz eine neue Interpretation liefern: die Erinnerung an frühere Leben."[39]

Bleiben wir aber bei den allgemeinen Fragen einer Erklärung von „Gedächtnis". Der grundlegende Unterschied zwischen Sheldrakes Gedächtnistheorie und dem, was klassische Biologie und Hirnforschung zu diesem Thema sagen, betrifft die Bindung von Gedächtnisinhalten – wie anderen geistigen Phänomenen – an die Nervenzellen des Gehirns und den im Erbgut gespeicherten „genetischen Code". Die materialistische Auffassung sieht im Gehirn und in den erbbiologischen Bauplänen alle Fragen geregelt. Sheldrake sieht dagegen in den Körperfunktionen nur auslösende Aktivitäten, die im Kosmos vorhandene Gestaltmuster zum Schwingen veranlassen. Das hat sicherlich den Vorzug, daß sich übersinnliche Vorgänge leichter einbeziehen lassen. Ferner vereinfacht es den Gedanken, daß mit dem Tod des Leibes die geistigen Inhalte – wenn man will, die Seele – nicht zerstört werden.

Allerdings schaffen diese Vorteile mehr neue Probleme als daß sie Fragen beantworten: Wo stecken beispielsweise die Identität und die Unvergänglichkeit des Ich? Bringt das Ich nur kosmische Gestalten zum Schwingen, dann vergeht es gerade mit dem Tod des Körpers. Ist das Ich in leiblosen Strukturen zu suchen, dann ist nicht klar, wie es ohne die Anregungen durch die im Körper gebündelten Funktionen seine Individualität und seine lebendige Existenz erhält. Zerfließt es dann nicht einfach im Meer der möglichen Formen und Gestalten?

Man sieht, daß Sheldrake esoterischen Denkweisen sehr nahe kommt. Das „morphische Feld" ist dann, wenn es individuelle Lebensbilder „speichert", etwas Ähnliches wie eine „Akasha-Chronik".

Die Begriffe, die Sheldrake verwendet, sind kaum weniger schwammig als die der pseudowissenschaftlichen Esoterik. Was sind „Gestalten" und „Schwingungen"? Wer veranlaßt ihre Auslösung? Wie verhalten sie sich zu Raum und Zeit? Die Superstringtheorie der Materie und Kräfte geht zwar auch von abstrakten Schwingungen eines neundimensionalen Raumes aus und läßt viele Fragen offen; aber die Theorie hat ein wohldefiniertes mathematisches und physikalisches Fundament und präzisiert die – begrenzten – als erreichbar angesehenen Ziele. Es kann durchaus möglich sein, daß Sheldrakes Ideen bei geeigneter Einschränkung zum besseren Verständnis geistiger und übersinnlicher Phänomene beitragen werden. Einstweilen sind sie zu pauschal und greifen zu hoch, was sie als Beinahe-Esoterik erscheinen läßt.

Der eigentliche Unterschied zwischen klassischer Naturwissenschaft und Esoterik oder Beinahe-Esoterik liegt in der Einschätzung, welche Fragen Naturwissenschaft sinnvoll stellen kann. Zugegeben, das herkömmliche naturwissenschaftliche Denken setzt sich oft zu enge Grenzen, verschließt etwa, wie wir gesehen haben, die Augen vor paranormalen Ereignissen, die nicht zu leugnen sind. Die richtige Konsequenz ist aber dann, sich nicht auf einen Erklärungsversuch zu verlassen, der alle universalen Fragen beantworten will, sondern das Instrumentarium so zu erweitern, daß man konkret gestellte

Fragen – wie die nach Telepathie und Hellsehen – angehen kann. Das „kreative Chaos Natur", von dem wir gesprochen haben, bleibt nun einmal dem Zugriff unserer Denksysteme verborgen. Das ist auch gut so. Die Welt des Körpers und des Geistes müßte ein sehr mageres Gebilde sein, wäre dieser Zugriff möglich! Gerade im Blick auf ein Leben nach dem Tod fasziniert das Geheimnis des Unvorstellbaren mehr als die Lehren trockener Theorien oder angeblicher esoterischer Erleuchtungen.

Ist Leben nach dem Tod genetisch programmiert?

Wenn wir uns nun näher den Fragen zuwenden, die mit einer „Speicherung" von Grundmustern der Nahtod-Erlebnisse im menschlichen Erbgut zusammenhängen, so können wir noch einmal an Sheldrake anknüpfen. Dieser betrachtet seine Theorie der „morphischen Resonanz" als Möglichkeit zu erklären, wie die sogenannten Archetypen im Sinne von Carl Gustav Jung im Kosmos „aufbewahrt" werden.

„Während … der Inhalt des persönlichen Unbewußten größtenteils aus Komplexen besteht, finden wir im kollektiven Unbewußten die Archetypen vor. Jung gelangte zu dieser Anschauung, als er in Träumen und Mythen auf immer wieder gleiche Grundstrukturen stieß, die auf die Existenz von unbewußten Archetypen hindeuten – eine Art kollektives Gedächtnis, das vererbt wird. Wie diese Vererbung vor sich gehen mag, konnte er nicht erklären, und seine Anschauung verträgt sich natürlich überhaupt nicht mit der herkömmlichen mechanistischen Annahme, daß Vererbung auf kodierten Informationen in der DNS beruht."[40]

Stimmt diese Behauptung? Was ist überhaupt ein DNS-Code, und was vermag er zu leisten?

Sicherlich gehört es zu den größten Entdeckungen der Wissenschaftsgeschichte, daß 1953 James Watson und Francis Crick herausfanden, wie die erblichen Merkmale von Lebewesen gespeichert werden: Die Programme, nach denen in biologischen Zellen Eiweiß produziert und ein Lebewesen aufgebaut wird, sind in einem einzigen Riesenmolekül, der „Desoxyribonukleinsäure (DNS)", aufgezeichnet. Hierbei sind so viele geniale Ideen verwirklicht, daß man mit Entstehungsmodellen der Evolutionstheorie nur kümmerliche Beiträge zum Verständnis leistet. Für die Aufzeichnungen wird das Schriftsprachenprinzip benutzt – von uns als Produkt einer hochentwickelten menschlichen Kultur angesehen und doch schon in den frühen Spuren des Lebendigen aufzuspüren! Das Alphabet hat vier Buchstaben, chemische Teilstrukturen des DNS-Moleküls, die Adenin (A), Thymin (T), Cytosin (C) und Guanin (G) genannt werden. Das DNS-Molekül hat die Form einer verdrillten Strickleiter. Jede „Sprosse" wird von zwei Buchstaben gebildet, A-T oder C-G. Daß jeder Buchstabe einen eindeutig bestimmten „Sprossenpartner" hat, macht Sinn: Bei der Zellteilung öffnet sich die Strickleiter wie ein Reißverschluß. Auf beiden Seiten ist derselbe Text „aufgeschrieben", wobei man den einen Text aus dem anderen erhält, indem man A durch T ersetzt und umgekehrt, ebenso C durch G und G durch C.

Jede Seite des „Reißverschlusses" ergänzt sich wieder durch Anlagerung der passenden Buchstaben und der restlichen chemischen Bestandteile zu einem vollständigen DNS-Molekül. Die gesamte Erbinformation steht damit beiden Tochterzellen zur Verfügung.

Die Buchstaben sind zu „Wörtern", „Sätzen", „Abschnitten" und „Kapiteln" geordnet. Der Text eines Erbmoleküls, in Büchern aufgezeichnet, würde eine Regalwand voller Bücher ergeben. Die Genforschung arbeitet fieberhaft daran, die Texte lesbar zu machen, um sie dann entschlüsseln zu können – ein Unternehmen, das von seiner Bedeutung her spannender und folgenreicher ist als der erste Flug zum Mond. Kleinere Textpassagen kennt man schon. Bis zum Jahr 2002 hofft man, eine lesbare Version des Ganzen erstellt zu haben, um dann systematisch mit dem Entziffern beginnen zu können.

Natürlich ist es nicht reine Neugier, die Wissenschaft und Pharmaindustrie zu Milliardeninvestitionen in diese Forschung treibt. Man hofft, Krebserkrankungen und andere Leiden bekämpfen zu können, und hat ein ganzes Repertoire von Anwendungsmöglichkeiten für Einblicke in den „genetischen Code". Der Preis wird allerdings hoch sein: Die Gefahren, die in der Gentechnik lauern, sind nicht abzuschätzen.

Kehren wir aber zur Frage zurück, was man überhaupt hoffen kann, eines Tages in der DNS-Bücherwand nachlesen zu können. Wir sahen schon, daß wir nicht nur Broschüren und dicke Wälzer finden, die den Aufbau eines Embryos und eines erwachsenen Lebewesens „steuern", sondern auch viele Verhaltensweisen, insbesondere geistiger Art, die in der Evolution herangereift sind. Wir können hier außer Betracht lassen, inwiefern dabei „Mutation" und „Selektion" eine Rolle gespielt haben und woher die großartige Idee der „Programmsteuerung" für Bau und Verhalten komplexer Lebewesen kommt.

Für uns steht die Frage im Raum, ob das genetische Programm Archetypen und Grundmuster von Nahtod-Erlebnissen enthält. Wir nehmen den Faden wieder auf, den wir schon früher gesponnen haben: Am Beispiel des Tunnelerlebnisses hatten wir gefragt, ob das im Tunnel zum Ausdruck kommende Grunderlebnis nicht ein in der Evolution lange vorbereitetes Verhaltensmuster wiedergibt. Möglicherweise gründet es mit in der Tunnelperspektive, in der ein Fisch das Sonnenlicht über sich erblickt.

Von der Qualle zum Gehör

Hier scheint ein Vergleich mit einem anderen Entwicklungsprozeß angebracht, über den man mehr weiß, nämlich die Entstehung des Gehörs. Wer sich im Sommer am Strand über die unschönen Quallen ärgert, vor denen er seine Füße hüten muß, möge sich dadurch ein wenig Ausgleich schaffen, daß er sich die Quallen einmal näher anschaut. Manchmal wird er einen Ring von „Haarzellen" beobachten, die mit den Verdickungen zusammen eindrucksvolle Achtecke bilden. Sie stellen Vorformen der „Seitenlinien" bei Fischen dar, die der Orientierung dienen. Am Winkel, den die Härchen mit dem

Gesamtorganismus bilden, werden Beschleunigung und Verlangsamung „gemessen"; die Bewegung im Wasser wird dadurch registriert und gesteuert. Das alles geschieht ohne Zentralnervensystem.

Über Jahrmillionen hinweg haben sich zwei Entwicklungslinien für die Haarzellen herausgebildet: Die eine führte zu den Sinneszellen für Druck-und Schmerzempfindungen sowie den Haarzellen auf der Haut. In der anderen kam es zu einer dramatischen Neuschöpfung: Die „Seitenlinien" der Fische schlossen sich langsam zu einem Innenraum, gefüllt mit Flüssigkeit. Darin balanciert ein kleiner Stein auf sehr empfindsamen Härchen. Die Tiere, die zum Land strebten, nahmen sozusagen ein wenig „Meer" mit und benutzten ihre Kenntnis über Wasser und Härchen, um zusammen mit dem kleinen Stein ein „Meßinstrument" für Gleichgewicht zu fabrizieren und eine Grundlage für das Hörorgan zu schaffen. Hören beruht auf „Streicheln" der Härchen im Innenohr, gute Musik bedeutet so etwas wie Zärtlichkeit, die tief im Felsenbein verborgen gefühlt wird.[41]

So war es ein langer und eindrucksvoller Weg, auf dem sich eins der wichtigsten Sinnesorgane entfaltet hat und mit ihm ein entscheidender Beitrag zum menschlichen Geist. Analog hat das Sehen und sein Anteil am Geistsein des Menschen viele Stationen durchlaufen, die wir nicht alle kennen. Vieles, das in der Geschichte des Lebens entstand, war nur Zwischenstation oder ist unmerklich im Unbewußten des Menschen verborgen, ohne unter gewöhnlichen Umständen registriert zu werden. Das Tunnelerlebnis könnte dazugehören.

An dieser Stelle sei angemerkt, daß es ein Unterschied ist, ob man von „Evolutionsmechanismen" redet, mit denen Entwicklungsprozesse erklärt werden sollen, oder ob man das fein eingefädelte Hervortreten von Geist im „kreativen Chaos Natur" bewundert. Mit esoterischen Sprüngen wird unter Umständen nicht nur ein materialistisches Menschenbild abgelehnt, sondern werden die Urgründe des Geistigen übersehen, wie sie sich im Aufblühen biologischen Lebens und Geistes zeigen.

Von den organischen Strukturen, die sich zum Zweck des Sehens und Hörens gebildet haben, nehmen wir an, daß ihr Bauplan und die „Gebrauchsanleitungen" im genetischen Code aufgezeichnet sind. Wir wissen nicht, wie diese Aufzeichnung aussieht. Aufgrund recht genauer Kenntnis einiger elementarer Vorgänge in der Zelle haben wir jedoch grundsätzlich Einblick in die Art und Weise, wie Information von einem DNS-Molekül „abgeholt" und beim Zusammenbau von Eiweißen verwendet wird. So ist es eine zwar unbewiesene, aber plausible Annahme der Biologie, daß alles Erbliche in den DNS-Molekülen „beschrieben" ist und sich bei der Vereinigung von Samen- und Eizelle individuell ändert, ohne die Gesamtstruktur zu gefährden (einige Erbkrankheiten ausgenommen).

Wie steht es aber mit übersinnlichen Phänomenen, zu denen die Bausteine der Nahtod-Erfahrungen rechnen? Das Tunnelerlebnis beispielsweise hat sehr viel von einem archetypischen Grundmuster, kann also zu den im Zuge der Evolution erworbenen und im genetischen Code aufgezeichneten Fähigkeiten gerechnet werden. Andererseits ist der „Tunnel" Teil einer dem Hellsehen verwandten Nahtod-Erfahrung, meist Übergang vom Außer-Körper-Erlebnis zu einer ekstatischen Lichtbegegnung. Das legt nahe, daß die Elemente der Nahtod-Erfahrung insgesamt im Erbcode verankert sind. So wird das stärkste Argument zugunsten der genetischen Programmierung der Nahtod-Bausteine bestätigt, nämlich deren Unabhängigkeit von Alter, Geschlecht, Kultur, Religion und geschichtlicher Phase.

Gleichzeitig ist festzuhalten, daß sie damit inhaltlich so wenig „erklärt" sind wie die Lebensgeschichte eines Menschen durch die Körperfunktionen.

Diese Auffassung erhält durch die Äußerungen Sigmund Freuds über Telepathie weitere Unterstützung. Freuds These besagt, daß die ursprüngliche Kommunikation zwischen Lebewesen telepathischer Natur gewesen ist. Da vieles, das sich in der Evolution höher entwickelt hat, auch heute noch in seinen ursprünglichen Formen existiert – wir haben das am Beispiel der Haarzellen von Quallen gesehen –, kann man fragen, ob es so etwas wie telepathische Kommunikation bei Tieren heute noch gibt. Freud nannte selbst die „großen Insektenstaaten" als Beispiel.[42] Er führte das nicht näher aus, dachte aber möglicherweise nicht nur an die erstaunlich organisierten Ameisenhaufen, sondern auch an die noch viel erstaunlicheren Bauwerke von Termiten.

Beispielsweise schaffen die Arbeiter der Termitenart Macrotermes natalensis Bauwerke, die mehr als drei Meter hoch sind und in denen dann etwa zwei Millionen Termiten Platz haben. Gelegentlich werden dabei Säulen hochgezogen und dann zu einem Bogen vereinigt. Wie beim Brückenbau treiben die Termiten beide Seiten gleichmäßig voran und treffen sich dann in der Mitte. Das wäre nicht außergewöhnlich, könnten die Termiten sehen. Sie sind aber blind. Bei einer anderen Termitenart hat man sogar beobachtet, daß auch eine Stahlplatte zwischen Teilbauwerken die Koordinierung des Zusammenbaus nicht verhindert.

Offensichtlich ist die Königin in irgendeiner Weise das „Gehirn" des kommunikativen Systems. Wird sie getötet (man hat das in einem unschönen Experiment untersucht), dann ruht schlagartig die Arbeit im gesamten Termitenstaat. Alles spricht demnach für eine telepathische Kommunikationsstruktur, von der man annehmen kann, daß sie auch genetisch festgeschrieben ist.[43]

Rupert Sheldrake bietet hier wieder als Alternative die Existenz eines „morphischen Feldes" an, in dem sich die Kommunikation zwischen Königin und Arbeitern abspielt. – In dieser Konkretion ist Sheldrakes Modell nicht weit von dem einer telepathischen Kommunikation entfernt und braucht der Aufzeichnung telepathischer Grundmuster im Erbgut nicht zu widersprechen.

Wahrscheinlich haben auch Hunde telepathische Fähigkeiten. Wenn ein Hund sich auf Herrchen schwanzwedelnd freut, obwohl Herrchen gerade erst, für den Hund unsichtbar, auf das Haus zugeht, dann führen wir das auf die überaus gute Hörfähigkeit von Hunden zurück. Man hat aber herausgefunden, daß Hunde auch Entfernungen überbrücken können, die nicht mehr mit Hören erklärbar sind.

Wenn nun übersinnliche Phänomene, insbesondere die Bausteine von Nahtod-Erfahrungen genetisch programmiert sind, so bleiben noch viele Rätsel zu lösen, und es ist keineswegs sicher, ob wir alle Aspekte des Übersinnlichen je naturwissenschaftlich verstehen können. Hängt man nicht gerade einem materialistischen Welt- und Menschenverständnis an, so ist das zunächst nichts Besonderes: Leben und Geist insgesamt werden hinsichtlich ihrer Bedeutung durch Naturwissenschaft nicht erfaßt. Allerdings kommt bei Nahtod-Erfahrungen noch ein neuer Aspekt hinzu, nämlich der „jenseitige". Leben und Geist sind zumindest vordergründig Angelegenheiten des Diesseits.

Dabei geht es nicht nur um die Nahtod-Erlebnisse selbst, um Außer-Körper-Erfahrungen, Tunnel, Lichtvisionen und Panorama. Vielmehr steht die Frage an, welche Stellung der Tod insgesamt für den Menschen einnimmt, auch – in einem genügend weit gefaßten Sinn – biologisch. Für die klassische Biologie seit Darwin war es unausweichlich, das Hauptaugenmerk auf die Entwicklung der Arten zu richten. Biologische Erkenntnisse verstehen sich nicht als Fallgeschichten einzelner Lebewesen, sondern stellen artspezifische Merkmale zusammen und studieren deren Entwicklung in einem mehrere Milliarden Jahre dauernden Werden. Nicht das Individuum ist Objekt der Biologie, sondern die Artgemeinschaft, der es angehört. Ihre Zuspitzung erfährt die Artenwissenschaft im genetischen Code. Auch im Fall des Menschen sucht man dort nach den „normalen" Eigenschaften, deren Störung gegebenenfalls beseitigt werden kann, wie das am Beispiel der Krebserkrankungen besonders deutlich wird.

Die Rolle des Todes ist dementsprechend für die biologische Weltsicht festgelegt: Er ist das notwendige Ende des Einzelwesens, und seine Aufgabe, das Ende herbeizuführen, ist im genetischen Code aufgezeichnet. Es gehört sozusagen zu den Methoden der Evolution, immer neue Exemplare zum „Ausprobieren" der Höherentwicklung zur Verfügung zu haben und die gebrauchten wieder „wegzuwerfen".

Nun stellt sich aber die Frage, ob mit dem Auftreten des Menschen nicht die Rolle des Todes neu zu definieren ist. Zwar markiert der

Tod weiterhin ein biologisches Ende. Aber das „Biologische" hat sich beim Menschen zu einem „selbstbewußten Geist" erweitert und wird möglicherweise beim Zugriff des Todes nur teilweise dem Zerfall preisgegeben. Im Zuge der Entstehung des menschlichen Geistes übernimmt, wenn man diesen Gedanken weiterverfolgt, der Tod die Rolle einer Art Brücke zu einem neuen Sein, das die individuelle Lebensgeschichte bewahrt und weiterführt. Der Gedanke folgt beinahe zwangsläufig, wenn man als Weiterführung des „starken anthropischen Prinzips" (vgl. S. 85) die Geistwerdung des Menschen nicht als eine vorübergehende, perspektivlose Episode betrachtet, als zufälliges, beiläufiges Produkt naturgesetzlicher Entwicklung, sondern als Teil eines Geschehens in einem umfassenden Kosmos, über den wir wenig wissen. Dann macht es Sinn, wenn man als Ziel der Evolution das unvergängliche Individuum annimmt. Die Unvergänglichkeit ist ebenso in der Evolution mit vorbereitet wie die Entwicklung des menschlichen Geistes in der Evolution der Sinnesorgane.

Die Bausteine von Nahtod-Erfahrungen finden so ihren Ort in der Genetik: Sie gehören zu den im genetischen Programm festgeschriebenen „Anleitungen" für den Übergang zu einem neuen Sein. Wir erfahren von ihnen dort, wo der Übergang noch einmal ausgesetzt wurde, oder dort, wo – durch Meditation oder andere psychische Vorgänge – ein Mensch zur Grenze vorgedrungen ist.

Zwar ist „Leben nach dem Tod" nicht unserer naturwissenschaftlichen Beschreibung zugänglich. Versteht man es aber indirekt als das, worauf menschliches Sein im Tod – auch im biologischen Tod – ausgerichtet ist, dann ist „Leben nach dem Tod" zwar nicht selbst genetisch programmiert, wohl aber der Weg, dorthin zu kommen.

Der große Flug nach Süden

Wir hatten uns für dieses Kapitel vorgenommen, die Stellung von Nahtod-Erfahrungen „zwischen Natur und Jenseits" zu untersuchen. Was sind die Ergebnisse?

Obwohl es kaum vorstellbar ist, daß so klar strukturierte Erlebnisse wie die im Nahtod, die meistens das Leben der Betroffenen mit neuen Werten erfüllen und verändern, von einigen Autoren als hirnphysiologische Abnormitäten oder situationsbedingte Endorphinausschüttungen „erklärt" werden, gibt es solche Versuche. Wir haben uns sachlich mit ihnen auseinandergesetzt, um ihre Schwächen und ihre grundsätzliche Unzulänglichkeit aufzuzeigen.

Auch in der „Gegenrichtung" zur materialistischen Sichtweise haben wir uns um Klärung bemüht: Eine esoterische Deutung von Nahtod-Erlebnissen ordnet diese nicht nur einer bestimmten Lehre unter, sondern reißt geistiges und biologisches Sein auseinander und verschließt so den Blick für eine vielversprechende Sicht, die naturwissenschaftlich begründet, aber nicht materialistisch ist.

In dieser Sicht kamen zwei Schwerpunkte zum Vorschein: Der eine besteht darin, daß übersinnliche Phänomene, vor allem das Hellsehen, in die naturwissenschaftliche Betrachtungsweise einbezogen werden müssen. Nahtod-Erfahrungen haben einen engen Bezug zu ihnen. Der andere Schwerpunkt ist die Verankerung von Grundmustern der Nahtod-Erlebnisse im genetischen Programm des Menschen.

Unter den zahlreichen Bausteinen, die wir schon im ersten Kapitel in einem ersten Überblick kennengelernt hatten, gewannen vier besonderes Gewicht als Kandidaten für den erbbiologischen Code:

Außer-Körper-Erlebnis
Tunnelerfahrung
Lichtvision
Panorama

Wie steht es mit den verbleibenden Merkmalen von Nahtod-Erlebnissen? Man kann sie in drei Gruppen ordnen: Eine erste, kleine Gruppe umfaßt Ereignisse und Gefühle, die gewöhnlich im Außer-Körper-Erlebnis auftreten:

Erkennen des eigenen Leibes
Frage: „Bin ich tot?"
Gefühl des Friedens und des Glücks oder — in wenigen Fällen —
Negative und höllische Erlebnisse

Eine zweite, größere Gruppe füllt die Lichtvisionen und das Panorama aus:

Wunsch, im Licht zu bleiben
Alleinheitsgefühle
Universales Wissen und Verstehen
Verschmelzung mit dem All
Begegnung mit Lichtgestalten
Begegnung mit verstorbenen Verwandten und Freunden
Gedankenlesen
Präkognitive Vorhersagen
Ethische Bewertung des Lebens
Aufforderung zur Rückkehr
Plötzliche Rückkehr

Die dritte, wieder kleinere Gruppe betrifft die Zeit nach der Rückkehr, gehört also nur indirekt zur Nahtod-Erfahrung:

Keine Todesangst mehr
Gewißheit eines Lebens nach dem Tod
Neues Verhältnis zum Leben
Wahrnehmen von neuen Aufgaben der Nächstenliebe
Neues Verhältnis zu religiösen Fragen

Man sieht, daß in den beiden ersten Gruppen Fähigkeiten der Betroffenen und Inhalte des Erlebten in einer Nahtod-Erfahrung nebeneinanderstehen. In der biologischen Betrachtungsweise sind es nur die Fähigkeiten und einige Grunderfahrungen wie „helles, goldgelbes Licht", von denen wir annehmen können, daß sie im genetischen

Code festgehalten sind. Das ist ähnlich wie bei Trieben und Instinkten: Im DNS-Programm sind Wunsch und Möglichkeit angeboten. Die Ausfüllung des Liebeswunsches geschieht im Leben selbst und kann erhofftes Glück wie Enttäuschung bringen. In diesem Sinne sind die Bausteine Außer-Körper-Erfahrung, Tunnel, Lichtvision und Panorama, aber auch andere der genannten Erlebniselemente vom Drang, der ihnen innewohnt, her „programmiert". Glücklichsein im ewigen Licht ist ein Ziel, dessen Verwirklichung in Ansätzen erlebt oder auch mit einer Höllenerfahrung enttäuscht wird. Im Tunnelerlebnis zeigt sich der tief eingewurzelte Drang zum Licht hin. Die Frage „Bin ich tot?" und das Selbstbewußtsein im Außer-Körper-Zustand signalisieren, daß die Identität des Ich auch unabhängig vom Körper gewährleistet ist, und im Panorama kommt zum Vorschein, daß das gelebte Leben präsent, also Teil der neuen Identität ist.

In der ethischen Bewertung des in der Rückschau wahrgenommenen Lebens fließen Programm und Bedeutung ineinander; sie sind sehr schwer zu trennen. Man steht vor einer ähnlichen Frage wie derjenigen des Gewissens: Ist das Gewissen angeboren oder Produkt des „Über-Ich", wie Freud sagt, unter bestimmten kulturellen Bedingungen entstanden? Wir können hier diese Frage stehen lassen. Die Annahme, daß Verantwortung und Gewissen ebenso auf „biologischem Boden gewachsen" sind wie Fürsorgeverhalten aus der Zuwendung des Muttertiers zum jungen Tier, liegt jedenfalls nicht fern und findet vermutlich seine „natürliche" Fortsetzung, wenn „der Tod tätig wird".

Die sicherlich erregendsten Fragen werden durch die Begegnungen mit verstorbenen Freunden und Angehörigen aufgeworfen. Wir haben uns bisher daran gehalten, daß wir im Nahtod erlebte Visionen nicht als „Jenseitsreisen" verstanden haben, sondern „diesseitig", von der Warte eines Übergangs in das Leben nach dem Tod aus. Wir hatten das schon mit der Metapher vom Hafen ausgedrückt: Das Schiff liegt bereit, die Leinen können jederzeit gelöst und die Brücke zurückgeschoben werden, aber es ist noch nicht so weit. In der Metapher sprachen wir jedoch auch von Besatzungsmitgliedern aus dem anderen Land, die von „drüben" erzählen. Ist die Begegnung mit verstorbenen Menschen im Nahtod nur Metapher, oder ist sie wirklich? Der Nahtod-Forscher Schröter-Kunhardt sieht derartige Begegnungen als möglicherweise in Bildern verschlüsselte Formen wirklicher Begegnungen an:

„Sterbeerfahrungen sind ein Hinweis, daß es ein Leben nach dem Tod gibt, in welchem es Verstorbene, Dämonen, göttliche Figuren und auch Gott gibt. Man darf diese Erlebnisse aber nicht als Fotografien dieses Lebens nach dem Tod ansehen. Sterbeerfahrungen enthalten Hinweise einer jenseitigen Welt, die sich in subjektiven Bildern zeigt. Die Bilder selbst sind also grundsätzlich von subjektiven Vorstellungen und Ansichten geprägt; in der Einheitlichkeit der Bilder, die in allen Kulturen auftreten, auch in der übermittelten Botschaft, drücken sich möglicherweise objektive Elemente eines Jenseits aus. Auch kommt es zu nachweisbar richtigen außersinnlichen Wahrnehmungen des Diesseits – und damit wohl auch des Jenseits. Solange diese außersinnlichen Wahrnehmungen aber noch in unserem Gehirn ablaufen, sind sie in die subjektiven Bilder verkleidet."[44]

Diese Sicht können wir unterstützen. Begegnungen mit verstorbenen Menschen im Nahtod-Erlebnis sind vielleicht so etwas wie Begegnungen am Bildtelefon – wieder eine Metapher, aber eine mit realem Kern.

Natürlich sollte man sehr behutsam mit derartigen Annahmen umgehen. Vieles wird sich vielleicht auf Bilder des Unbewußten beschränken oder „Botschaften" verbildlichen, vor allem die – religiös und kulturell bedingte – Identifikation der Lichtgestalten mit „Jesus", „Maria", „Buddha", „Gott" oder auch „Tod". Und doch erscheint es möglich, daß die Grenzen zum Jenseits fließend sind, wenn wir uns auch stets vor einer Schranke sehen, die vermutlich nur im echten, endgültigen physischen Tod überschritten wird. Es gibt aber gute Gründe für die Annahme, daß die Begegnung mit Personen und Lichtgestalten an der Schranke stets mit dem Leben hier zu tun hat. Wir kommen im nächsten Kapitel darauf zurück.

Neben der Metapher vom Hafen verwenden wir noch eine zweite, die unsere Gesamtschau zum Ausdruck bringt. Sie besteht im Flug der Zugvögel nach Süden. Wir beobachten schon im Spätsommer, wie sich die Schwalben auf Überlandleitungen sammeln, dort in langen Reihen sitzen und gemeinsam umherfliegen. Andere Vogelscharen füllen die Äste eines Baumes wie reife Früchte. Ein Händeklatschen genügt, um sie aufzuscheuchen und zu einem „Probeflug" zu veranlassen.

Die Zugvögel folgen einem inneren Drang, der ihnen angeboren, im genetischen Code aufgezeichnet ist. Sperrt man einen Zugvogel in einen Käfig, dann erlebt er im Herbst ein langes, qualvolles Flattern. Er kann nicht dabeisein, wenn der große Flug nach Süden beginnt. Trotz Verhaltensforschung ist es immer noch ein Rätsel, wie Schwalben, Störche und Kormorane ihren Weg über Tausende von Kilometern finden, ihre Winterquartiere aufsuchen, um dann wieder präzise zur sommerlichen Brutstätte zurückzukehren.

Der Tod zeigt den „großen Flug nach Süden" an – allerdings einen Flug ohne Wiederkehr. Wir kennen als Menschen auf der Erde nur den Startplatz. Aber der Drang zum Aufbruch ist tief in uns verborgen, im Erbgut verankert. Nahtod-Erlebnisse sind Probeflüge. Die Spielregeln der „inneren Sammlung" und der Vorbereitung auf den großen Flug werden in Umrissen sichtbar. Das Ich breitet seine Schwingen aus, läßt sich aber noch einmal im Astwerk nieder.

Das Bild darf nicht im Sinne altägyptischer Seelenvorstellung mißverstanden werden: Dort ist die Seele wie ein Vogel, der sich bei der Geburt im Käfig des Leibes niederläßt, um den Käfig „Körper" beim Tod wieder zu verlassen, endlich frei zu sein. Die Fluggemeinschaft von Vögeln soll vielmehr das Ich symbolisieren, das nicht flieht oder sich befreit. Nach dem Leben hier, das schön oder leidvoll, satt oder von Hunger geplagt ablief, steht „natürlicherweise" der große Flug in eine neue Heimat, eine neue Bestimmung bevor.

Im Unterschied zum Vogelbeispiel kennen wir das Land „jenseits der Alpen" nicht. Wir fühlen aber den Wunsch in uns, dem warmen „Licht im Süden" zuzustreben, merken in Nahtod-Erfahrungen und ähnlichen Sterbeerlebnissen, „wo es langgeht".

Nahtod-Erfahrungen –
Ursprung aller Religion?

*Religiöse „Urerlebnisse" in Hinduismus, Buddhismus,
Judentum und Christentum*

Michael Schröter-Kunhardt vertritt die These, daß Nahtod-Erfahrungen nicht nur bis in die Zeit zurückreichen, in der Religion entstanden ist, sondern mit zum Erwachen des Religiösen im Menschen beigetragen haben. Sind die Grundbestandteile von Nahtod-Erlebnissen tatsächlich genetisch verankert, so ist es nur ein kleiner Schritt festzustellen, daß auch religiöses Verhalten im Erbgut des Menschen „programmiert" ist.

„Tatsächlich spricht vieles", so Schröter-Kunhardt, „sogar für eine biologisch-genetische Basis der religiösen Erfahrung und damit der Religiosität des Menschen."[1]

Will man diese These auswiegen, so stellt sich zuerst die Frage nach dem Begriff von Religion, den man verwendet. Was ist der Maßstab, und was sind die Gewichte, die Religion im Menschen anzeigen?

Im Blick auf Ur- und Frühgeschichte betrachtet man zumeist die Spuren eines Jenseitsglaubens als Hinweis auf den Anfang von Religion oder definiert Jenseitsglauben selbst als frühe Form von Religion. Der menschliche Geist „erwacht" im Jenseitsglauben und zeigt, daß er über sein Woher und Wohin nachdenkt. Diese Spuren von Religiosität sind nachprüfbar; man erkennt sie in der Art und Weise der Totenbestattung: Den Verstorbenen werden Beigaben ins Grab gelegt, die ihnen offensichtlich auf ihrer Reise gute Dienste leisten sollten.

Definiert man auf diese Weise Religion, so gelangt man zu einem wundersamen Schluß: Es gab schon Religion, als noch keine Menschen existierten. Man rechnet nämlich den Neandertaler nicht zu den Vorfahren des Menschen. Aber es gab bei den Neandertalern schon vor etwa 70 000 Jahren Totenbestattungen religiöser Art. „Schließlich stellte sich der Neandertaler auch schon die Frage nach dem Jenseits, denn er beerdigte seine Toten mit Beigaben von Nahrungsmitteln, Waffen oder Gebrauchsgegenständen", heißt es in einem Beitrag von Fischers „Weltgeschichte".[2]

Ob Neandertaler schon Nahtod-Erlebnisse hatten, ist natürlich unbekannt. Nach den Überlegungen zur genetischen Grundlage solcher Erlebnisse erscheint das jedoch naheliegend. So mag auch die Totenbestattung mit Beigaben eher aus Erfahrungen noch einmal ins Leben Zurückgekehrter entstanden sein als aufgrund „theoretischer" Überlegungen.

Wie aber verhält sich das religiöse Leben der Neandertaler zu dem des „Homo sapiens", der sich zum heutigen Menschen weiterentwickelt hat? Man nimmt aufgrund neuerer archäologischer Funde an, daß sich als gemeinsamer Vorfahr der „Homo erectus" vor eineinhalb Millionen Jahren von Südafrika aus nach Norden ausbreitete. Die Neandertaler zweigten sich vor mehr als einer halben Million Jahren ab und besiedelten das Gebiet vom heutigen Israel über Italien, Spanien, Portugal, Frankreich, Deutschland bis nach Rußland. Der zum Homo sapiens gewordene Homo erectus stieß über den Vorderen Orient einerseits nach Asien, Australien und Amerika vor, andererseits nach Europa, wo er spätestens vor etwa 40 000 Jahren entweder als Konkurrent oder Feind der Neandertaler auftauchte. Im heutigen Israel lebten Neandertaler und Homo sapiens bestimmt über viele Jahrtausende hinweg nebeneinander.[3]

So kann man nicht sagen, ob sich hinsichtlich Bestattungsriten und Jenseitsvorstellungen die beiden Hominidengruppen beeinflußt haben. Vieles spricht dafür, daß es unabhängige Entwicklungen gewesen sind. In diesem Fall erhielte die Theorie vom genetisch programmierten Bezogensein auf ein Jenseits zusätzliche Unterstützung. Aber man weiß es nicht.

Man nimmt heute an, daß auch Neandertaler schon Sprache hatten, wenn auch eine nicht so hoch entwickelte wie der Homo sapiens. Daß Neandertaler aber Gedanken über Tod und Jenseits austauschten, ist keineswegs ein fernliegender Gedanke.

Die weitere Ausformung von Religion war mit dem Aussterben der Neandertaler dann allein Privileg des Homo sapiens, der vor 35 000 Jahren fast explosionsartig eine Entwicklung von Kunst und Kultur erlebte. Aus Höhlenmalereien und Skulpturen hat man verschiedene Theorien über Gottes- und Göttervorstellungen herausgelesen, ebenso über Fruchtbarkeitskult und Mythenbildung um die Rolle von Mann und Frau. Letztlich tappt man aber im dunkeln – bis zum Auftreten der ersten schriftlichen Dokumente.

Diese führen uns dann mitten in die Welt des Religiösen, kunstvoll eingebunden in die Sprache mythischer Dichtung. Wir haben schon (S. 47) das Gilgamesch-Epos angesprochen, das älteste uns erhaltene schriftliche Dokument menschlicher Kultur. Offensichtlich ist das Epos Niederschlag einer langen mündlichen Tradition, die vielleicht bis auf die Zeit von König Gilgamesch zurückgeht, von dem man annimmt, daß er um 2700 v. Chr. wirklich gelebt hat. Die ersten Keilschrifttafeln datieren, wie wir sahen, etwa aus dem Jahr 1900 v. Chr. Der Text, der von Nahtod-Erfahrungen berichtet, ist späteren Datums.

Geht man von der Hypothese aus, daß Nahtod-Erlebnisse am Anfang aller Religion standen, dann kann man schon die Bezeichnung „Sonnengott" aus nahtodlichen Lichterlebnissen heraus verstehen. Gilgamesch begegnet innerhalb seiner Nahtod-Erfahrung in der Lichtvision dem „Sonnengott", der ihn wieder ins Leben zurückschickt, obwohl Gilgamesch gern im Licht geblieben wäre. Wir verstehen meistens die Rede vom Sonnengott in der babylonischen und ägyptischen Tradition mit Hilfe der Astrologie: Sonne, Mond und Planeten waren Himmelsgötter, die das Schicksal der Menschen bestimmten. Man kann jedoch die Meinung vertreten, daß dies erst eine später entwickelte Mythologie ist. Im Gilgamesch-Epos ist weder vom Mond noch von Planeten als Göttern die Rede, nur vom Sonnengott, und zwar im Kontext eines Nahtod-Erlebnisses. Somit ist denkbar, daß in solchen Erlebnissen überhaupt der Ursprung der Rede vom Sonnengott zum Vorschein kommt, der über mündliche Tradition weiter zurückgeht als die übrigen babylonischen Göttervorstellungen.

Parallel zur babylonischen hat sich die ägyptische Sonnengottverehrung entwickelt – möglicherweise auch in starker Wechselbeziehung mit der babylonischen. Um 2400 v. Chr. war die Sonnenreligion schon Staatsreligion in Ägypten (5. Dynastie), ihre Spuren verlieren sich bis ins fünfte vorchristliche Jahrtausend hinein. Man findet auch in der Osiris-Tradition Hinweise auf Außer-Körper-Erlebnisse, Visionen vom Kampf des Lichtes gegen die Finsternis, Wägen der Seelen beim Totengericht und Weiterleben der Guten in paradiesischen Landschaften.

Man kann ebenso in den griechischen Religionen, dem Christentum (siehe nächsten Abschnitt) und dem Islam überall in einem frühen Stadium eine Nähe zu Nahtod-Erfahrungen beobachten, die zur Entwicklung der Religiosität beigetragen haben oder sogar ursächlich für sie gewesen sind. Wie steht es aber mit den asiatischen Religionen?

Betrachtet man den Hinduismus, so sollte man sich zunächst vor Augen halten, daß dieser an schon vorhandene religiöse Vorstellungen anknüpft. Daß es ein Leben nach dem Tod gibt, war zu seiner Entstehungszeit längst keine Frage mehr. Was nun interessierte, war die Frage, ob der Aufenthalt in den himmlischen Sphären dauerhaft sein kann. Als arische Stämme um 800 v. Chr. nach Indien vordrangen, brachten sie die „vedischen Schriften" mit, die wiederum eine Geheimlehre, die „Upanischaden", enthielten. Reinkarnationsvorstellungen gab es darin zunächst nicht.

„In den ältesten Schichten der vedischen Schriften herrscht noch der Gedanke vor, daß die Toten in einen Lohn- oder Strafort, volkstümlich ausgedrückt: in den Himmel oder in die Hölle kommen."[4] – Wer kommt aber wohin? Hier tritt nun neben die persönliche Lebensführung als ein von außen kommender Tatbestand verursachend hinzu: die Wirksamkeit der priesterlichen Opferriten und Zeremonien, sozusagen die vorschriftsgemäß ausgeführten Amtshandlungen (der christlichen Taufzeremonie in der Gegenwart vergleichbar). Waren diese wirklich ausreichend?

Nimmt man an, daß es in Meditationen und Nahtod-Erlebnissen auch zu jener Zeit die Aufforderung zur Rückkehr ins Leben gab, der man nur ungern folgte, so kann man vermuten, daß die Frage „Warum muß ich noch einmal zurück?" nicht nur zu Zweifeln daran geführt hat, ob man „würdig" ist, sondern auch an dem, was Priester vorgaben, leisten zu können. Es kann auch sein, daß man annahm, die Wirkung der Priesterzeremonien würde „von der Zeit aufgefressen".

„Wie stand es um die Ewigkeit dessen, was ‚ewiges Leben' genannt wird? Der Zweifel daran setzte sich durch und führte zur Lehre vom Wiedertot im Jenseits."[5] Aus der Lehre vom Wiedertod im Jenseits entwickelte sich dann erst die Lehre von der Wiedergeburt oder Reinkarnation. Am Anfang stand also die Erkenntnis, daß man nicht in den himmlischen Sphären bleiben durfte – möglicherweise durch das Rückkehrerlebnis und die ethische Bewertung des Lebenspanoramas im Nahtod ausgelöst.

Als sich um 800 v. Chr. die Lehre von der Reinkarnation durchsetzte, war das die Geburtsstunde dessen, was wir Hinduismus nennen, äußerlich eingebettet in eine Vermischung der arischen Stämme mit den Ureinwohnern des Hindu-Tals. Dabei war und ist Hinduismus nicht im Sinne westlicher Kategorien eine Religionsgemeinschaft. Das lose Band vedischer Lehren umspannte ein ansonsten vielfältiges Spektrum von religiösen Kulten und Lebensweisen. Daß dabei ein Kastenwesen entstand, ist eine Negativseite der Entwicklung: Wiedergeburt wurde so interpretiert, daß man in eine – dem karmischen Status entsprechende – Kaste hineingeboren wird, sofern man nicht als Tier oder in höllischen Sphären weiterexistieren muß. So kann man bis heute nicht „Mitglied der hinduistischen Religionsgemeinschaft" werden. Man muß einer Kaste per Geburt angehören.

Ziel des „Geburtenkreislaufs (Samsara)" ist, so sei noch einmal betont, daß dieser sich selbst beendet, endlich den, der ihn durchlebt, im Licht beläßt, nachdem das „Karma", die Lebensfolgen nichts mehr ausrichten können.

Der Buddhismus hat sich aus dem frühen Hinduismus heraus entwickelt. Er übernimmt die Lehren von Geburtenkreislauf und Karma, bringt aber eine Korrektur an: Nach buddhistischer Auffassung gibt es kein „Atman", keinen göttlichen Personenkern im Menschen. Das „Ich" ist eine Illusion, ebenso wie alles Materielle nur scheinbar eine feste Substanz darstellt. Natur und Leben sind ein Spiel unpersönlicher Kräfte, in dem alles durch alles andere bewirkt wird. Die eigentliche „Erleuchtung" besteht darin, dieses Spiel zu durchschauen und damit den Kreislauf von Werden und Vergehen, auch den von Tod und Reinkarnation zu durchbrechen. Nirwana ist die Befreiung, die aus dieser Erleuchtung resultiert.

Wir haben früher (S. 50 ff.) am Beispiel des tibetischen Buddhismus die acht Stadien besprochen, die den Sterbeprozeß und den Weg zu einer Auflösung im Klaren Licht markieren. Mit unseren „westlichen" Augen steht dabei schnell das lustvolle Erleben im Vordergrund, ist „Auflösung im Licht" so etwas wie die totale Hingabe in der Liebe, höchste Erfüllung aller Wünsche, vollendete Selbstverwirklichung. Das ist jedoch nicht die buddhistische Sicht. Leben wird von Grund auf als leidvoll erlebt. Die Auflösung im Licht ist als Überwindung des leidvollen „Karmas", des Schicksals, das uns immer wieder einholt, gemeint. Die Überwindung geschieht nicht, indem das Leid endlich der Lust weicht. Lust schafft ja wieder neues Karma, neue Verwicklung in die Niederungen menschlichen Seins. Die Überwindung geschieht dadurch, daß man das Leid mitsamt allem Leben als Illusion, als Schein durchschaut. „Licht" ist Erleuchtung, die uns klarmacht, daß ein Film auf einer Leinwand abläuft, der uns Wirklichkeit vorgaukelt.

Auf diese Weise werden auch Lebenspanorama und Totengericht – vermutlich aus Nahtod-Erfahrungen heraus beschrieben – als überwindbar angesehen, indem man beispielsweise Höllenqualen dadurch leichter erduldet, daß man sie als Schein begreift. (Mich erinnert das an einen luziden Traum, den ich vor Jahren hatte: Als mich jemand versuchte zu erdrosseln, wollte ich mich zunächst wehren, dachte aber dann: Laß den nur drücken, ich wache ja doch gleich auf!)

Das „Tibetanische Totenbuch" („Bardo Thödol") ist also behutsam mit unseren Deutungen zu verknüpfen. R. Hummel ordnet dabei Sterbeerfahrungen in den weiteren Bereich der Bewältigung von Urängsten ein und kommentiert:

„Im Bardo Thödol sind alte mythische Stoffe im Sinne einer Hochreligion, nämlich des Mahayana-Buddhismus, gedeutet und umgedeutet worden. C. G. Jung dürfte mit seiner Vermutung recht haben, daß in diesen Stoffen Urängste und -hoffnungen zur Sprache kommen, die aus dem Unbewußten stammen. Dieser Schluß wird auch durch die Ähnlichkeit mit Erfahrungen Sterbender und mit Drogenerlebnissen nahegelegt. Die im ‚Bardo der Allgesetzlichkeit' erwähnten Licht- und Farbvisionen deuten ebenso wie Schreckensvisionen im ‚Bardo des Werdens' in diese Richtung. Diese Erfahrungen werden im buddhistischen Sinn als illusionäre Spiegelungen der Psyche gedeutet. Gerade das Durchschauen ihrer Irrealität öffnet den Weg der Befreiung. Das ist eine typisch buddhistische Bewältigung solcher Erfahrungen."[6]

Außer dem tibetischen Buddhismus finden wir aber noch die – heute zahlenmäßig größte – buddhistische Richtung des „Amida-Buddhismus", die sich von Indien aus vor allem nach China und Japan ausgebreitet hat. „Amida" oder „Amitabha" kommt aus dem Altindischen und bedeutet „unermeßliches Licht". Amida ist ein Buddha, der die ihm Ergebenen nach dem Tod in sein Paradies aufnimmt. Dieser „Pure Land"-Buddhismus äußert selbst sehr stark seine Beziehung zu Nahtod-Erfahrungen und hat sogar zwei Sammlungen von Berichten über Nahtod-Erlebnisse hervorgebracht.

So kann man in asiatischen Religionen eine doppelte Verbindung zu Nahtod-Erfahrungen feststellen. Die eine gründet in den religiösen Urerlebnissen früher Phasen menschlicher Geschichte, die sich zu religiösem Leben weiterentwickelten. Die andere ist zu suchen in ständiger Wechselwirkung mit Nahtod-Erlebnissen, die allein durch das große Gewicht der Meditation zustande kommt. Natürlich darf man nicht die besondere Geschichte und die im Laufe der Zeit gewachsenen religiösen Interpretationen von Nahtod-Visionen außer acht lassen. Sie kommen weithin zu anderen Schlußfolgerungen als „westliche" Religionen, sind mit diesen jedoch durch Jenseitsbezogenheit und die Frage einer Bewältigung von „Karma", Schuld und Lebensschicksal, verbunden.

Wie steht es aber mit den Anfängen der jüdischen – und damit der christlichen – Religion? Gibt es Spuren von Nahtod-Visionen im frühen Denken des Alten Testaments? Einige Erscheinungen, die Moses hatte, kann man als Lichterlebnisse ohne Todesnähe ansehen. Einmal hütet Moses Schafe am Berg Horeb, als sich folgendes ereignet: „Der Engel des Herrn erschien ihm in einer feurigen Flamme aus dem Busch. Und er sah, daß der Busch mit Feuer brannte und wurde doch nicht verzehrt; und sprach: Ich will dorthin gehen und diese wunderbare Erscheinung ansehen, warum der Busch nicht verbrennt. Und der Herr sah, daß er herüberkam, um nachzusehen. Und Gott rief ihm aus dem Busch zu: Mose, Mose! Er antwortete: Hier bin ich. Da sprach er: Tritt nicht heran! Ziehe die Schuhe von den Füßen; denn die Stätte, auf der du stehst, ist heiliges Land. Dann sprach er: ich bin der Gott deines Vaters, der Gott Abrahams, der Gott Isaaks und der Gott Jakobs. Da verhüllte Moses sein Antlitz, denn er fürchtete, Gott anzuschauen."[7]

Gott sagt Mose die Befreiung seines Volkes aus der ägyptischen Herrschaft zu und verspricht, es in ein Land zu bringen, „in dem Milch und Honig fließen".

Die Ähnlichkeit dieser Begegnung mit einem Nahtod-Erlebnis zeigt sich an mehreren Stellen: Zum einen ist hier „Feuer" eine Form von Licht, denn es löst ja keine Verbrennung aus und ist Rahmen für die Begegnung mit dem „Engel des Herrn" und dem Herrn selbst.

Sein übersinnlicher Charakter ist deutlich. Mose erhält eine präkognitive Botschaft, die zu ausgeprägten Konsequenzen in seinem Leben führen wird.

Mancher Interpret wird diese Geschichte als Mythos und nicht als reale Geschichte ansehen, mancher andere als Offenbarungsangelegenheit, die wir nicht mit „gewöhnlichen" Nahtod-Visionen auf eine Stufe stellen können. Bedenkt man jedoch, daß hier in normaler menschlicher Sprache über die Zukunft Israels geredet wird (im weiteren Verlauf kommt es sogar zu einer Kontroverse zwischen Gott und Mose), und bedenkt man ebenso, wie „natürlich" allgemein Nahtod-Erfahrungen sind, dann kann man beruhigt von einer Ähnlichkeit der Begegnung mit einer derartigen Erfahrung sprechen.

Indessen findet man im Alten Testament wenig Anhaltspunkte für Aussagen über Leben nach dem Tod oder Auferstehung. Das ist nicht zufälliger Mangel, sondern hängt mit der religiösen Denkweise der Israeliten zusammen. Jenseitsglaube und damit verbundene Rituale in Ägypten und Babylonien waren sehr wohl bekannt. Der Auszug aus Ägypten (um 1225 v. Chr.) ereignete sich schon früh, und über die Zeit vorher wird ausdrücklich von Verbindungen nach Ägypten berichtet. Auch babylonische Einflüsse waren vorhanden, die babylonische Gefangenschaft (6. Jahrhundert v. Chr.) war der Endpunkt einer längeren Auseinandersetzung.

Aber der Gottesbegriff der Israeliten war radikal anders als derjenige der Nachbarvölker und setzte sich bewußt gegen diesen ab. Das hing sicher mit der Unterdrückung zusammen, die man erfahren hatte, und der Hoffnung auf Gott als den Befreier des Volkes aus der Gefangenschaft. Die Götter der Nachbarn und die Priesterzeremonien, die dort praktiziert wurden, standen gegen den einen und universalen Gott Israels. So galten Totenkulte, Totenspeisungen und Totenbeschwörungen als „unrein". Vermutlich wurde die Rede über Jenseits und Leben nach dem Tod dadurch tabuisiert. Gott war ein Gott des Lebens. Was mit den Toten geschah, darüber diskutierte man nicht.

Aber es stand im Hintergrund des religiösen Lebens. „In den

frühen Traditionen Israels", so der Theologe J. Moltmann, „wurde der Tod … offenbar als ein selbständiges Wesen vorgestellt, das die Menschen durch Sterben in seine Macht holt … Das Totenreich (scheol) ist das Reich des Todes. Es liegt in der Erde, im Wasser unter der Erde oder in der Finsternis, so wurde vermutet. Wenngleich Menschen durch den Tod wieder zu Staub werden … leben sie doch als Tote in einer eigenen Existenzweise im Totenreich weiter."[8]

Aber Gott war der oberste Herrscher auch über das Totenreich; diese Feststellung galt als ausreichende Information, über die nicht hinausgefragt wurde. Ausnahmen bestätigten diese Regel, und so ist eine Geschichte mit König Saul, einem schlimmen Psychopathen, besonders aufschlußreich. Einerseits hatte er alle Wahrsager und Zeichendeuter aus dem Land vertrieben. Andererseits wollte er nach dem Tod des Priesters Samuel diesen einmal heraufbeschwören, um sich Rat zu holen. Er hatte große Angst vor den Philistern, die gegen ihn aufmarschierten. Wohlwissend, daß er damit gegen seine eigenen Erlasse verstieß, wandte er einen Trick an: Er verkleidete sich und erschien anonym bei einer Wahrsagerin in Endor, die offensichtlich illegal ihre Tätigkeit weiterhin betrieb. Hören wir die weitere Geschichte wörtlich! Saul sagte: „Weissage mir doch durch den Wahrsagergeist und bringe mir den herauf, den ich dir sage. Die Frau sprach zu ihm: Siehe, du weißt wohl, was Saul getan hat, wie er die Wahrsager und Zeichendeuter ausgerottet hat vom Lande; warum willst du denn meine Seele in das Netz führen, daß ich getötet werde? Saul aber schwur ihr bei dem Herrn und sprach: So wahr der Herr lebt, es soll dir nicht als Straftat angerechnet werden. Daraufhin sagte die Frau: Wen soll ich dir heraufbringen? Er sprach: Bringe mir Samuel herauf! Als die Frau nun Samuel sah, schrie sie laut und sagte zu Saul: Warum hast du mich betrogen? Du bist Saul! Und der König sprach zu ihr: Fürchte dich nicht! Was siehst du? Die Frau sagte zu Saul: Ich sehe Götter heraufsteigen aus der Erde. Er sprach: Wie ist er gestaltet? Sie antwortete: Es kommt ein alter Mann herauf und ist bekleidet mit einem Priesterrock. Da erkannte Saul, daß es Samuel war, und neigte sein Gesicht zur Erde und fiel nieder. Samuel aber sprach zu Saul: Warum hast du mich unruhig gemacht, daß du mich heraufbringen lässest? Saul erwiderte: Ich habe große Angst. Die Philister kämpfen gegen mich, und Gott ist von mir gewichen und antwortet mir nicht, weder durch Propheten noch durch Träume; darum habe ich dich rufen lassen, damit du mir rätst, was ich tun soll."[9]

Saul erhält von Samuel eine niederschmetternde Vorhersage. Wie immer diese Geschichte selbst zu verstehen ist, sie zeigt uns, wie ein Bewußtsein vom Totenreich vorhanden war und – illegale – Totenbeschwörung praktiziert wurde.

Erst im sechsten vorchristlichen Jahrhundert, in der Zeit nach der babylonischen Gefangenschaft, bricht der Gedanke auf, daß die Toten nicht im Totenreich verbleiben. Beim Propheten Daniel etwa heißt es: „Und viele, die unter der Erde schlafen liegen, werden aufwachen, etliche zum ewigen Leben, etliche zur ewigen Schmach und Schande. Die Weisen aber werden leuchten wie des Himmels Glanz ..."[10] (Die Aufzeichnung stammt vermutlich aus dem 2. Jahrhundert v. Chr.) Und Jesaja betet: „Deine Toten werden leben, werden auferstehen."[11] Dieser Umbruch im Denken verstärkt sich in den letzten vorchristlichen Jahrhunderten, vor allem im Zuge der aufkommenden apokalyptischen Tradition. Ein wirklicher Durchbruch geschieht aber erst im Neuen Testament und gewinnt in der christlichen Lehre Gestalt. Wir werden uns noch näher damit befassen.

Bleiben einige Gedanke zum ersten Blatt der Bibel, auf dem die Weltschöpfung geschildert ist. Es heißt dort: „Die Erde war wüst und leer, und es war finster auf der Tiefe, und der Geist Gottes schwebte über den Wassern. Und Gott sprach: Es werde Licht! Und es ward Licht." Das Streben aus dem Dunkel zum Licht hatten wir schon als menschliches Urerlebnis kennengelernt. Während in Genesis 1 alle anderen Schöpfungsakte nur sachlich beschrieben werden, verbindet sich die Lichtwerdung mit dem „Schweben Gottes" über dem Wasser. Gott wird indirekt zur Lichtgestalt, man sieht ihn geradezu in dem Licht, das er soeben hervorgebracht hat. Es ist gut denkbar, daß dieser Text aus einer Nahtod-Lichterfahrung heraus gewachsen ist!

Wir waren von der These Schröter-Kunhardts ausgegangen, daß am Ursprung aller Religion Nahtod-Erfahrungen stehen und die genetischen Grundmuster solcher Erfahrungen dem Religiösen im Menschen eine „natürliche" Komponente verleihen. Wir haben nicht alle bekannten Religionen auf diese These hin untersucht. Aber die Uranfänge und sehr klare Querverbindungen zwischen Nahtod-Visionen und Jenseitsglauben in den großen Religionen bieten gute Argumente zugunsten der These, auch wenn diese sich niemals „beweisen" läßt.

Leben nach dem Tod und die christliche Lehre von der Auferstehung

Wir bemerkten schon in der Einleitung, daß eine Parallele zwischen Naturwissenschaft und Theologie besteht, was die Befassung mit Nahtod-Erlebnissen betrifft: Während die an Universitäten betriebene Physik und Biologie den „Spuk" materialistisch wegdeutet oder als Gegenstand von Spiritismus und Esoterik ablehnt, überläßt seriöse Theologie weithin die Nahtod-Problematik entweder einer liberalen bzw. psychologischen Wegdeutung oder der „heidnischen" okkulten Vereinnahmung. – Wir wollen wenigstens in Ansätzen einen Weg beschreiben, auf dem christliche Theologie, insbesondere in der Frage von Tod und Auferstehung, Nahtod-Erlebnisse integrieren und als wichtigen Beitrag zu einem zeitgemäßen christlichen Denken ansehen kann.

Ansatzpunkt ist die Frage nach dem Selbstverständnis des Menschen, seiner Identität und Individualität. Wenn es eine Auferstehung der Toten im christlichen Sinn gibt, wie ist dann die Beziehung zwischen dem irdischen Menschen und dem auferstandenen? Die formelhafte Beteuerung, die man oft als Antwort erhält, lautet: Diese Beziehung liegt im „Gedächtnis Gottes"; er erschafft den auferstandenen Menschen völlig neu. – Man darf dieser Formel mißtrauen, weil sie jede Frage nach der Jenseitsbezogenheit des hier Lebenden erschlägt. Insbesondere sagt sie nichts zu dem, was Nahtod-Erlebnisse an Problemen aufwerfen.

217

Solange sich die christliche Theologie hinsichtlich einer Beurteilung von Sterbevisionen vor der Alternative Materialismus oder Spiritismus sah, hat sie sich fast zwangsläufig auf das „Ganztod"-Modell eingelassen: Der Mensch stirbt ganz, mit Leib, Psyche und Geist. Auferstehung stellt nur über den neuschaffenden Gott eine Kontinuität her. Die Notwendigkeit für eine solche Interpretation ist aber nicht mehr gegeben, deren Abstraktheit ist für einen Zeitgenossen, der nicht schon Glauben mitbringt, weder verständlich noch überzeugend. Auch der Vorhalt, man wolle Glauben durch Pseudowissen ersetzen, trifft zwar die Esoterik, aber nicht die Erlebnistiefe von Menschen, die – unabhängig von Spiritismus und Esoterik – eine Jenseitsnähe in ihrem Erlebnis verspüren.

Selbstverständnis des Menschen

Suchen wir zunächst das Selbstverständnis des Menschen ohne theologische Begriffe, aus seiner Natur heraus zu verstehen, dann stellt sich etwa die Frage, ob der Einzelmensch seine Identität nicht schon in der menschlichen Gemeinschaft findet. Der Theologe W. Pannenberg meint hierzu: „Nur wenn der einzelne Mensch seine Bestimmung ausschließlich in der Gemeinschaft der Menschheit hätte, wenn er also nicht als einzelner, sondern nur in seiner Zugehörigkeit zur Gesellschaft das Ziel seines Daseins fände, wenn er also als einzelner gänzlich aufginge in der als konkrete Gesellschaft vorhandenen Menschheit, nur dann wäre auf den Gedanken eines Lebens jenseits des Todes zu verzichten."[12] Dabei hat Pannenberg auch eine Erklärung für den Mangel an Auferstehungsglauben in Israel vor Augen: „Darum ist auch in Israel der Gedanke einer künftigen Auferstehung der Toten so lange nicht gedacht worden, wie der einzelne ganz und gar in seinem Volke aufging."[13]

Das Nichtaufgehen in der Gemeinschaft hat eine biologische Parallele: Der Mensch kann nicht mehr nur im evolutionsbiologischen Sinn als Exemplar angesehen werden, das für die Höherentwicklung seiner Gattung zuständig ist und so einer individuellen Bedeutung entbehrt.

Mit der Individualität des Menschen geht also die Erkenntnis einher, „daß die Wesensbestimmung des Menschen in der Endlichkeit seines Lebens nicht zu endgültiger Erfüllung kommt" (Pannenberg).[14] Die Individualität ist aber auch biologisch gegeben, und zwar durch das menschliche Selbstbewußtsein, das genetisch gegründet ist. Dieses steht im Zusammenhang mit den Urbildern, den Archetypen, die ebenfalls im Erbcode aufgezeichnet sind, etwa dem Streben nach erlösendem Licht. Von diesen Urbildern ist es, wie wir im vorigen Kapitel sahen, nur ein kleiner Schritt zu den Grundmustern der Nahtod-Erfahrungen. Man kann in diesen ebenso einen biologischen Niederschlag des Bezogenseins auf jenseitige Erfüllung sehen, wie im Gehirn die biologische Basis für das Selbstbewußtsein. Weder das eine noch das andere kann evolutionsbiologisch mit der „Arterhaltung" erklärt werden. Beide zeigen Individualität und Jenseitsbezug an, weisen also über den naturwissenschaftlich verstehbaren Kosmos hinaus.

Die Analyse von Außer-Körper-Erfahrungen in Verbindung mit dem Phänomen des Hellsehens führt aber noch einen Schritt weiter: Selbstbewußtsein, Wahrnehmung der eigenen Identität reicht über die Hirnfunktionen hinaus. Der menschliche Geist ist ein Gebilde, das offensichtlich die Identität des Ich auch unabhängig vom physischen Körper repräsentiert, wenngleich in ihm „gewachsen". Das Ich oder die Person ist wie eine reife Frucht, die lebensfähig bleibt, wenn sie vom Baum des Leibes abgefallen ist.

Man kann nun fragen, ob die so verstandene Person diejenige ist, die bei der Auferstehung im christlichen Sinn „aufersteht" – vielleicht einfach weiterbesteht. Hier treten schon begriffliche Schwierigkeiten auf: Wir verfügen mit unserem Denksystem über keine Möglichkeit, das Jenseits inhaltlich zu beschreiben. Theologische Aussagen über das Jenseits sind bildhaft, metaphorisch, auch wenn sie davon reden, daß Auferstehung der Toten eine Wirklichkeit ist, die über das kosmische Sein hinausweist.

Geht man aber von der Offenheit des physikalisch-biologischen Kosmos in einen umfassenderen Kosmos hinein aus, dann kann man die Auferstehung der Toten im Sinn erweiterter Naturwissenschaft als Faktum auffassen, auch wenn keine inhaltliche Beschreibung dieses Geschehens möglich ist. Und wenn wir schon naturwissenschaftlich keine Grenze für die Naturwirklichkeit zum Jenseits hin angeben können, so braucht auch die Theologie diese Grenze grundsätzlich nicht zu ziehen. Sie nimmt nur, im Unterschied zur Naturwissenschaft, für sich in Anspruch, etwas über das erfahren zu haben, was am unsichtbaren Ende der Straße des Todes geschieht. Das drückt sie dann anthropomorph, in menschlichen Begriffen aus.

Wir akzentuieren damit das, was im „Neuen Glaubensbuch" des katholischen Theologen Johannes Feiner und des evangelischen Theologen Lukas Vischer (1979) zum Thema Auferstehung zu lesen ist:

„‚Auferstehung von den Toten' meint nichts anderes, als daß dem Leben ewige Zukunft angeboten ist. Diese ewige Zukunft des Lebens ist aber dem ganzen Menschen verheißen. Das bedeutet es, wenn die Schrift sagt, daß wir von den Toten auferweckt werden sollen. Man kann die Aussage zweifach mißverstehen und hat es getan. Man kann hier eine biblische Begründung für die Lehre von der unsterblichen Seele sehen wollen. Man kann, umgekehrt, eine Lehre von der Rückgabe oder Wiederherstellung des Körpers vermuten. Die erste Interpretation ist falsch, die zweite oberflächlich. Der wahre Sinn des biblischen Auferweckungszeugnisses ist: Der eine, ungeteilte Mensch und seine Geschichte werden geborgen, bleiben endgültig bewahrt. Mit modernen Worten ausgedrückt, müßte man das biblische Zeugnis formulieren: Nicht ein biologisches Gebilde Körper, die Person wird auferweckt.

Im übrigen unterliegt das Leben der Auferstehung anderen Bedingungen, die wir nicht kennen. Wenn man zum Beispiel fragt, ob dieses Leben materielle Bedingungen hat oder wie es sich sonst zur Materie verhält, so haben wir keine direkte Antwort. Wir können höchstens eine mittelbare Antwort geben und auf den übergreifenden Zusammenhang von Geist und Materie hinweisen, der unsere Wirklichkeit kennzeichnet. Wenn Welt und Geschichte tatsächlich eine letzte Einheit haben, dann wird auch sie im Leben der Auferstehung geborgen bleiben – oder wir hätten das biblische Zeugnis schon wieder heimlich eingeschränkt. Aber wie der Zusammenhang von Geist und Materie bewahrt wird, darüber muß sich der Glaube eine ins einzelne gehende Antwort versagen, weil er sie nicht hat."[15]

Wenn wir nun „Person" an der Schwelle des Todes in dieser Weise verstehen, dann ist zugleich die Frage beantwortet, wie sich „Leben nach dem Tod" und Auferstehung zueinander verhalten. Das „Neue Glaubensbuch" faßt es so zusammen: „Die individuelle Auferstehung von den Toten erfolgt mit und im Tode."[16]

Dieses schon von Karl Rahner vertretene Denkmodell der „Auferstehung im Tod" ist natürlich nicht unumstritten. So wurde es von der Glaubenskongregation 1979 verworfen, weil dann Ablaß für die Toten und die Totenmessen überflüssig würden. Karl Rahner fügte dem hinzu, daß es trotzdem keine Häresie sei, von der „Auferstehung im Tod" zu reden.

Daß auf evangelischer Seite dieser Gedanke der „Ganztod-Theologie" im Wege steht, hatten wir schon gesehen. Luther überlegte sich einen schlauen Kompromiß, der verschiedene Deutungen zuläßt: Er nahm für den Schöpfer ein relativistisches Zeitverständnis in Anspruch („Bei Gott sind tausend Jahre wie ein Tag", heißt es ja schon in der Bibel) und betrachtete die Zeit zwischen Tod und Auferstehung als „einen Augenblick".[17] – Wir können also von einem „Weiterleben über den Tod hinaus" reden, ohne die Fundamente christlichen Glaubens zu gefährden.

Aber es kommt noch ein positiver und verstärkender Aspekt hinzu: Wir hatten schon von den Konsequenzen des sogenannten anthropischen Prinzips gesprochen, mit dem man die naturwissenschaftlich nicht erfaßbare Bedeutung des Menschen im Kosmos zum Ausdruck bringt. Eine solche Konsequenz ist, daß menschliches Leben und menschlicher Geist kaum Sinn machen, wenn sie angesichts der endlichen Lebensdauer unseres Planeten nur Episode bleiben. Hinzu kommt die Unerfülltheit, mit der meistens das irdische Dasein erlebt wird. Es erscheint „natürlich", wenn im Tod das Leben nicht ausgelöscht, sondern in anderer Gestalt weitergeführt wird. Jürgen Moltmann drückt – im Kontext der Auferstehungsfrage – denselben Gedanken in theologischer Sprache eindringlich aus:

„Bedenke das Leben derer, die nicht leben durften und nicht leben konnten: Das geliebte Kind, das bei der Geburt starb; der Junge, der mit vier Jahren von einem Auto überfahren wurde; der behinderte Bruder, der nie bewußt gelebt hat und seine Eltern nicht kannte; der Freund, den mit sechzehn Jahren neben dir eine Bombe zerriß; die vielen Kinder, die in Afrika aus Hunger vor ihrer Zeit sterben; die unzähligen Menschen, die vergewaltigt, ermordet und getötet worden sind. Gewiß kann ihr Leben Bedeutung für andere gewinnen. Doch wo und wie wird ihr eigenes Leben vollendet? Kann ihr Leben nach ihrem Tod irgendwo geheilt, ergänzt, ausgelebt und vollendet werden?

Die Vorstellung, daß mit ihrem Tod für sie ‚alles aus‘ ist, würde die ganze Welt in die Absurdität stoßen, denn wenn ihr Leben keinen Sinn hat, hat dann unser Leben einen? Die Vorstellung von einem ‚natürlichen Tod‘ paßt nur für lebensversicherte Bürger und Bürgerinnen der Wohlstandsgesellschaft, die sich einen solchen Alterstod leisten können. Die meisten Menschen in der Dritten Welt sterben heute einen unnatürlichen, vorzeitigen, gewaltsamen und keineswegs bejahten Tod, wie die meisten Menschen meiner Generation im 2. Weltkrieg. Ihr Leben wird abgebrochen, bevor es wirklich gelebt wird. Der Gedanke der ‚Verewigung des gelebten Lebens‘ erreicht diejenigen nicht, die weder leben durften noch leben konnten. Müssen wir nicht den Gedanken einer weitergehenden Geschichte Gottes mit diesem Leben denken, um in dieser Welt des enttäuschten, behinderten, kranken, ermordeten und zerstörten Lebens das Leben bejahen und es trotzdem lieben zu können?

Ich denke mir, daß der Geist des ewigen Lebens zuerst ein weiter Lebensraum ist, in welchem sich abgebrochenes, behindertes und zerstörtes Leben frei wird entfalten können. Schon in diesem Leben vor dem Tod erfahren wir den Geist des Lebens als den weiten Raum, in dem keine Bedrängnis mehr ist. Um wieviel mehr wird es so sein nach dem Tod."[18]

Nahtod-Visionen der Jünger

Viel unbefangener als die Theologie geht das Neue Testament selbst mit der Frage eines „offenen Himmels" und der Jenseitsbezogenheit um. Die „aufgeklärte" Theologie hat entsprechende Berichte zu schnell in das Reich der Mythen verwiesen.

Betrachten wir zuerst die Geschichte, in der Jesus drei seiner Jünger, nämlich Petrus, Jakobus und dessen Bruder Johannes, auf einen hohen Berg mitnimmt. Es heißt:

„Und er wurde vor ihren Augen verklärt und sein Angesicht leuchtete wie die Sonne, und seine Kleider waren weiß wie ein Licht. Und siehe, da erschienen ihnen Moses und Elia; die redeten mit ihm. Petrus aber antwortete und sprach zu Jesus: Herr, hier ist es gut sein! Wenn du willst, so bauen wir hier drei Hütten: dir eine, Moses eine und Elia eine. Während er noch so sprach, siehe, da überschattete sie eine lichte Wolke. Und siehe, eine Stimme aus der Wolke sagte: ‚Das ist mein lieber Sohn, an dem ich Wohlgefallen habe; den sollt ihr hören!' Als die Jünger das hörten, fielen sie auf ihr Angesicht und erschraken sehr. Jesus aber trat zu ihnen, rührte sie an und sagte: Steht auf und fürchtet euch nicht! Als sie die Augen wieder nach oben richteten, war da niemand mehr außer Jesus."[19]

War das eine gewöhnliche Halluzination? Aufbau und Ablauf der Vision sprechen eher dafür, daß es sich um ein Nahtod-Erlebnis handelte – der Begriff bezeichnet ja nicht nur Erfahrungen in Todesnähe. Daß Jesus zunächst mit den Jüngern auf einen Berg zog, deutet auf eine bewußte äußere und innere Vorbereitung des Erlebnisses hin. Möglicherweise ging diesem eine Zeit der Stille und der Meditation voraus. Verschiedentlich wird berichtet, daß sich Jesus allein längere Zeit in der Wüste aufhielt und fastete, was dann auch zu besonderen Visionen geführt hat, etwa den „drei Versuchungen" des Teufels. Es ist also denkbar, daß Jesus auch mit den drei Jüngern gefastet hat.

Was dann beschrieben wird, ist ein Lichterlebnis, wie es uns in vielen Nahtod-Berichten begegnet ist. Auch schon verstorbene Personen treten auf, nämlich Moses und Elia. Petrus bringt das Gefühl der Glückseligkeit zum Ausdruck, ferner mit seinem Vorschlag des Hüttenbaus seinen Wunsch, im Licht zu bleiben. Dann spricht der Herr selbst aus einer Wolke heraus und richtet eine Botschaft an die Jünger, die deren Leben hier auf der Erde mit Jesus betrifft. Dann ist plötzlich alles vorbei, und Jesus rüttelt sie auf. – Das sind sechs Merkmale, wie sie in Nahtod-Visionen auftreten (siehe die Liste S. 201 f.).

Daß drei Männer gemeinsam die Vision hatten, ist anders als in einer durchschnittlichen Nahtod-Erfahrung, die gewöhnlich individuell geschieht. Aber das Phänomen gemeinsamer Visionen ist bekannt und infolge der Existenz von Telepathie auch verständlich. Wenn wir schon allgemein die Möglichkeit offengelassen haben, daß im Lichterlebnis nicht nur Projektion aus dem Unbewußten heraus geschieht, sondern – bildhaft verschlüsselte – Botschaften „von außen" empfangen werden, dann erst recht in der hier geschilderten besonderen Situation.

Im Zentrum der christlichen Lehre stehen Tod und Auferstehung von Jesus. Deshalb kommt Beobachtungen, die damit im Zusammenhang stehen, erhöhtes Gewicht zu. Beispielsweise gibt es zu denken, wenn Jesus am Kreuz zu einem Mitgekreuzigten sagt: „Du wirst noch heute mit mir im Paradies sein."[20] Dieser Satz spricht für den Gedanken einer Auferstehung im Tod, nicht für Auferstehung irgendwann in der Zukunft.

Richten wir unseren Blick etwas eingehender auf ein Erlebnis der Jünger Jesu am Abend des Auferstehungstages. Im Johannes-Evangelium heißt es: „Am Abend dieses ersten Tages der Woche, als die Jünger versammelt und die Türen aus Angst vor den Juden verschlossen waren, kam Jesus und trat mitten ein und sprach zu ihnen: Friede sei mit euch! Und als er dies gesagt hatte, zeigte er ihnen die Hände und seine Seite. Da wurden die Jünger froh, daß sie den Herrn sahen. Da sagte Jesus noch einmal zu ihnen: Friede sei mit euch! Gleichwie mich der Vater gesandt hat, sende ich euch."[21]

Meistens wird diese Erzählung entweder als Wundergeschichte verstanden, in der Jesus mit seinem bisherigen physischen Leib anwesend war, oder man stellte sie als eine spätere Dichtung hin, die eine besondere Verbundenheit der Jünger mit Jesus zum Ausdruck bringen sollte. Dazwischen gibt es aber die Sicht, die uns aus Nahtod-Erfahrungen geläufig ist und die wir auch schon im Lichterlebnis auf dem Berg Horeb eingenommen haben: Die Jünger hatten – man mag das auch als ein Wunder auffassen – ein gemeinsames „Nahtod-Erlebnis" im Beisein von Jesus. Daß Jesus durch Wände oder verschlossene Türen hindurchgehen konnte, zeigt, daß er nicht mit einem physischen Leib im biologischen Sinn anwesend war, eher so, wie sich ein Mensch in einer Außer-Körper-Erfahrung erlebt. Entsprechende Berichte beinhalten ja, daß der Betroffene sich als ganzer Mensch erkennt, mit seiner Lebensgeschichte, die er vielleicht dann im Panorama noch einmal durchlebt. Dem entspricht, daß Jesus ausdrücklich auf die Wundmale an seinen Händen und an seiner Hüfte zeigt. Sie sind Teil seines hier gelebten Lebens und daher vorzeigbar. Das wiederum braucht nicht so gedeutet zu werden, als ob sich an unseren körperlichen und seelischen Leiden nach dem Tode nichts ändern würde. Es bedeutet nur, daß im neuen Sein die verschiedenen Phasen unserer Lebensgeschichte als präsent „erkannt" werden können, mit dem weit zu fassenden Begriff von „Erkennen", den wir im Zusammenhang mit dem Sehen von Blinden erörtert haben.

Die Visionen von Stephanus und Paulus

Als weiteres Beispiel ziehen wir eine Vision von Stephanus heran, die er kurz vor seiner Steinigung erlebte. Eine Gruppe von Fanatikern hatte zunächst versucht, mit biblischen Argumenten seinen Glauben an Christus ad absurdum zu führen. Als das nicht gelang, zerrten sie ihn mit falschen Anschuldigungen vor den hohepriesterlichen Rat. Stephanus hielt eine eindrucksvolle Bußpredigt mit Bezug auf das Alte Testament, wußte aber sicher, daß er wenig Chancen hatte, einer Steinigung zu entgehen. Seine Predigt steigerte sich in eine Vision, von der es heißt: „Wie er aber voll Heiligen Geistes war, sah er zum Himmel hinauf und sah die Herrlichkeit Gottes und Jesus stehen zur Rechten Gottes und sprach: Siehe, ich sehe den Himmel offen und des Menschen Sohn zur Rechten Gottes stehen."[22]

Man kann annehmen, daß Stephanus aus der Situation heraus wirkliche Todesnähe verspürt hat und in dieser Weise seine Vision eine Nahtod-Erfahrung gewesen ist. Was er „Herrlichkeit Gottes" nennt, ist vermutlich ein Lichterlebnis, verbunden mit einem Glücksgefühl. Er sieht Jesus nicht zur Rechten Gottes „sitzend", sondern „stehend", was möglicherweise ausdrückt, daß er Jesus schon auf ihn zukommend erlebt.

Ungewöhnlich, aber nicht unbekannt ist die Tatsache, daß Stephanus während seiner Vision zu den Umstehenden spricht. Jedenfalls beinhaltet sein Erlebnis so viele Merkmale einer Nahtod-Erfahrung, daß man es in diesem Rahmen anschauen kann.

Paulus, im jüdischen Umfeld auch Saulus genannt, gehörte als junger Mensch zur Gruppe der Fanatiker, die Stephanus steinigte. Er entwickelte sich zunächst zu einem ausgesprochenen Scharfmacher, trug aber offensichtlich einen tiefen Eindruck mit sich, den Stephanus hinterlassen hatte. So kam es zu einem ersten Lichterlebnis: Saulus war mit einigen seiner Begleiter unterwegs, um sie in Jerusalem verurteilen zu lassen, da „umleuchtete ihn plötzlich ein Licht vom Himmel; und er fiel auf die Erde und hörte eine Stimme, die sprach zu ihm: Saul, Saul, was verfolgst du mich? Er aber sagte: Herr, wer bist du? Der Herr sprach: Ich bin Jesus, den du verfolgst. Es wird dir schwer werden, gegen den Stachel, der in dir sitzt, auszuschlagen. Und er sprach mit Zittern und Zagen: Herr, was willst du, daß ich tun soll? Der Herr sprach zu ihm: Stehe auf und gehe in die Stadt; da wird man dir sagen, was du tun sollst. Die Männer aber, die seine

Gefährten waren, standen und waren erstarrt; denn sie hörten die Stimme und sahen niemand. Saulus aber richtete sich auf von der Erde; und als er seine Augen öffnete, sah er niemand. Sie nahmen ihn aber bei der Hand und führten ihn nach Damaskus; und er war drei Tage blind und aß nichts und trank nichts."[23]

Hier wird also wieder eine spontane Lichtbegegnung beschrieben, in der Jesus erscheint und dem Betroffenen einen Auftrag erteilt. Paulus ändert daraufhin sein Leben grundlegend. Wie immer das Erlebnis insgesamt verstanden wird: Der Rahmen entspricht dem einer Nahtod-Erfahrung. Saulus nennt sich jetzt Paulus. Viele Jahre später erzählt er von einem ausgesprochenen Außer-Körper-Erlebnis. Um zu betonen, daß er keine Angeberei betreibt, spricht er von sich in der dritten Person:

„Ich kenne einen Menschen in Christus; vor vierzehn Jahren (ist er in seinem Körper gewesen, so weiß ich es nicht; ist er außer dem Körper gewesen, so weiß ich es auch nicht; Gott weiß es), der wurde entrückt bis in den dritten Himmel. Und ich kenne denselben Menschen (ob er im Leibe oder außer dem Leibe gewesen ist, weiß ich nicht, Gott weiß es), der wurde entrückt in das Paradies und hörte unaussprechliche Worte, die kein Mensch aussprechen kann."[24]

Vermutlich waren Paulus bis dahin Außer-Körper-Erfahrungen unbekannt, so daß er selbst rätselt, wie er sein Erlebnis einzuordnen hat. „Paradies" erinnert an die paradiesischen Gärten, die in vielen Nahtod-Erfahrungen erlebt werden. Auch die Feststellung, daß man „sprachlos" ist beim Versuch, das Erlebte und Gehörte wiederzugeben, kommt uns bekannt vor. Leider gibt Paulus keine weiteren Einzelheiten an; die gehörten Worte dürften für ihn wieder einen Auftrag beinhaltet haben, vielleicht handelte es sich aber einfach um eine lichtvolle „Gotteserfahrung".

Eindrucksvoll ist, daß Paulus, der nicht der Typ eines Eremiten war, sondern in seinen Briefen durch scharfe intellektuelle Argumentation hervorgetreten ist und eine zielstrebige Missionsarbeit entfaltet hat, sich zu seinen Visionen als außerordentlich bedeutsamen Ereignissen bekennt. Ein rationalistisch geprägtes und eingeengtes Christentum unserer Zeit kann sich nicht auf Paulus berufen.

Glückseligkeit und Höllenerfahrung

Als Moody in „Leben nach dem Tod" seine Berichte veröffentlicht hatte, fiel bald auf, daß zwar viel von Glückseligkeit im Lichterlebnis die Rede war, aber nicht von höllischen Visionen. Auch der Psychologe Kenneth Ring und der Kardiologe Michael Sabom fanden in ihren berühmt gewordenen Büchern[25] nur positiv ausgerichtete Erfahrungen, trotz der Schrecken, die Unfall oder Herzversagen bei vielen Betroffenen ausgelöst hatten. Ring schätzte noch 1984, daß die unangenehmen Nahtod-Erlebnisse höchstens ein Prozent ausmachen, und schreibt: „Nach meiner eigenen Erfahrung, in der ich mit vielen hundert Nahtod-Betroffenen gesprochen oder ihre Berichte angehört habe, ist mir nie eine ausgeprägte, vorwiegend negative Nahtod-Erfahrung begegnet, obwohl ich sicherlich einige Nahtod-Erlebnisse gefunden habe mit Momenten der Unsicherheit, Verwirrung oder vorübergehender Angst."[26] Sabom bemerkte ebenfalls nur vorübergehende Gefühle der Angst oder Verwirrung, und selbst das lediglich bei 18 Prozent der Betroffenen. Zu ähnlichen Ergebnissen gelangten eine Anzahl weiterer Nahtod-Forscher.

Da aber von denselben Wissenschaftlern die Nähe von heutigen Nahtod-Erlebnissen zu mittelalterlichen Sterbevisionen konstatiert wurde, kam zwangsläufig die Frage auf: Wo bleiben die höllischen Gesichte, die in früheren Todesbegegnungen eine so große Rolle spielten? Bedeuten die modernen Darstellungen nicht eine Verharmlosung dessen, was uns erwartet, wenn wir Rechenschaft über unser Leben ablegen müssen?

Der fundamentalistisch christlich orientierte Kardiologe M. Rawlings publizierte 1978 ein Buch, in dem er gegen diese Gefahr zu Felde zog.[27] Er berichtete beispielsweise von einem Patienten, der während einer Operation mehrfach zu sich kam und jedesmal von der Hölle sprach, die er in den bewußtlosen Phasen erlebte. Rawlings behauptete, daß dann, wenn man etwa alle wiederbelebten Patienten sofort nach ihrer Wiederbelebung über ihre Erlebnisse befragte, ebenso viele himmlische wie höllische Visionen berichtet würden. Kurz nachher wären unangenehme Erinnerungen verdrängt, und das sei der Grund für die einseitig positive Berichterstattung. Einige Christen gingen noch weiter und stellten die ganze Nahtod-Forschung als Teufelszeug hin.

Hier stellen sich also zwei Fragen, denen man in der Folgezeit auch nachgegangen ist: Wie viele qualvolle Nahtod-Erfahrungen gibt es wirklich? Verharmlost Nahtod-Forschung das Problem menschlicher Sünde?

Gibt es „höllische" Nahtod-Erlebnisse?

Zur ersten Frage wurde eine Anzahl von Untersuchungen angestellt. Rawlings' Behauptungen fanden keine Bestätigung. Seine Beispiele gelten als schlecht recherchiert. Sabom befragte regelmäßig seine Patienten nach einer Operation über Nahtod-Visionen und fand keine Negativbeispiele. Trotzdem ist im Laufe der Zeit eine Anzahl derartiger Berichte gesammelt worden. Wir stützen uns hier auf eine Untersuchung von Bruce Greyson und Nancy Evans Bush, die 1992 erschienen ist und die bisher aussagekräftigste Arbeit zum Thema höllische Nahtod-Phänomene zu sein scheint.[28]

Die Autoren haben über zehn Jahre hinweg 50 Berichte gesammelt und näher analysiert. Sie haben herausgefunden, daß drei gänzlich verschiedene Typen von Negativerfahrungen zu unterscheiden sind, und so gezeigt, wie man sehr differenziert an den Fragenkreis herangehen muß.

Der erste Typ folgt im wesentlichen dem Muster der durchschnittlichen Nahtod-Erfahrung mit glücklichen Gefühlen, wird aber vom Betroffenen als schrecklich erlebt. Wir geben drei der angeführten Beispiele kurz wieder:

Eine Schriftstellerin, die nach eigenen Angaben nicht religiös war und vor ihrem Erlebnis nichts über Nahtod-Phänomene gelesen hatte, wurde infolge einer allergischen Reaktion auf Fliegenstiche mit geschwollenem Gesicht und Atembeschwerden in ein Krankenhaus eingeliefert. Sie erhielt eine Injektion von Benadryl und eine Infusion von Adrenalin. Sie erzählt folgendes:

„Nach einigen Minuten fing mein Körper an, sich heftig zu schütteln. Dann erlebte ich den Eindruck des Schwebens über dem Raum. Ich sah ein klares Bild meiner selbst, auf dem Operationstisch liegend. Ich sah den Arzt und die Schwester, die ich vorher niemals gesehen hatte, und meinen Ehemann, der an meinem Körper stand. Ich bekam Angst und erinnere mich, wie ich das Gefühl hatte, daß ich das alles nicht mochte, was ich sah und was da ablief. Ich rief: ‚Ich möchte das nicht‘, aber die Leute im Raum hörten mich nicht. Dann fing ich an, wieder leichter zu atmen, und nach einer Weile öffnete sich ein Auge etwas. Als ich mich umschaute, sah ich, daß der Raum und die Leute in ihm genauso waren, wie ich sie in meinem Erlebnis des Schwebens gesehen hatte.“[29]

In einem anderen Beispiel erzählt eine erwachsene Frau von einem Erlebnis aus ihrer Kindheit. Sie hatte im Alter von sechs Jahren einen lebensgefährlichen Ausbruch der Masern.

„In jener Nacht wurde ich gegen meinen Willen von einer Frau hochgenommen, die ein langes, grünes, fließendes Gewand anhatte, im mittelalterlichen Stil. Sie trug mich in ihren Armen einen langen, dunklen, grünlich-erdigen Tunnel mit schmutzigen Wänden hinunter und brachte mich eilig irgendwohin, wo ich nicht hinwollte. Sie redete mir bekümmert zu und versuchte fortwährend, mir zu erklären, daß ich gehen müßte und nichts das verhindern könnte, egal, wie sehr ich nicht zu gehen wünschte. Ich denke, daß sie mich deshalb trug, denn ich weiß, daß ich sonst den Tunnel entlang zurückgerannt wäre.

Plötzlich hörte sie Glocken von sehr, sehr weit her ertönen. Sie hielt an und drehte sich um und lauschte. Sie sagte mir, es hätte eine Änderung gegeben, und ich müßte schließlich doch zurück. Während all dem zeigte sie mir gegenüber keinerlei innere Beteiligung, sondern nur eine formale, strenge Einstellung. Sie trug mich dann zurück in mein Bett und legte mich darauf, wo ich noch vom langen Tragen wie ein geschnürtes Bündel aussah. Ich rief ihr zu, aber sie lief schnell in den Tunnel zurück."[30]

In einer dritten Geschichte wendet sich das qualvolle Erlebnis in ein friedvolles (ähnlich wie das von Ewald Weigle, das wir auf S. 27 kennengelernt haben). Eine 36jährige Frau hatte infolge eines Abszesses nach einer Operation einen schweren Fieberanfall:

„Nach einer Woche oder noch länger ständig ansteigenden Fiebers geschah etwas mit mir. Mir kommen Tränen in die Augen, wenn ich daran denke. Mein Körper fing rundum an sich zu schütteln; ich wußte, ich war in Schwierigkeiten. Eine erschrockene junge Schwester kam, legte eine Decke über mich, steckte ein Thermometer in meinen Mund und verschwand. Ich konnte das Thermometer nicht halten und ließ es fallen, zerbrach es aber mit meinen Zähnen. Ich war allein in meinem Krankenhauszimmer.

Ich weiß nicht, was als nächstes geschah und wie, aber ich war nicht mehr in meinem Krankenhausbett; sondern ich – nicht wie man mich kennt, als feste menschliche Gestalt, sondern ich mit meiner Energie oder mit meinem Geist – war an einer Stelle, umgeben von einer nebelhaften, grauen, wolkenartigen Substanz. Dann sah ich kreisförmige Lichter aufblitzen und mit großer Geschwindigkeit auf mich zukommen, um dann Zentimeter vor meinem Gesicht wieder umzukehren. Das ging eine Zeitlang so weiter, und ich hatte schreckliche Angst. Ich hatte das Gefühl, ich wäre versteinert. Dann fing ich an, nonverbal zu mir zu sprechen: ‚Du kannst das schaffen, du bist stark; du wirst o. k. sein‘, und sagte das wiederholt und betete zu Gott. Ich fühlte mich dem Tode nahe.

Dann überkam mich plötzlich ein Gefühl völligen Friedens. Ich hatte das Gefühl, sicher zu sein, und es war wunderschön, schwerelos. Ich liebte es so. Ich fühlte mich eins mit allem, eine große Freude und höchsten Frieden für Geist und Körper. Ich wußte, es würde mir in keiner Weise etwas passieren. Alles war friedlich, und tiefe

Liebe umgab mich. Keine Beschreibung auf der Erde kann annähernd diesen Platz und dieses Gefühl ausdrücken. Ich fühlte etwas, das sagte: ‚Du bist jetzt sicher; habe keine Angst; dieser Frieden wird dir helfen.'"[31]

In diesem Beispiel wie in weiteren der von Greyson und Bush berichteten Erlebnisse fällt auf, daß in dem Augenblick eine Wende eintritt, in dem die betroffene Person sich nicht mehr zur Wehr setzt, sondern das, was geschieht, annimmt. Hier könnte ein Schlüssel für die Bedeutung solcher Erfahrungen liegen; man kennt jedoch noch zu wenige Berichte, um das genauer verfolgen zu können.

Der zweite von Greyson und Bush herausgearbeitete Typ von qualvollen Nahtod-Erlebnissen gibt die meisten Rätsel auf. Er ist inhaltlich von anderer Struktur und kann vor allem, im Unterschied zu den anderen Erfahrungen, negative Nachwirkungen haben. Das erste Beispiel handelt von einer Frau, deren Eltern beide Pfarrer der Unitarier-Kirche sind. Sie hatte ihr Erlebnis – von dem sie über viele Jahre hinweg niemandem, nicht einmal ihrem Mann, erzählte – bei der Geburt ihres zweiten Kindes im Alter von 28 Jahren. Die Geburtswehen hatten drei Wochen zu früh eingesetzt. Sie kam ins Krankenhaus, wo sie zuerst sieben Stunden an einen Tropf kam. Ihr damaliger Zustand wird von ihr selbst als angstvoll, deprimiert und panikartig bezeichnet. Schließlich gab man ihr Stickoxid. Sie berichtet:

„Ich erinnere mich, wie ich mich gegen die Maske zu wehren versuchte, aber sie packten mich an den Unterarmen und banden diese mit Hilfe von Riemen fest. Erst verlor ich nur das Bewußtsein, aber an irgendeinem Punkt während der Geburt fiel mein Blutdruck plötzlich ab. Ich bemerkte nichts von der Geschäftigkeit um mich herum, sondern bewegte mich mit großer Geschwindigkeit in die Dunkelheit hinauf. Obwohl ich mich nach meiner Erinnerung nicht umdrehte, wußte ich, das das Krankenhaus und die Welt unter mir zurückwichen, sehr schnell; bis heute hält mein Geist ein scharfes Bild von denen da unten fest, obwohl ich nicht verstehe, wie ich etwas so klar sehen konnte, das ich nicht anschaute. Ich schoß raketengleich wie ein Astronaut ohne Kapsel durch den Raum, mit riesiger Geschwindigkeit und sehr weit weg.

Vor mir erschien eine kleine Gruppe von Kreisen, einige davon strebten nach links. Rechts war nur ein dunkler Raum. Die Kreise waren schwarz und weiß und machten ein klickendes Geräusch, wenn sie von Schwarz nach Weiß umschlugen oder von Weiß nach Schwarz. Sie verhöhnten und folterten mich – wenn auch nicht gerade in übler Weise, sondern eher spöttisch und ganz mechanisch. Die Botschaft in ihrem Klicken war: Dein Leben hat niemals existiert. Die Welt hat niemals existiert. Du durftest dir das nur einbilden. Es war dein Machwerk. Es war niemals da. Hier ist nichts. Hier gab es niemals etwas. Das ist der Scherz – es war alles ein Scherz.

Da war viel Gelächter auf ihrer Seite, böswillig. Ich erinnere mich an brillantes Argumentieren meinerseits, wobei ich zu beweisen suchte, daß es die Welt – und mich – gab. Ich entsinne mich, damit argumentiert zu haben, daß ich Einzelheiten des Lebens meiner Mutter vor meiner Geburt kenne, Dinge über ihre Kindheit in einem anderen Teil des Landes. Wie könnte ich das erfunden haben? Und mein erstes Kind – ich kannte es, ich wußte, ich hatte es mir nicht nur eingebildet. Und die Kindsgeburt – warum sollte ich mir die eingebildet haben? Sie hörten nicht auf zu höhnen …Vor Kummer drehte sich alles in mir um; diese Welt war verschwunden, und das Gras, und mein erstes Kind und alle anderen Kinder und die Berge. Ich wußte, daß niemand so viel Kummer ertragen konnte, aber da war kein Ende in Sicht und kein Ausweg. Jeder, den ich mochte, war weg. Die Zeit war ewig, eher endlos als allgegenwärtig. Die Erinnerung an Ereignisse war nicht auf Lebensrückblick gerichtet, sondern auf den Versuch, Existenz zu beweisen, zu zeigen, daß Existenz existiert. Ja, sie war mehr als wirklich: absolute Wirklichkeit. Es gibt einen kosmischen Terror, den wir nie angesprochen haben. Die Verzweiflung beruhte auf der absoluten Überzeugung, daß ich gesehen hatte, wie die andere Seite aussah – ich habe sie nie als Hölle betrachtet – und daß es keine Möglichkeit gab, irgend jemandem davon zu erzählen. Es würde egal sein, wie ich sterbe oder wann, da draußen war die Verdammnis, nichts als Warten."[32]

Das Erlebnis hatte für die Frau noch ein Nachspiel. Sechs Jahre später blätterte sie in C. G. Jungs Buch „Der Mensch und seine Symbole" und fand dort das Bild eines der Kreise. Sie warf das Buch in die Ecke. „Das war Terror! Es war die Bestätigung: Jemand anders wußte von den Kreisen. Es würde keine Möglichkeit mehr geben zu behaupten, sie seien Einbildung. Es dauerte mehrere Jahre, bis ich begriff, daß dies die Kreise Yin/Yang der östlichen Tradition waren; ihr Klang betraf die schwarze und die weiße Seite, die immer in das Gegenteil umschlugen und wieder zurück."[33]

Zwei besondere Umstände sind hervorzuheben, die möglicherweise zu einem Verständnis dieser Erfahrung beitragen. Der erste ist die panische Angst, die dem Erlebnis schon im Wachzustand vorausgegangen ist. Der zweite ist die Tatsache, daß beide Eltern Pfarrer der Unitarier-Kirche waren (oder sind). Greyson und Bush stellen das ohne Kommentar fest. Man kann aber hieran die Vermutung knüpfen, daß der Frau in ihrer Kindheit die christliche Bilderwelt fehlte. Die Unitarier-Kirche ist nicht christlich, sondern liberal-freireligiös, mit einer Tendenz zum Pantheismus. Ein areligiös erzogenes Kind kann sich bei Freunden diese Bilderwelt erobern oder auch – von den Eltern lässig geduldet – zu Hause aufbauen. Ein Kind aber, das in bewußter Antihaltung zum traditionellen Christentum erzogen wird, hat es da schwerer. Möglicherweise hat das Mädchen Gespräche über Yin und Yang mitbekommen und ins Unbewußte verdrängt.

Im zweiten Beispiel berichtet eine presbyterianisch erzogene Krankenschwester auch von einer schweren Geburt:
„Im Kreißsaal wurde mir Äther gegeben. Das letzte, was ich sah, bevor ich ‚untertauchte‘, war die Monotonie der Deckenfliesen im Kreißsaal, und natürlich die beiden Nonnen, die völlig gleich gekleidet waren. Ich durchlitt verschiedene Stufen der ‚Folter‘. Stimmen lachten mich aus und erzählten mir, das ganze Leben sei nur ‚Traum‘, es gebe in Wirklichkeit weder Himmel, Hölle noch Erde, und alles, was ich im Leben erfahren habe, sei nur Halluzination. Ich

erinnere mich, wie ich versuchte, den Nonnen, die in froher Erwartung der bevorstehenden Geburt lächelten, zuzurufen: ‚Wie könnt ihr lächeln, wenn ihr euer Leben für die Religion gegeben habt und es weder Religion noch Himmel noch Hölle gibt?'

Dann durchschritt ich das Stadium schrecklichen Durstes, und die Stimmen lachten weiterhin und sagten: ‚Du denkst, das ist schlimm? Warte nur auf das nächste Stadium!' Ich fand mich in die endgültige Folter hineintaumeln: Ich sollte in einem totalen Vakuum allein gelassen werden, in dem es für alle Ewigkeit nichts zu sehen und nichts zu tun gab. Ich war nackt, und ich war traurig darüber, weil ich dachte: ‚Wenn ich doch nur Kleidung hätte, könnte ich die Fäden herausziehen und sie verknoten oder sie wieder verweben, nur um etwas zu tun zu haben!' Und: ‚Wenn ich nur in einem Stuhl säße, könnte ich ihn zersplittern und irgend etwas aus den Splittern machen.' Und dann die überaus qualvolle Feststellung, daß die Ewigkeit immer nur weiterdauerte, eine Zeit ohne Ende war! Was in alle Ewigkeit in einem Vakuum tun? Was mich wieder zur Besinnung brachte, waren die Worte: ‚Du hast ein Mädchen', und eine Weile dachte ich, die Folterstimmen brächten mich in ein weiteres Stadium der Folter, indem sie mich damit hänselten, ich würde nur denken, ich müßte nicht in diesem Vakuum bleiben!"[34]

Zwei Jahre später wiederholte sich fast genau der gleiche Ablauf; die Krankenschwester merkte diesmal an der Feststellung: „Es ist ein Junge", daß sich nicht einfach der vorige Traum wiederholt hatte, sondern daß ihr wirklich wieder ein Kind geboren war.

Im Rückblick bemerkt sie: „Nach all diesen Jahren steht mir immer noch der Alptraum lebendig vor Augen. Ich versichere Ihnen, daß, zumindest meiner Ansicht nach, die schlimmste Form der Hölle darin bestünde, mich in einem Vakuum nackt allein gelassen zu fühlen."[35] Die Nachwirkung der Erlebnisse war also insgesamt negativ, deprimierend.

Ein Künstler, nicht religiös erzogen, erzählt in einem dritten Beispiel, wie er als 18jähriger auf eisglatter Straße ins Rutschen kam, eine Böschung hinunterstürzte, mit dem Kopf gegen die Windschutzscheibe schlug und bewußtlos wurde.

„Ich sah, wie der Krankenwagen kam, und sah, wie die Leute versuchten, mir zu helfen, mich aus dem Wagen zu ziehen und ins Krankenhaus zu schaffen. Und zu dieser Zeit war ich nicht mehr in meinem Körper. Ich hatte meinen Körper verlassen. Ich war vielleicht 100 oder 200 Fuß hoch auf der Südseite der Unfallstelle, und ich fühlte die Wärme und die Freundlichkeit der Leute, die mir zu helfen suchten. Ich fühlte ihr Mitleid und alle die guten Gefühle, die von diesen Menschen ausgingen. Und ich fühlte auch die Quelle dieser Art von Liebenswürdigkeit oder was es war, und es war sehr, sehr stark, und ich hatte Angst davor, und so akzeptierte ich es nicht. Ich sagte einfach: ‚Nein.‘ Ich war bei allem sehr unsicher und fühlte mich nicht wohl, und so verweigerte ich es.

Und in diesem Augenblick verließ ich den Planeten. Ich konnte fühlen, wie ich mich wegbewegte, hoch in der Luft, dann jenseits des Sonnensystems, jenseits der Milchstraße und draußen jenseits allem Physischen. Und zuerst dachte ich, ich lasse mich einfach treiben, sehe, wohin ich komme, und ich blieb so ruhig, wie ich konnte, machte sozusagen alles mit.

Aber dann, als die Stunden absolut ohne Ereignis vergingen, hatte ich zwar keine Schmerzen, aber es war weder heiß noch kalt, kein Licht, kein Geschmack, keinerlei Gefühl, keines außer der Tatsache, daß ich ein leichtes Gefühl des Fahrens mit extrem hoher Geschwindigkeit hatte. Und ich wußte, ich verließ die Erde und alles andere, alles, was es in der physischen Welt gibt. Und an dieser Stelle wurde es unerträglich, es wurde grausam, wenn die Zeit immer weiter läuft und man kein Gefühl hat, keine Empfindung, keine Lichtwahrnehmung. Ich geriet in Panik und kämpfte und betete und tat alles, was mir einfiel, um zurückzukommen, und ich unterhielt mich mit einer verstorbenen Schwester von mir. Und in diesem Augenblick kehrte ich in meinen Körper zurück, und der war zu diesem Zeitpunkt ins Krankenhaus gebracht worden.“[36]

Wie Greyson und Bush hervorheben, unterscheiden sich diese drei Erfahrungen in vielen Punkten von Nahtod-Erlebnissen. Ewige Leere, der Eindruck, verspottet zu werden, das Gefühl, alles sei nur eine Illusion, der Versuch, logisch dagegen zu argumentieren, alles das ist anders als in der ersten Gruppe qualvoller Nahtod-Erfahrungen. Am Ende steht keine Hoffnung, sondern nur Ausgelaugtsein und Verzweiflung.

Ob diese Erlebnisse überhaupt zur Kategorie der Nahtod-Erfahrungen gerechnet werden können und nicht einfach schlimme Alpträume sind, darüber kann man nachdenken. Immerhin sind Außer-Körper-Erlebnisse einbezogen. Auch begegnet im letzten Beispiel der Betroffene seiner schon verstorbenen Schwester — das scheint aber gerade dazu beigetragen zu haben, daß sein Alptraum zu Ende ging.

Leider ist den Berichten kein biographischer Rahmen angefügt, in dem vielleicht Anhaltspunkte für ein besseres Verständnis der ungewöhnlichen Visionen zu finden wären. Im ersten Beispiel hatten wir ins Unbewußte verdrängte Begegnungen mit östlicher Philosophie und Mangel an einer kindgemäßen inneren Bilderwelt vermutet. Eine wirkliche innere Beziehung zur Denkwelt des Ostens beinhaltet das aber auch nicht unbedingt: Meditationen zum Nirwana hin verlaufen nicht chaotisch und werden als friedvoll akzeptiert.

Wenden wir uns nun der dritten Gruppe negativer Nahtod-Erfahrungen zu! In diesen tauchen höllische Bilder auf, wie wir sie aus Höllendarstellungen früherer Jahrhunderte kennen. Wie in der zweiten Gruppe ist die Verwandtschaft mit positiv ausgerichteten Nahtod-Erfahrungen geringer als bei denen der ersten Gruppe. Auch zeichnet sich, im Unterschied zur ersten Gruppe, seltener eine Wendung zu friedlicher innerer Erfahrung ab.

Das erste Beispiel handelt von einem Holzfäller, der vor seinem Erlebnis keinen religiösen Hintergrund und kein Interesse an religiösen Dingen besaß, wohl aber mit einer fanatisch religiösen Frau verheiratet war. Im Alter von 48 Jahren versuchte er, sich zu erhängen, nachdem er wegen Trunkenheit am Steuer seinen Führerschein und viel Geld verloren hatte.

„Vom Dach des Geräteschuppens im Hinterhof meines Hauses sprang ich hinunter. Zum Glück für mich hatte ich den kaputten Gartenstuhl vergessen, der neben dem Schuppen lag. Meine Füße trafen auf den Stuhl und bremsten so meinen Sturz, sonst wäre mein Genick gebrochen. Ich hing am Strick und wurde gewürgt. Ich war außerhalb meines physischen Körpers. Ich sah meinen Körper im Strick hängen; er sah schrecklich aus. Ich war voller Angst, konnte sehen und hören, aber es war alles anders – schwer zu erklären. Rund um mich herum waren Dämonen; ich konnte sie hören, aber nicht sehen. Sie zeterten wie Amseln. Es war, als ob sie mich gefaßt hätten, um mich für alle Ewigkeit in die Hölle hineinzuzerren, um mich zu foltern. Es wäre die schlimmste Art von Hölle gewesen, hoffnungslos zwischen zwei Welten eingeklemmt, verloren und verwirrt für alle Ewigkeit umherzuirren.

Ich mußte versuchen, in meinen Körper zurückzugelangen. O mein Gott, ich brauchte Hilfe. Ich rannte zum Haus, ging durch die Tür, ohne sie zu öffnen, schrie zu meiner Frau hin, aber sie konnte mich nicht hören, so ging ich direkt in ihren Körper hinein. Ich konnte mit ihren Augen sehen und mit ihren Ohren hören. Dann nahm ich Verbindung auf und hörte sie sagen ‚O mein Gott.‘ Sie griff ein Messer vom Küchenstuhl und rannte hinaus, dorthin, wo ich hing, stieg auf einen alten Stuhl und kappte den Strick. Sie konnte keinen Puls finden, obwohl sie Krankenschwester war. Als die Rettungsmannschaft kam, hatte mein Herz aufgehört zu schlagen; auch meine Atmung war weg.“[37]

Man könnte versucht sein anzunehmen, daß jedes Nahtod-Erlebnis in einem Selbstmordversuch qualvoll ist. Dem ist aber nicht so. Wir bemerkten schon früher, daß Überlebende eines Sprungs von einer Brücke, einer häufigen Form des Selbstmords, zum größeren Teil von einem glücklichen Erlebnis gesprochen haben.

Schließlich geben wir noch ein Erlebnis wieder, in dem eine

26jährige jüdische Frau eine Jesus-Vision hatte. Sie war mit ihrem Mann und ihren zwei Jungen unterwegs und hatte einen Verkehrsunfall:

„Ein entgegenkommendes Fahrzeug schlitterte über drei Fahrspuren herüber und prallte frontal auf uns. Das Dach unseres Wagens brach auseinander, und ich war eingeklemmt zwischen Windschutzscheibe, Dach und Armatur. Wie ich annehme, war ich zwar bewußtlos für alle, die mich sahen, aber etwas Merkwürdiges passierte mit mir ... Ich war in einem Kreis von Licht. Ich schaute hinunter auf die Unfallszene ... Ich schaute in meinen Wagen hinein und sah mich eingeklemmt und bewußtlos. Ich sah, wie einige Autos anhielten und wie eine Frau meine Kinder in ihr Auto nahm, wo sie sich hinsetzen und warten sollten, bis der Krankenwagen kam ... Eine Hand berührte die meine, und ich drehte mich um, um zu sehen, wo dieser Friede und diese Ruhe und dieses glückselige Gefühl herkamen ... und da war Jesus Christus – ich meine so, wie er auf all den Bildern dargestellt wird –, und ich wollte nie mehr diesen Mann und diese Stelle verlassen.

Ich wurde um einen Brunnen herumgeführt, weil ich bei ihm bleiben und seine Hand halten wollte. Er führte mich von der Seite der Seligkeit zur Seite der Trübsal. Ich wollte nicht hinschauen, aber er veranlaßte mich hinzuschauen – und ich war angeekelt und erschrocken und hatte Angst ... es war so widerwärtig. Die Leute waren geschwärzt und schweißgebadet und stöhnten in der Pein und waren an ihren Plätzen angekettet. Und ich mußte durch das Gebiet auf der Hinterseite des Brunnens hindurchgehen. Jemand war sogar an der schlimmen Seite des Brunnens angekettet. Der Mann war so skeletthaft und in solcher Pein – ich meine den auf der Seite angeketteten –, ich wollte, daß sie ihm helfen, aber niemand würde das tun – und ich wußte, ich würde eine dieser Kreaturen werden, wenn ich hierbliebe. Ich haßte diesen Ort ...

Ich lehnte mich über den Brunnen, und dieser junge, jesusartige Mensch ... legte seine Hand auf meinen Rücken, als ich hineinschaute. Da riefen drei Kinder: ‚Mammi, Mammi, Mammi, wir brauchen dich. Bitte komm zurück zu uns!' Da waren zwei Jungen und ein Mädchen. Die beiden Jungen waren viel älter als meine beiden kleinen, und ein Mädchen hatte ich nicht. Das kleine Mädchen schaute mich an und bettelte, ich solle doch ins Leben zurückkommen – und dann auf einmal war ich wieder im Lichtkreis (seine Hand immer noch auf meiner Schulter), und ich sah wieder die Unfallszene, und ich schrie, daß ich ihn niemals verlassen wolle – und ich wußte, daß ich weggehen und zurückgehen mußte. Ich stöhnte, im Auto wieder aufgewacht, und ich rief nach meinen Kindern. Ich wußte, wo sie waren, aber ich bat meinen Mann, von der Frau zu erzählen, die sie mit in ihr Auto genommen hatte, weil ich sichergehen wollte, daß alles wirklich so war, wie ich es gesehen hatte.

Nun ja, einige Jahre später bekam ich ein Kind. Ich wußte, es würde das kleine Mädchen im Brunnen sein."[38]

Das Erlebnis beginnt also mit einer Außer-Körper-Erfahrung, geht weiter mit einer glückseligen Begegnung, führt dann in die häßliche Brunnenszene und endet wieder in angenehmer Weise. Die Wanderung durch das Inferno ist dabei eine lehrhafte, nicht, wie in den vorigen Beispielen, ein eigenes Höllenerlebnis. Und die Nahtod-Erfahrung endet mit einer Art hoffnungsfroher „Präkognition" – oder auch „self-fulfilling prophecy". Insgesamt gesehen schneidet die Frau trotz der höllenartigen Erfahrung doch gut ab. Man gewinnt den Eindruck, sehr tief in ihr Unbewußtes hineingeschaut zu haben.

Die drei von Greyson und Bush vorgestellten Gruppen von „höllischen" Nahtod-Erlebnissen zeigen, wie verschiedenartig diese sein können und wie wenig man sie über einen Kamm scheren kann. Schlüsse religiöser Art sind kaum aus ihnen zu ziehen. Greyson und Bush beschränken sich im wesentlichen auf die Beschreibung der drei Gruppen und merken an, daß es noch weiterer Forschungsarbeit bedarf, ehe man mehr darüber aussagen kann.

Verharmlost Nahtod-Forschung die Sünde?

Wir hatten eingangs zwei Fragen gestellt. Die eine betraf das Vorkommen von „negativen" Nahtod-Erfahrungen überhaupt. Die zweite, die uns jetzt beschäftigen soll, lautete: Verharmlost Nahtod-Forschung das Problem menschlicher Sünde?

Vor einigen Jahren wurde im Fernsehen ein Film mit dem Titel „Ich habe die Hölle gesehen" gezeigt. Wichtigste Person in dem Film ist ein amerikanischer Kunstprofessor, Howard Storm, der in einem Nahtod-Erlebnis Höllenvisionen hatte, ähnlich denjenigen, die wir gerade besprochen haben. Sieben Stunden lang sieht er sich „an verachtenswertem Ort", von gräßlichen Gestalten umgeben, die ihn verhöhnen, an ihm kratzen und zerren. Er versucht sich zu wehren, die Gestalten lachen aber nur über alles, was er tut.

Das Besondere an diesem Bericht ist jedoch, daß der Kunstprofessor nach diesem Erlebnis seinen Beruf aufgibt und Pfarrer der „Zion Church of Christ" wird. Vorher war er 20 Jahre lang nicht zur Kirche gegangen, gehörte zu einer Clique von materialistisch-atheistischen Intellektuellen. Nun hat er noch einmal ganz von vorne angefangen, hat neue Freunde, nimmt neue Aufgaben wahr. Vor allem aber: Er erzählt in seinen Predigten und im Unterricht, daß es eine Hölle gibt. Er selbst ist dort gewesen, hat sie am eigenen Leib erlebt, wurde aber noch einmal ins Leben zurückgeschickt.

Ist Howard Storm einer der wenigen, die die Wahrheit über die Hölle sagen und nicht nur wie die Nahtod-Forscher „happy life" jenseits der Todesschwelle ankündigen? Sagt hier nicht jemand, daß wir mit einem sündhaften Leben nicht einfach ungeschoren davonkommen, sondern daß wir die Folgen zu tragen haben, sofern wir nicht – wie Howard Storm – noch die Gelegenheit zur Buße wahrnehmen?

Wir bemerken dazu dreierlei: Erstens setzt die Aussage von Herrn Storm, er sei in der Hölle gewesen, voraus, daß er wirklich tot war, jedenfalls ist die christliche Lehre so zu verstehen. Er spricht also von einer Jenseitsreise, von der er zurückgekehrt ist – und kommt damit in gefährliche Nähe zur spiritistischen Denkweise. Ein Fazit unserer bisherigen Betrachtungen ist, daß Nahtod-Erfahrungen diesem Leben angehören, selbst wenn sie Botschaften enthalten, die nicht nur Projektionen des Unbewußten sind. Die medizinische Vorstellung vom Tod geht heute so weit, daß auch dann, wenn das Herz nicht mehr schlägt und die Hirnstromkurven gerade sind, der Mensch durchaus noch leben kann. Wiederbelebung holt nicht aus dem Tod zurück, sondern aus tiefem Koma.

Wenn Howard Storm seine Aussagen indirekt meint, nämlich daß ihm angesichts des Todes in seiner inneren Bilderwelt einiges klargeworden sei, so kann man das akzeptieren. Informationen über das, was im „Jenseits" geschieht, ob himmlisch oder höllisch, finden wir in Nahtod-Erlebnissen nicht.

Auch die Begegnung mit schon verstorbenen Angehörigen oder Freunden ist mit Behutsamkeit zu bewerten. Daß keine noch lebenden Menschen in den Lichterlebnissen erscheinen, zeigt in der Tat einen Unterschied zu intensiven Träumen an. Was das wirklich bedeutet, wissen wir jedoch nicht. Meistens enthalten die Nahtod-Begegnungen mit Verstorbenen die Botschaft: „Du mußt noch einmal zurück." Ob dabei die aus unserem Unbewußten kommenden Bilder so etwas wie „Antennen" darstellen oder gar einem „Bildtelefon" vergleichbar sind, darüber mag man spekulieren oder metaphorisch reden – in naturwissenschaftliche Begriffe können wir es nicht fassen.

Zweitens sei folgendes angemerkt. Die biologische Annahme, daß Nahtod-Bausteine, insbesondere das „glückselige" Lichterlebnis, im Erbgut programmiert sind, sagt nichts über Sünde und Hölle aus. Man kann das gut an einem Vergleich erläutern: Der Wunsch, Kinder zu bekommen, ist gleichfalls genetisch programmiert, auch die Glückseligkeit über die Geburt eines Kindes und das Fürsorgeverhalten. Das schließt nicht aus, daß durch äußere Einflüsse, Lebensbedingungen, Schicksalsschläge oder Enttäuschungen ein Ehepaar strikt gegen eigene Kinder eingestellt ist und lieber kinderlos bleibt. Auch gibt es leider noch viele Kindesmißhandlungen, in denen das

„natürliche" Fürsorgeverhalten pervertiert wird. Das veranlaßt uns jedoch nicht, in Frage zu stellen, ob wirklich der Vermehrungstrieb und das Zuwendungsverhalten zu den Nachkommen im genetischen Code verankert sind.

Auf der anderen Seite gibt es auch übertriebenes Fürsorgeverhalten, bei dem sich vielleicht ein Elternteil „aufopfert", obwohl das heranwachsende Kind sich lieber lösen und sein Leben selbst gestalten möchte. Analog kann die „Lust am Jenseits" zu Lebensfeindlichkeit führen, obwohl das nicht „natürlich" ist. Erfreulicherweise führen jedoch Nahtod-Erlebnisse durchweg nicht zur Lebensferne, sondern zu einer neuen Lebensbejahung.

So bleibt drittens die Frage, wo in Todesnähe Schuld und Sünde ihren Ort haben. Diese Frage ist wirklich eine religiöse Frage und nicht eine der natürlichen Struktur von nahtodlichen Erlebnismustern. In östlichen Religionen ist es die Frage nach dem Karma, das so oft in eine erneute Geburt „hineintreibt", bis man sich diesem Kreislauf entwinden kann.

Im Christentum wird durch Gottes Gnade das Karma überwunden, weil wir Menschen hoffnungslos scheitern, mit dem Bösen in uns fertig zu werden. Das Akzeptieren dieser Gnade spielt sich irgendwo zwischen bewußtem Wollen und mystischer Öffnung ab. Was das für das Leben nach dem Tod und die Auferstehung bedeutet, ist im Laufe der Geschichte des Christentums sehr verschiedenartig dargestellt worden. Nahtod-Erfahrungen fordern zu erneutem Überdenken solcher Darstellungen heraus. Einen der schönsten christlichen Gedankengänge hat Paulus in drei Sätzen formuliert:

„Wenn ich mit Menschen- und Engelszungen redete und hätte der Liebe nicht, wäre ich ein tönendes Erz oder eine klingende Schelle. Und wenn ich weissagen könnte und wüßte alle Geheimnisse und alle Erkenntnis und hätte allen Glauben, so daß ich Berge versetzte, und hätte der Liebe nicht, so wäre ich nichts. Und wenn ich alle meine Habe den Armen gäbe und ließe meinen Leib brennen und hätte der Liebe nicht, so wäre es mir nichts nütze."[39]

Kehren wir aber noch einmal zu den Folgewirkungen des Lebens in Todesnähe zurück! Wir haben gesehen, daß die Zuordnung „positiv gelebtes Leben" zu „glückseligem Nahtod-Erlebnis" und „negativ gelebtes Leben" zu „höllischer Nahtod-Erfahrung" nicht stimmt (wie auch immer man „positiv" und „negativ" erläutert). Möglicherweise ist schon die Tatsache, daß jemand in wirklicher Todesnähe ein Nahtod-Erlebnis hat, ein Indiz für ein „Annehmen" des Todes, für die Bereitschaft, sich dem Panorama, dem Lebensfilm zu stellen. Man weiß ja nicht, wie viele Menschen solche Erlebnisse haben und sie verschweigen oder dann wirklich sterben. Nahtod-Forschung ist immer auf Berichte angewiesen.

Letztlich wissen wir wenig darüber, was sich in der Frage Schuld und Vergebung bei jedem einzelnen Menschen abspielt und wieviel davon in Spuren aufzufinden ist, die ein Sterbender bei den Mitmenschen hinterläßt.

Kirche und Nahtod-Erfahrung

Die letzte Frage, die bei Nahtod-Erfahrungen gestellt wird, ist die nach Auswirkungen auf das weitere irdische Leben. In den meisten Berichten wird dazu zweierlei gesagt. Zum einen ist die Annahme, daß es ein Leben nach dem Tod gibt, gefestigt oder überhaupt erst zu einer Überzeugung geworden. Zum anderen wird oft der Wunsch zum Ausdruck gebracht, eine neue Aufgabe wahrzunehmen, einen Auftrag zu erfüllen, den Mitmenschen mehr Liebe zu bringen. Wie sieht das aber konkret aus? Die Umwelt, in die derjenige zurückkehrt, der ein richtungweisendes Nahtod-Erlebnis hatte, ist dieselbe wie vorher. Von ihr ist wenig Verständnis für das zu erwarten, was der Nahtod-Betroffene vermitteln möchte. Viele halten sich deshalb auch zurück, ihr „Geheimnis" mitzuteilen, oder sie fürchten, in eine falsche Ecke gestellt zu werden.

Für Menschen, die sich als Christen verstehen, spitzt sich die Folgewirkung ihres Erlebens in dem zu, was christliche Lehre sagt und wie sich das kirchliche Umfeld verhält, wenn es von dem Nahtod-Erlebnis erfährt. Erinnern wir uns an die Berichte, die wir eingangs dargestellt haben! Viele enthalten Äußerungen zur Frage Leben nach dem Tod, einige auch über Reaktionen der Mitmenschen auf die neuen Gedanken: Monika Meyerbeer (S. 14 ff.) spricht von einer Gotteserfahrung, die sie im Konflikt mit den Vorstellungen ihrer kirchlichen Umwelt sieht. Warum kann sie nicht, wie es Paulus getan hat, ihre Arbeit in der kirchlichen Lehre mit leidenschaftlicher Gotteserfahrung füllen? Zwar kann sie das auch unauffällig tun; aber das Versteckspielen erscheint überflüssig und der vertretenen Sache abträglich, wenngleich es in ihrer Situation schwer vermeidbar ist.

Ähnliches kann man zu dem sagen, was Inge Drees (S. 31 ff.) erfuhr. Sie fragt, warum sie das alles erlebt hat, „ob es nur für mich alleine ist oder ob nicht andere daran teilhaben sollten; es ist ein so kostbares Erlebnis, das ich hatte, ich möchte es mit ‚Gotteserfahrung‘ umschreiben". Sie war bis zu ihrem Erlebnis „nicht besonders gläubig", erfuhr dann aber wenig Verständnis: „Als ich, mit den Gedanken aus diesem Erlebnis (nicht mit dem Erfahrenen selbst) ganz erfüllt, in meiner kirchlichen Gruppe mitreden wollte, lief ich böse auf. Seither behalte ich das für mich und denke, es wird schon auf andere wirken, eben ohne Worte." Der kirchlichen Gruppe ist eine Chance entgangen!

Manfred Rövekamp (S. 18 ff.) schließlich bemerkt: „Dieses Nahtodeserlebnis hat in mir vieles verändert. Eine ganze Menge muß ich allerdings unterdrücken. Es paßt nicht in diese Zeit und in diese Welt …"

Eine veränderte oder vertiefte Weltsicht kommt auch in den Bemerkungen über ein Leben nach dem Tod zum Ausdruck: „Dieses Erlebnis hat mich in meiner Überzeugung gestärkt, daß es eine Realität weit jenseits unserer Sinneswahrnehmung gibt, eine Realität, die sehr nahe an christlichen Glaubensvorstellungen ist" (Bartholdy S. 24); „Was die Zeit nach dem Tod angeht, kann ich sagen, daß ich eigentlich direkt neugierig darauf bin" (Guillaume S. 25); „Ich bin der tiefen Überzeugung, daß wir nach dem ‚Tode‘ in einem schöneren, erlösteren Zustand irgendwie weiterleben" (Weigle S. 28); „Die Frage ‚Gibt es ein Weiterleben nach dem Tod?' kann ich nur mit einem klaren Ja beantworten" (Unger S. 29). „Für mich gibt es ein Dasein nach dem Tod" (Bilitewski S. 34).

Das sind Bestätigungen dessen, was wir am Anfang des ersten Kapitels aus dem Bericht in der „Neuen Zürcher Zeitung" erfuhren: „Das Heilige kehrt in die Welt zurück", allerdings nicht unbedingt zugunsten der Institution Kirche. Wird die herkömmliche Kirche in der Lage sein, eine stärker erfahrungsbezogene Religiosität zu integrieren – insbesondere in der Frage von Nahtod-Erlebnissen – und in diesem Sinne eine „neue Kirche" werden?

Für die Gotteswissenschaft sieht der Theologe Eugen Biser eine Chance:

„Zweifellos lebt das ständig wachsende Interesse an theologischen Innovationen von zwei Impulsen: dem therapeutischen und dem esoterischen. Und beide haben auch tatsächlich mit der aktuellen Entwicklung der Theologie zu tun. Der therapeutische, sofern die Theologie im Begriff steht, sich auf ihre primäre Aufgabe, ‚die gebrochenen Herzen zu heilen' … zurückzubesinnen und das Christentum im Zuge dieser Einsicht als die Religion der Angst- und Todüberwindung zu erweisen. Der esoterische, sofern sich von der pseudoreligiösen Randszene her die Frage nach einer genuin christlichen Esoterik mit wachsender Dringlichkeit stellt."[40]

Was Biser hier „christliche Esoterik" nennt, ist von dem, was sonst Esoterik meint, streng zu unterscheiden. Wir haben deshalb die Bezeichnung „Esoterik" dafür vermieden; aber das ist eine rein terminologische Frage. In der Sache geht es Biser um diejenige Alternative zur theosophisch orientierten Esoterik, die man an den großen Gestalten christlicher Mystik wie Hildegard von Bingen festmachen kann. Biser verweist auch auf Paulus (vgl. das, was wir weiter oben über Paulus feststellten):

In seiner Korrespondenz mit Korinth versichert Paulus „sogar ausdrücklich, daß er seinen Lesern am liebsten die ‚feste Speise' seiner

Geheimlehre gereicht hätte, daß er jedoch angesichts ihrer durch ihren Parteienstreit beschränkten Fassungskraft genötigt sei, sie mit der ‚Milch‘ des Allgemeinverständlichen abzuspeisen … Dem hatte er einen förmlichen Exkurs über sein eigentliches Anliegen vorangestellt. In betonter Absage an die gottblinde ‚Weisheit‘ der ‚Herrscher dieser Welt‘, die den leibhaftigen Inbegriff der in Christus erschienenen Gottesweisheit ans Kreuz schlugen, versichert er: ‚Auch wir verkünden Weisheit, jedoch nicht die Weisheit dieser Welt …, sondern die Gottesweisheit im Geheimnis, verstanden als das, was kein Auge geschaut, kein Ohr vernommen und keines Menschen Herz jemals empfunden hat, was aber Gott denjenigen erschloß, die ihn lieben …‘"[41]

Wird sich aber eine so veränderte – oder erweiterte – theologische Schau in den etablierten Kirchen durchsetzen? Oder wird sich eine „neue Kirche" jenseits der etablierten entwickeln, vielleicht sogar ganz ohne Organisation?

Materialismus und Esoterik am Beispiel Fernsehen

Zunächst ist es interessant, die verschiedenen Kräfte zu beobachten, die in der Frage Tod und Nahtod um Wahrheit und Vermittlung der richtigen Bedeutung ringen. Wir haben das ganze Buch hindurch zwei Extreme beschrieben, das materialistische und das esoterische, zwischen denen wir einen Weg suchen, der „Mathematik und Mystik" in dem Sinne verbindet, daß kritische Naturwissenschaft mit einer in den Tiefen des Unbewußten sowie in den Höhen übersinnlicher Erfahrung verankerten Jenseitsschau korrespondiert. Wie konkret das Ringen zwischen Materialismus und Esoterik in unserer „christlichen" Welt aussieht, illustrieren wir an zwei Fernsehfilmen. Beide sind 1998 im „Totenmonat" November gesendet worden, und beide wollten helfen, das Tabu „Tod" zu brechen, den Tod wieder in das Leben zu integrieren.

Der erste Film („Wie wir sterben", Quarks & Co., WDR 17.11.) verkörpert die klassisch-medizinische Betrachtungsweise aller Fragen, die mit Tod zusammenhängen. Detailgenau wird diskutiert, wie man heute den Tod feststellt. Auch wird über eine Ärztin berichtet, die noch vorhandene Lebenssignale im Atem eines Menschen übersah und deshalb angeklagt wurde. In eindrucksvollen und technisch brillanten Graphiken werden die biologischen Stadien des Sterbens von Organen und Zellen erläutert.

Auch ein Nahtod-Erlebnis wird dargestellt, allerdings nur mit Kameratricks: Von der Decke eines OP aus sieht man den Operationstisch, was zum Ausdruck bringen soll, daß sich manche Patienten irgendwie selbst von oben betrachten. Über das Problem der Außer-Körper-Erfahrung wird nicht gesprochen. Dann sieht man ein rotierendes Auge, das in einen größer werdenden Lichtfleck übergeht; vermutlich von Susan Blackmore inspiriert, soll es die Tunnel- und Lichtvision des sterbenden Gehirns erklären.

Ein wirklich Sterbender wird nicht gezeigt, auch niemand, der von einem Nahtod-Erlebnis berichtet. Wohl aber werden ein Mann und eine Frau interviewt, die Kandidaten für das Einfrieren sind: In den USA gibt es eine Gesellschaft, die zum Preis von 120 000 Dollar einen Menschen blutlos in einer Metallröhre in einen Tiefkühlzustand versetzt, der ein Wiederaufleben zu irgendeinem künftigen Zeitpunkt gestattet. Nachdem sich das in Tierversuchen als möglich herausgestellt hatte, übertrug man es auf Menschen.

Die Interviewten finden es „aufregend", eine spätere Phase der Menschheitsgeschichte miterleben zu können. Möglicherweise schwingt hier die Hoffnung mit, daß man sein bißchen Leben so lange in Portionen zu „strecken" vermag, bis das „Todesgen" im Erbgut beseitigt werden kann und so eine Art ewiges Leben möglich ist, wenn auch „nur" maximal eineinhalb Milliarden Jahre, bis zum Verglühen des Planeten Erde.

Wenn in dem Film auch lediglich schulmedizinische „Fakten" gezeigt werden: er vermittelt durch das, was er wegläßt, ein materialistisches Menschenbild. Sterben erleben ist eine Sache von Apparaturen, präziser Messung und Eisbox. Letztere kann sich natürlich nur der Betuchte leisten, so, wie sich im alten Ägypten nur Herrscher Pyramiden als Basis für ihr nachtodliches Leben bauen lassen konnten.

Kalt wie die in den Menschenröhren dampfenden Vereisungssubstanzen ist die Atmosphäre, die der Fernsehbeitrag ausstrahlt. Er erinnert mich an das schreckliche Erleben, als mein Kind zwischen den getünchten Wänden einer Intensivstation wie in einer Maschine starb (vgl. das auf S. 136 hierzu Gesagte). Der Film wurde teilweise in genau diesem Krankenhaus gedreht.

Den zweiten Film („Tod", ALPHA Sichtweisen für das 3te Jahrtausend), strahlte der Bayrische Rundfunk an Allerheiligen aus.

Im Gegensatz zu dem anderen Film ist er ganz und gar auf Sterben als Erlebnis, Sterbebegleitung und Hoffnung über den Tod hinaus angelegt. Feinsinnige Worte bekannter Autoren zum Thema Tod und Sterben werden vorgetragen und filmisch untermauert. Ein Familientherapeut, der Ruhe und Überzeugung ausstrahlt, spricht vom Leben, das aus einem Urgrund aufsteigt und wieder darin versinkt. „Es schließt sich der Kreis, bei dem Anfang und Ende dasselbe sind." Man soll den Tod anschauen, sich vor ihm verbeugen, auch die Toten immer wieder anschauen, wie es an Allerheiligen in besonderer Weise geschieht. Eine Krankenschwester berichtet eindrucksvoll von ihren Begegnungen mit Menschen, die sie im Sterben begleitet.

Die Tendenz des Filmes schimmert erstmals durch, als Frau Kübler-Ross interviewt wird. Sie hat ja durch ihr Buch „Interviews mit Sterbenden" weltweit eine aktive Sterbebegleitung stimuliert und wesentlich dazu beigetragen, daß man langsam wieder anders als in der Apparatemedizin mit dem Tod umgeht. Aber sie hat sich auch in einer späteren Phase der Esoterik zugewandt und die vielen von ihr untersuchten Nahtod-Erlebnisse mit dem theosophisch-esoterischen Gedankenschema interpretiert. Im Film kommt das zunächst nicht unmittelbar zum Vorschein. Das von ihr herangezogene schöne Bild von der Schmetterlingspuppe, die sich in einen Schmetterling verwandelt, kann, angewandt auf das Sterben, sehr verschiedenartig verstanden werden; es ist auch eine gute Illustration der christlichen Auferstehungshoffnung. Frau Kübler-Ross verwendet das Bild aber für die Leibhüllen-Vorstellung der Theosophie. Deutlicher wird der Beitrag eines buddhistischen Mönches und Meditationsmeisters aus Tibet: „Das Leben ist ein ständiger Kreislauf von Leben und Tod", und im Sterbeprozeß stirbt nicht nur der Körper, sondern auch der Verstand.

Das wollten Anrufer am Ende der Sendung genauer wissen. Die Antworten gab Vera Birkenbihl, eine Managertrainerin, die Schlüsselfigur des Films. Sie war vorher schon mehrfach zu Wort gekommen und hatte sich, was den Übergang vom Leben zum Tod angeht, auf das „Modell Kübler-Ross" bezogen, was unverfänglicher klingt, als den Ursprung des Modells in der Theosophie oder Anthroposophie zu benennen. Jetzt erfuhr man mehr von diesem Modell: Beim Tod entweicht zunächst die physische Energie, dann die psychische, und auch der Verstand tritt in den Hintergrund. Zwar wird in der Sendung der Begriff „Ätherleib" vermieden. Inhaltlich umschrieb aber Frau Birkenbihl das, was bei Rudolf Steiner so lautet:

„Der Ätherkörper ist der Träger des Gedächtnisses; je feiner der Ätherkörper, desto ausgebildeter, desto besser ist das Gedächtnis. Steckt nun der Ätherkörper in dem physischen Körper fest, wie dieses beim gewöhnlichen Menschen der Fall ist, dann können seine Vibrationen nicht genügend auf das Gehirn wirken und dem Menschen zu Bewußtsein kommen, weil der physische Leib sie mit seinen gröberen Schwingungen gleichsam zudeckt. In Todesgefahr aber, wo sich der Ätherleib lockert, ist er mit seinen Erinnerungen vom Gehirn entlastet. Das ganze verflossene Leben steht einen Augenblick vor der Seele des Sterbenden. Im Moment also, wo der Ätherleib sich lockert, tritt alles hervor, was jemals in den Ätherleib hineingeschrieben worden ist. Daher auch die Erinnerung an das verflossene Leben unmittelbar nach dem Tode."[42]

Das Gedächtniswissen geht aber in diesem Modell, wie wir schon erörtert haben (S. 138), nicht verloren, sondern wird in der „Akasha-

Chronik", einer Art kosmischer Universalbibliothek, aufgezeichnet. Dort kann sich – nach Steiner – der Verstorbene zwecks Vorbereitung auf die nächsten Geburt dann „bedienen".

Nach Frau Birkenbihl kommt es in Nahtod-Erlebnissen vor, daß ein Betroffener, der im Lichterlebnis ein universelles Wissenserlebnis hat, bis zur Akasha-Bibliothek vordringt. Was er dort nachliest, wird allerdings wieder gelöscht, wenn er wiederbelebt wird; mit Ausnahmen: Ein amerikanischer Automechaniker hat angeblich doch etwas abgekupfert und bei seiner Rückkehr so viel aus dem Nahtod „herausgeschmuggelt", daß er Quantenmechanik verstehen und Physiker werden konnte.

Derartige Märchen wären für einen Naturwissenschaftler erträglich, würden sie als Folge einer Glaubensüberzeugung angesehen, die man weder beweisen noch widerlegen kann. Sie geben sich jedoch als „Wissen" aus, das durch höhere Erleuchtung (beispielsweise Rudolf Steiners) gewonnen wurde. So ist auch Frau Birkenbihl um „Beweise" für die esoterischen Lehren bemüht (die natürlich keine Beweise sind).

Der Fernsehbeitrag ist filmisch sehr gelungen, geht auf die Frage nach Sterben und Tod so ein, daß der Zuschauer angesprochen wird und viel Hilfreiches und Tröstliches erfährt. Aber die Botschaft, die der Film vermittelt, ist nicht die christliche. Das esoterische Element wird so geschickt „verpackt", daß es zunächst kaum ins Auge fällt. Der Anlaß „Allerheiligen" läßt ja eine für die Allgemeinheit verständliche christliche Besinnung zum Thema Tod erwarten.

Hier dringt Esoterik in ein Vakuum vor, das von christlicher Seite mangels ähnlich verständnisvoller Filme unangetastet bleibt.

Frei vagabundierende Religiosität?

Versuchen wir die Fäden unserer Überlegungen zusammenzubinden! Die Einordnung von Nahtod-Erfahrungen in das konkrete Lebensgeschehen einzelner Menschen sowie in das mehr oder weniger religiöse Umfeld, dem sie angehören, erscheint unter zwei Aspekten. Der erste fragt danach, wie die Betroffenen mit dem, was sie erlebt haben, zurechtkommen, wie sie ihre starken inneren Erfahrungen in ihr weiteres Leben einbringen. In dem am Anfang des ersten Kapitels erwähnten Interview folgert Hubert Knoblauch aus vielen Beobachtungen und Gesprächen mit Nahtod-Betroffenen in Deutschland, daß im Gefolge von Nahtod-Erlebnissen durchweg die Sinnfrage aufbricht. Die Frage des Interviewers, ob man aus einer „Jenseitsreise" eine bestimmte Lehre ziehen könne, verneint er, meint jedoch:

„Aber sie ist ein Anstoß zur Sinnsuche. Die Überlebenden versuchen, das Erlebnis zu deuten. Manche können es mit ihrem Glauben vereinen, anderen bleibt es ein Rätsel. Weil den Leuten keine verbindlichen Deutungsmuster zur Verfügung stehen, sind sie auf sich selber angewiesen. Nur sehr wenige wenden sich an die Kirche."[43]

Das bestätigt sich in der „Momentaufnahme", die wir eingangs mit einer Anzahl von Berichten vorgestellt haben, und kommt in den weiteren Beispielen immer wieder zum Ausdruck. Viele der mitgeteilten Erfahrungen liegen Jahre oder Jahrzehnte zurück. Sie hatten oft einen großen Stellenwert im Leben der Betroffenen, obwohl sie verborgen blieben. Einigen waren sie schlicht Hilfe in einem gläubigen Dasein, für andere warfen sie neue Fragen auf, die von kirchlicher Seite nicht beantwortet wurden – eher von der esoterischen.[44]

Dabei geht es nicht nur um glückliche neue Erfahrungen, die man in Leben und Glauben integrieren möchte. Es kann auch zu Konfliktsituationen kommen. M. Schröter-Kunhardt, der mehr als 200 Nahtod-Berichte untersucht hat, weist in einem Interview auf die Frage, ob es auch negative Folgen von Nahtod-Erlebnissen gibt, z. B. auf psychische Störungen hin:

„Ja, das wird leider in der Literatur verschwiegen.[45] Man weiß aber, daß es durchaus auch zu Störungen kommen kann. Es treten z. B. Depressionen auf, weil man nicht im nachtodlichen Bereich bleiben durfte, gelegentlich kommt es auch zu psychotischen Entgleisungen, und der Betreffende ist dann sozusagen in zwei verschiedenen Welten und weiß nicht, zu welcher er gehört. Häufig tritt eine gewisse Orientierungslosigkeit auf, weil die betreffenden Menschen nicht mehr wissen, wie sie ihr Leben anders gestalten sollen. Sie wollen zwar ihre neuen Werte realisieren und suchen auch einen Weg, den sie z. B. in irgendeiner Gemeinschaft begehen können, ja sie beginnen eine spirituelle Suche, die jahrelang anhalten kann."[46]

Auf die Frage „Sind das jetzt Einzelfälle, von denen Sie berichten, oder ist der Prozentsatz derer, die nach einer Nah-Todeserfahrung mit ihrem Leben nicht zurechtkommen, doch sehr hoch?" fügt Schröter-Kunhardt hinzu: „Das kann ich nicht genau sagen. Die Scheidungsrate ist auf jeden Fall höher als die durchschnittliche, aber das muß keine negative Folge sein. Die Prozentzahlen für Depressionen, andere Störungen und psychotische Entgleisungen sind noch nicht erfaßt worden. Nach meinem Gefühl liegen die Zahlen dafür unter 10 %, während die Orientierungslosigkeit sicherlich – zumindest vorübergehend – bei jedem Zweiten vorkommt."[47]

Hier bleibt die Frage bestehen, die wir oben schon gestellt haben: Wird traditionelle Kirche – ohne falsche Anleihen bei theosophisch ausgerichteter Esoterik – aus ihrer eigenen Substanz heraus zeitgemäße Antworten und Hilfe anbieten können, oder greifen die Betroffenen mehr und mehr, sofern sie nicht auf der New-Age-Welle mitschwimmen, zur Selbsthilfe einer Art neuer Gemeinschaft oder gar Kirche?

Der zweite Aspekt kehrt die Fragestellung des ersten um. Es geht in ihm nicht darum, was Kirche den Nahtod-Betroffenen bieten kann, sondern darum, ob traditionelle Kirche die Herausforderung aufzunehmen vermag, die durch die Erfahrungsberichte und durch die Erkenntnisse der Nahtod-Forschung an sie herangetragen werden. Wie steht es mit dem Biserschen Postulat einer „genuin christlichen Esoterik"?

Lassen wir noch einmal Hubert Knoblauch zu Wort kommen, der aufgrund seiner Umfrage auch zur gesellschaftlichen Bedeutung von Nahtod-Erfahrungen Stellung nimmt: „In ihrer Jenseitsreise erfahren die Leute am eigenen Leib, daß es etwas Transzendentes gibt, etwas jenseits der Alltagswelt. In dem Maße, wie traditionelle, durch die Kirche vermittelte Vorstellungen über die richtige Lebensführung an Einfluß verlieren, wird die subjektive Erfahrung, die eigene Biografie wichtiger. Darin sind Todeserfahrungen mystischen Erfahrungen vergleichbar."[48]

„Ist also die Todeserfahrung Legitimation für eine Privatreligion?", will der Interviewer wissen.

„Subjektiv", so Knoblauch, „ist nicht gleich privat. Das Erlebnis bleibt nicht in einzelnen Individuen stecken. Die Überlebenden teilen sich anderen mit, schreiben Bücher und gründen Selbsthilfegruppen. Diese Kultivierung und Vergemeinschaftung ist das Neue an der Sache". Interviewer: „Das ist schlecht für die Kirchen." Knoblauch: „Diese Menschen entziehen sich tatsächlich dem Zugriff der Kirchen."[49]

Nach diesen Beobachtungen gibt es also bereits Ansätze für eine neuartige „Religionsgemeinschaft". Sie kommen einer Tendenz entgegen, die nicht nur bei Menschen mit Nahtod-Erfahrung zu finden ist. In einer Studie des „Bensberger Kreises" zum Thema „Neue Religiosität" (1998) heißt es unter „Jugend und Religion":

„Religiöse Vorstellungen, die für viele Jugendliche von Interesse sind, beispielsweise der Gedanke an ein Weiterleben nach dem Tode, erscheinen bei ihnen zugleich in relativ geringem Maß an christliche Vorstellungsinhalte gebunden, sondern sind eher synkretistisch geprägt."[50] Es wird von einer „frei vagabundierenden Religiosität" gesprochen.

Oft sieht man noch die Auflehnung gegen etablierte Kirche und kirchliche Machtstrukturen unter dem Gesichtspunkt einer Protesthaltung. Diese kann so weit gehen, daß sich Menschen von der Kirche abwenden und demonstrativ einer anderen Gruppierung beitreten, sei es einer Sekte, einer „Jugendreligion" oder einer Gruppe wie „Bhagwan". Vielleicht leben wir aber schon in der Post-Protestphase: Auch mit anderen Organisationen hat man schlechte Erfah-

rungen gemacht, ist oft „vom Regen in die Traufe" gekommen. Wenn
in den neuen Gruppen auch die Ideen anders sind, so haben sie doch
gleichfalls ihre Machtstrukturen, verlangen Unterwerfung (und auch
Geld).

Attraktiver ist da die frei praktizierte Religiosität. Sie wird auch
weithin schon nicht mehr als Protest, als Abtrünnigkeit erlebt. Der
Einfluß christlicher Erziehung, wo er noch „offiziell" existiert, ist so
gering geworden, daß sich die Sinnsuche nicht einmal mehr im
Widerstand dagegen manifestiert. Man möchte Antwort auf persönliche, unmittelbar gestellte Fragen und sucht Gemeinschaften, die
Zuwendung praktizieren und viel von allumfassender Liebe reden.

Auch ist an Menschen der ehemaligen DDR zu denken, die in der
Regel keine religiöse Erziehung genossen haben. Die Entfremdung
vom Christentum ist nach der „Wende" größer geblieben, als die
Kirchen erwartet haben. Auch der große Run auf Sekten fand nicht
statt. Trotzdem gibt es Sinnsuche, und diese auch im Zusammenhang
mit Nahtod-Erfahrungen. Knoblauch erzählt, er sei „einer Frau
begegnet, die ihre Todeserfahrung vor der Wende in der DDR
gemacht hat. Sie war nicht nur ausgesprochen areligiös, ihr fehlte
auch jedes Wissen über Erfahrungen dieser Art. Und trotzdem hat
sie ein solches Erleben gehabt und es ohne Schwierigkeiten identifi-
ziert. Auch Atheisten können Transzendenz erfahren, führen sie aber
nicht auf einen Gott zurück. Ohne außeralltägliche Erfahrungen, in
denen wir Menschen uns über eine höhere Bedeutung unseres
Daseins verständigen, wären wir nur traurige Tiere."[51]

Wir stehen also noch einmal vor der Frage religiöser „Urerlebnisse".
Natürlich wird nirgends ganz von vorne angefangen. Denn man ist
über Religion informiert und lebt mindestens geistig, wenn schon
nicht sozial, in einer mit religiösen Angeboten überfluteten, globali-
sierten Welt. Aber erfahrungsbezogene Einflüsse gewinnen an Gewicht, wenn es um letzte Fragen wie Tod und Leben danach geht.
Insofern nehmen Nahtod-Erfahrungen möglicherweise eine Schlüs-
selrolle in der weiteren Entwicklung des Religiösen ein.

Christlicher Lehre und Praxis rücken Nahtod-Fragen auf den Leib, und beide können diese Fragen nicht mehr als Angelegenheit am Rande abschütteln. Darin liegt für sie nicht nur eine Bedrohung, sondern auch eine Chance. Will sie eine Öffnung zur Mystik hin vollziehen, wie sie Biser vorschlägt, so bedeutet das nicht in erster Linie Revision der „Lehraussagen" (auch wenn diese aus anderen Gründen der Reform bedürfen). Über Äußerungen von Mystikern zu diskutieren bringt nicht viel; kirchliche Wächter haben sich in der Geschichte oft genug – unnötigerweise – die Zähne daran ausgebissen. Vielmehr geht es darum, von den Mystikern zu lernen, was Erleben heißt. Dabei kann die Befassung mit Nahtod-Erfahrungen wegweisend sein, auch für diejenigen, die nicht selbst „Betroffene", aber von dem mitgeteilten „betroffen" sind. Nahtod-Erlebnisse führen, wie wir gesehen haben, im christlichen Raum zu den Quellen bei Jesus und Paulus zurück. Sie können in eine christliche Religiosität eingebracht werden, die nicht frei vagabundiert, sondern zu einer erneuerten Kirche beiträgt.

Schlußgedanken: Vom Wissen zur Hoffnung

Der Untertitel dieses Buches lautet: „Ein Naturwissenschaftler untersucht Nahtod-Erfahrungen". Was ist bei unseren Untersuchungen – genauer: unserer Darstellung von Forschungsergebnissen der neueren Zeit – herausgekommen? Für eine kritische Naturwissenschaft heißt „untersuchen" einerseits, erklärbare Tatsachen herauszuarbeiten, andererseits, die Grenzen aufzuzeigen, die einer Erklärbarkeit gesetzt sind. Wenn die Details in größere Zusammenhänge eingeordnet oder gar auf ihre Bedeutung hin befragt werden, so kann das auf zweierlei Weise geschehen: zum einen durch Hypothesen, deren Bestätigung man erhoffen kann, zum anderen durch naturphilosophische oder religiöse Feststellungen, deren Nachweis sich naturwissenschaftlichen Methoden entzieht.

Eine Schwierigkeit entsteht aber bereits, wenn entschieden werden soll, was man zu den Tatsachen rechnen kann. Hier ist die Meinung von Naturwissenschaftlern nicht einhellig. Man stellt fest, daß hierbei schon Grundanschauungen eine Rolle spielen, die ihrerseits nicht wissenschaftlich begründet sind, sondern wissenschaftliche Auffassungen mit begründen.

Im Falle der Nahtod-Erfahrungen konnten wir das an den Darlegungen von Susan Blackmore gut erkennen: Für sie steht, wie sie selbst sagt, von vornherein fest, daß weder telepathische noch hellseherische Phänomene zu den Tatsachen gehören. Alles, was mit Gefühlen und Geist zu tun hat, spielt sich in den Kategorien der Hirnwissenschaft ab. Dabei vermag sie viele Details angemessen zu beschreiben. Daß Sauerstoffmangel bei der Auslösung von Nahtod-Erlebnissen beteiligt sein kann, ist ebenso unbestritten wie die Mitwirkung von Endorphinen und Enkephalinen bei den beschriebenen Phänomenen. Wird jedoch die Aussagekraft dieser „Tatsachen" beurteilt, so zeigen sich Unterschiede. Blackmores Bewertung kommt –

im Vergleich ausgedrückt – dicht an die Aussage heran: Das Liebesgeschehen zwischen Mann und Frau ist nichts als die Ausschüttung von Hormonen und läßt sich durch hirnphysiologische Vorgänge erklären. Frau Blackmore drückt sich natürlich vorsichtiger aus, aber sie sucht verzweifelt, alles wegzudeuten, was nicht in ihr materialistisches Weltbild paßt.

Damit, daß Blackmore die Existenz übersinnlicher Phänomene bestreitet, lehnt sie nicht nur religiöse und esoterische Deutungen von Nahtod-Phänomenen ab, sie verstellt auch den Blick für neue naturwissenschaftliche, insbesondere biologische Einsichten. Wir sind damit an einem zentralen Punkt unserer Überlegungen angelangt: Im Anschluß an Schröter-Kunhardt haben wir die These dargestellt und weiterverfolgt, daß die Grundmuster der Nahtod-Erfahrungen als übersinnliche Phänomene im genetischen Code verankert sind. Damit eröffnen sich dramatisch neue Möglichkeiten, sie biologisch in das menschliche Leben einzuordnen. Sie gründen tief im evolutionären Prozeß, zusammen mit Archetypen und dem heranreifenden Selbstbewußtsein des Menschen. Wie dabei Archetypen, Kommunikationsprozesse und Nahtod-Ereignisse querverbunden sind, ist noch längst nicht voll erforscht. Bereits C. G. Jung und S. Freud haben erkannt, daß man Telepathie und Hellsehen zum Verstehen der Lebenszusammenhänge in der Natur, insbesondere im menschlichen Unbewußten, heranziehen muß. Jung hat von Anfang an, Freud erst später, übersinnliche Phänomene zu den Tatsachen gerechnet. Wir haben an den Untersuchungen von Upton und Craig Sinclair gezeigt, daß man das Beispiel des Hellsehens nicht mehr wegdiskutieren kann.

So erhält die Realdeutung der Außer-Körper-Erfahrung eine neuartige Unterstützung, Tunnel-, Licht- und Panorama-Erlebnis sprengen die Möglichkeit, sie als Träume oder Halluzinationen zu erklären. Daß in der Nahtod-Erfahrung auch seit der Geburt Blinde, die selbst in Träumen niemals „gesehen" haben, in einer besonderen Weise „sehen" und bislang unbekannte Erkenntnisformen erleben, zeigt, daß hier geistige Phänomene zutage treten, die wir im Alltag nicht bemerken, sondern nur unter außergewöhnlichen Umständen.

Todesnähe ist ein solcher Umstand, aber er ist nicht der einzige. Nur knapp die Hälfte der „Nahtod"-Erlebnisse spielt sich in wirklicher Todesnähe, das heißt, bei Herzstillstand, ab. Es kann sich auch um befürchtete Todesnähe, tiefe Meditation oder eine unerklärte Spontansituation handeln. In jedem Fall verweisen Nahtod-Erfahrungen auf eine Grenze, „hinter" der Außergewöhnliches zu vermuten ist.

Wenn also evolutionsbiologische und tiefenpsychologische Einsichten auch unser Wissen über Nahtod-Phänomene erweitern und bereichern, so reichen sie doch nicht aus, diese zu „erklären". Wir wissen nicht einmal, ob der genetische Code genügt, alle relevanten Verhaltensmuster von Lebewesen zu speichern. Vor allem aber müssen wir ganz offenlassen, ob genauso, wie es ein „Sehen ohne Augen" gibt, auch eine Speicherung unserer Lebensinformation existiert, die von unserem Gehirn unabhängig ist. Das theosophisch-esoterische Modell glaubt das genau zu wissen: Das geschehe in der „Akasha-Chronik". Viele christliche Theologen sehen die Antwort – als Folge ihres Glaubens an die biblischen Aussagen – im „Gedächtnis Gottes", das jedoch nicht näher präzisiert wird.

Hier sind wir an der Grenze naturwissenschaftlichen Wissens angelangt. Einige Nahtod-Forscher, unter ihnen Kenneth Ring, versuchen diese Grenze zu überschreiten. Wir haben (S. 164 ff.) besprochen, wie Ring, gemeinsam mit Cooper, ein „transzendentes Wissen" annimmt und derart beschreibt, daß man darin kaum noch eine naturwissenschaftliche Hypothese erblicken kann. Diese Gedanken öffnen sich einer Vereinnahmung durch das theosophisch-esoterische Pseudowissen. Wir lehnen das ebenso ab wie das angebliche „Wissen" der Materialisten, es gäbe nichts Geistiges jenseits des durch Hirnphysiologie Beschreibbaren.

Zwar stimmen wir mit der Esoterik darin überein, daß Nahtod-Phänomene über das Diesseits einer nur naturwissenschaftlich verstandenen Welt hinausweisen. Sie deuten auf das, was im naturphilosophischen „anthropischen Prinzip" (siehe S. 85) zum Ausdruck kommt: Die Entstehung und die Bedeutung von Leben und Geist im Kosmos lassen sich nicht naturgesetzlich verstehen, sondern folgen einem „Schöpfungsprinzip" – gleichgültig, wie man dies im einzelnen versteht.

Wie die Grenze zum „Jenseits" hin im Hinblick auf Nahtod-Erfahrungen zu markieren ist, sei in zwei naturphilosophischen – nicht naturwissenschaftlichen – Thesen zusammengefaßt:

1. Daß die Bausteine von Nahtod-Erlebnissen im genetischen Code verankert sind, deutet darauf hin, daß menschliches Leben nach dem Tod individuell weitergeführt wird. In diesem Sinn hat Religion eine „natürliche" Grundlage.

2. Die Grenze zum Jenseits hin wird im Nahtod-Erleben höchstens einseitig überschritten, indem der Nahtod-Betroffene eine Botschaft für sein Leben hier erhält. Die Botschaft ist in Bildern des Unbewußten verschlüsselt. Welche Rolle dabei schon verstorbene Freunde oder Verwandte spielen, ist ein nicht aufgeklärtes Geheimnis.

Die erste These können auch Esoteriker unterschreiben. An die Stelle der zweiten würden sie jedoch die Behauptung setzen, daß der Ätherleib die Grenze in beiden Richtungen überschreiten kann. Das würde vielleicht nur einen sprachlichen Unterschied bedeuten, wäre nicht mit der Annahme eines Ätherleibes ein ausgefeiltes Denksystem verbunden, das den Gedanken der Reinkarnation einschließt. Wir sehen dieses Denksystem weder durch Nahtod-Erfahrungen bestätigt noch mit der Vorstellung einer in der individuellen Lebensgeschichte begründeten menschlichen Identität vereinbar. Vor allem aber weisen wir entschieden den Anspruch zurück, daß das Denksystem auf „Wissen" beruhe (das durch „Erleuchtung" gewonnen wird).

Aussagen über das, was jenseits der Todesschwelle geschieht, sind Angelegenheit des Glaubens und der Religion im engeren Sinn. Es wäre geradezu schade, könnte man es in ein System fassen: Dann könnte es nicht den unfaßbaren Reichtum haben, der unser Denkvermögen sprengt. Die Sicht des Glaubens findet ihren lebensmäßigen Ausdruck in der Hoffnung. Der Schritt von einer Erklärung zur Bedeutung der Nahtod-Erfahrungen geht mit dem Schritt vom Wissen zur Hoffnung einher.

Indem christlicher Glaube auf den Versuch einer Grenzüberschreitung zum Jenseits hin verzichtet und in einer Hoffnung über den Tod hinaus gründet, ist er mit den Thesen 1 und 2 vereinbar. Das heißt nicht, daß man christliche Lehre aufgrund dieser Thesen als „richtig" erweisen kann. Sie bleibt Angelegenheit von Glauben und Erleben.

Ein persönliches Wort

Wenn ich mit Journalisten über Fragen dieses Buches spreche, werde ich regelmäßig gefragt, was meine eigene Stellungnahme dort ist, wo es um Entscheidungen geht. Sie wollen meine Motive, meinen Hintergrund kennenlernen und ein persönliches Wort hören. Das ist verständlich, da es einem Wissenschaftler ansteht, Distanz zu behalten, Forschungsergebnisse und auch allgemeine Hypothesen nicht mit eigenen Ansichten zu vermischen. Mancher wird noch weiter gehen und fragen: Schimmert nicht in dem, was in diesem Buch dargelegt ist, eine christliche Voreingenommenheit durch, die meine „Ergebnisse" beeinflußt? – Diese Frage habe ich mir in der Tat immer wieder selbst gestellt und kann nur wünschen, daß meine Darstellung als sachlich aufgenommen wird. Überzeugungen können Motiv und Motor sein, ohne Sachlichkeit zu gefährden. Das gilt für das jüdisch-christliche Denken insgesamt: Es hat die Naturwissenschaft nicht nur (trotz mancher Rückschläge) geduldet, sondern sogar entscheidend mit begründet. Sachlichkeit besteht nicht in der Annahme, nur rational Begründetes sei wirklich (das ist Ideologie). Sie besteht in der klaren Unterscheidung zwischen rational nachvollziehbaren Feststellungen und aus persönlichem Glauben fließenden Aussagen.

Was meinen persönlichen Hintergrund und meinen Bezug zum Thema Nahtod angeht, so sei folgendes hinzugefügt. Aus dem deutschen Pietismus kommend, von einem starken Gotteserlebnis im Alter von 17 Jahren geprägt, hat mich das Verhältnis von Wissenschaft und Glauben durch mein Leben hindurch begleitet und fasziniert. Es war ein gutes Zusammentreffen, daß mir einer meiner christlichen Freunde – auch in meinem 17. Lebensjahr – Kants „Kritik der reinen Vernunft" in die Hand drückte; es löste großes Staunen bei mir aus.

Ein Nahtod-Erlebnis hatte ich selbst nicht. Aber der Tod meiner 13jährigen Tochter Esther-Sophie vor knapp drei Jahren hat mich tief erschüttert. Zum Thema Tod zu schreiben bedeutet neben dem sachlichen Interesse, das ich auch vor mehr als drei Jahren daran schon hatte, ein Stück Trauerarbeit. Die literarische Begegnung mit dem Nahtod-Erleben hat mir sehr geholfen.

Um es konkret zu sagen: Hoffnung umfaßt für mich auch die Hoffnung, mein Kind wiederzusehen. So finde ich mich immer noch in einem alten Pietistenlied wieder, das ich aus meiner Kindheit kenne. Es ist sprachlich holprig, entbehrt künstlerischer Qualitäten, und statt „Brüder" müßte es heutzutage „Schwestern und Brüder" heißen. Aber ich habe es in den letzten drei Jahren oft still vor mich hin gesungen:

Brüder, laßt uns hier am Ufer warten in der Hoffnung still,
bis der Fährmann kommt und rufet uns hinüber an das Ziel.
In dem Glanz der ew'gen Sonne
strahlt dort drüben Gottes Stadt,
jedes Herz freut sich voll Wonne,
das ein Bürgerrecht dort hat.

Nachwort von Eugen Biser

Gestützt auf imponierende Kenntnisse der Astro- und Mikrophysik, der Chaostheorie und maßgeblicher Untersuchungen über Telepathie, Präkognition und Esoterik, aber auch der unterschiedlichen Aspekte der Tiefenpsychologie geht der Verfasser, sorgfältig abwägend, den durch die Nahtod-Berichte aufgeworfenen Fragen nach.

Imponierend wie die Analyse ist das Ergebnis. Einblicke in das „Drüben" vermitteln die Nahtod-Erlebnisse keineswegs; denn wer zurückgeholt, also „reanimiert" werden konnte, war nicht wirklich tot. Die besondere Leistung des Werkes besteht in der von ihm gebotenen Erklärung: in den Nahtod-Berichten spiegelt sich eine Art Selbstschutz des Organismus gegenüber seiner Zerstörung im Tod. Es mutet wie ein Entgegenkommen der Natur an, daß dem Sterbenden der Abschied durch die von den Berichten geschilderten Erlebnisse in Form von Gefühlen der Entrückung, der Durchlichtung und Beglückung erleichtert wird. Ewald rechnet sogar mit einer genetischen Prägung, die im Extremfall des Sterbens aktiviert wird. Befreiend wirken dabei die ernüchternden Anmerkungen zu Spiritismus, Geistheilung und insbesondere zu Theosophie, Anthroposophie, Reinkarnationslehre und Regressionstherapie. Die angesprochenen Erlebnisse sind für Ewald „keine Reise ins Jenseits, sondern ein erstes Vertrautwerden mit dem Schiff, das dorthin fährt", also eine Art Einweisung in das einem jeden bevorstehende Sterben. Zu der wohltuend-realistischen Einschätzung der von ihm subtil analysierten Erlebnisse gehört es auch, daß negative Folgen, die bisweilen bei Betroffenen auftreten, nicht verschwiegen werden.

Schließlich fragt der Autor nach der Bedeutung von Nahtod-Erfahrungen für die Entstehung der Religion und nach deren Wert für die Erschließung biblischer Schlüsselszenen. Daß Religion mit der Erfahrung der Todesgrenze und dem Verlangen des Menschen nach Einblicken in das, was „Drüben" ist, zusammenhängt, ist eine immer wieder geäußerte und durchaus erwägenswerte Vermutung.

Fast in jeder der geschilderten biblischen Schlüsselszenen gelingt es dem Verfasser, den Szenen neue und für ihre theologische Deutung bedeutsame Lichter aufzusetzen. Im Fall der Stephanus-Visionen könnte man sogar dessen Anklage- und Verteidigungsrede als ein „Panorama"-Erlebnis deuten, nur daß sich die Bilderfolge dann nicht auf die eigene Biographie, sondern auf die ganz Israels bezieht.

Die Vermutung liegt nah, daß die Diskussion der Nahtod-Erlebnisse eher der frei flottierenden Religiosität als dem Christentum mit seinem Offenbarungsglauben zugute kommt, zumal Grenzerfahrungen gleich welcher Art allenfalls tangenial mit der Gottesoffenbarung zu tun haben. Wohl aber sind sie eine Herausforderung an das Christentum, sich entschiedener als bisher auf seine eigene Mystik und ihre Quellen in der paulinischen und johanneischen Botschaft zurückzubesinnen.

Darauf hingewiesen zu haben, ist einer der Verdienste des gedankenreichen, klar argumentierenden, abgewogen urteilenden und spannend geschriebenen Werkes.

Eugen Biser

Danksagung

Die Anregung, dieses Buch zu schreiben, stammt von Bernhard Meuser, dem Leiter des Pattloch Verlages. Die Zeitschrift „Weltbild" vermittelte mit ihrem Beitrag „Zeugen gesucht" (Mai 1998) eine Reihe von Erlebnisberichten. Michael Schröter-Kunhardt, Psychiater in Heidelberg, gab mir wertvolle Literaturhinweise und sandte mir Material. Evelyn Duerkop äußerte Bemerkungen zum Text. Meine Tochter Sarah hat gründlich Korrektur gelesen. Mit der Verlagslektorin Birgit Bramlage habe ich sehr gut zusammengearbeitet. Allen Genannten möchte ich meinen herzlichen Dank aussprechen, ebenso denjenigen, die bereit waren, ihre persönlichen Erlebnisse darzustellen und sie mir zwecks Veröffentlichung zu überlassen.

Bitte an die Leser

Wenn Sie selbst Nahtod-Erfahrungen oder vergleichbare Erlebnisse hatten, bin ich dankbar, wenn Sie mir an folgende Adresse schreiben: Aeskulapweg 7, 44801 Bochum, Fax-Nr.: 02 34 / 70 90 521.

Anmerkungen

Was Betroffene erzählen

1 NZZ Folio. Die Zeitschrift der Neuen Zürcher Zeitung Nr. 11, 1997, S. 77–79.
2 Ebd., S. 77.
3 Moody [1994]; Lizenzausgabe im Weltbild Verlag 1998. Vgl. auch die weiteren Bücher „Nachgedanken über das Leben nach dem Tod" [1997], „Das Licht von drüben" [1997].
4 M. Schröter-Kunhardt, Görresstr. 81, 69126 Heidelberg.
5 Schröter-Kunhardt „Das Jenseits in uns" [1993 (a)], S. 66.
6 Moody „Leben nach dem Tod" [1994], S. 51.
7 In: BILD, 4. Feb. 1994 „Ist Sterben schön?"
8 In: BILD, 10. Feb. 1994 „Ist Sterben schön?"
9 In: BILD, 1. Feb. 1994 „Ist Sterben schön?"
10 Ebd.
11 Ebd.
12 Ebd.
13 A. Heim [1891].
14 Zit. nach: Hampe [1987], S. 68–69.
15 Vgl. Soden [1988].
16 Zit. nach Schröter-Kunhardt: „A Review of Near Death Experiences" [1993 (c)], S. 225. (Eigene Übers. ins Deutsche.)
17 Moody „Leben nach dem Tod" [1997], S. 126.
18 Ebd., S. 127.
19 von Brück [1996], S. 87.
20 Ebd., S. 86.
21 Die folgenden Zitate sind entnommen aus: von Brück [1996], S. 90–93.
22 Zit. nach Hampe [1987], S. 54–56.
23 Mutschler [1992], S. 26.

Welt- und Menschenbild der Naturwissenschaft

1 Allgemeinverständliche Einführungen in die Chaostheorie beispielsweise in Peat [1992] und Stewart [1993].
2 Für den Leser, der in der Schule „komplexe Zahlen" kennengelernt hat, sei hinzugefügt, daß die Fliege jedesmal von dem durch eine komplexe Zahl z dar-

gestellten Punkt der „Zahlenebene" zu dem durch z + c dargestellten wechselt. Im betrachteten Beispiel ist c = 0,3 + 0,3.i . Man denke sich dabei die „1" bei „null Uhr" und die komplexe Einheit „i" bei „neun Uhr".

[3] Vgl. hierzu Ewald [1998], S. 131 ff.

[4] Mutschler [1992], S. 87.

[5] Vgl. hierzu die kritische Analyse und Literaturangaben in Ewald [1998], insbesondere S. 144 ff.

[6] Wittgenstein [1963], S. 115.

[7] Zit. nach Bezzel [1989], S. 89.

[8] Abbot [1982], S. 127–129.

[9] Vgl. hierzu das Buch von Kaku [1994] sowie Ewald [1998], Kapitel 19.

[10] STERN 35/98, S. 38–50.

[11] Zit. nach Breidbach [1997], S. 46.

[12] Hegel [1952], S. 254; vgl. Breidbach [1997], S. 67.

[13] Ebd.

[14] Breidbach [1997], S. 393.

[15] Ebd., S. 334.

[16] Popper/Eccles [1996], S. 448.

[17] Zit. nach Breuer [1984], S. 24.

[18] In: Metzinger [1996], S. 247.

[19] In: Elsaesser Valcrino [1995], S. 159–160.

[20] Zit. nach Kaku [1998], S. 363.

Die Wissenschaft vom Übersinnlichen

[1] Arnold u. a. [1997], Stichwort „Parapsychologie".

[2] Asanger & Wenninger [1992], Beitrag „Parapsychologie", S. 517.

[3] Ebd., S. 519.

[4] Pavese [1992], S. 22.

[5] Bedford und Kensington [1975], S. 257.

[6] Jung [1997], S. 56

[7] Ebd., S. 143.

[8] Haynes [1974], S. 228.

[9] Ebd., S. 212.

[10] Vgl. Bergmann [1971], S. 59.

[11] Haynes [1974], S. 104.

[12] Vgl. etwa Pavese [1998], S. 64 ff.

[13] Sinclair [1973], S. 285.

[14] Ebd., S. 144.

[15] Ebd., S. 107.

[16] Ebd., S. 108.

[17] Ebd., S. 86.

[18] Ebd., S. 89.

[19] Ebd., S. 65.

[20] Jung [1997], S. 159.

[21] Ebd., S. 159–160.

[22] Bender [1972], S. 52–60.

[23] Haynes [1974], S. 176.

[24] Vgl. Bergmann [1971], S. 45.

[25] Zit. nach Bergmann [1971], S. 46.

[26] Bender [1972], S. 80.

[27] Zit nach Bergmann [1971], S. 41.

[28] Zum Folgenden vgl. Rattner [1997].

[29] Jung [1997], S. 161.

[30] Pavese [1998], S. 275.

Wie Spiritismus und Esoterik Nahtod-Erlebnisse vereinnahmen

[1] Pavese [1998], S. 78; für das Folgende vgl. ebd. S. 77 ff.

[2] Ebd., S. 82.

[3] Hummel [1989], S. 79.

[4] Ebd.

[5] Ebd., S. 80.

[6] Zit. nach Pavese [1998], S. 177.

[7] Zit. nach Bergmann [1971], S. 119–121.

[8] Ebd.

[9] Vgl. hierzu Haynes [1974], S. 201–203.

[10] Monroe [1981].

[11] Hummel [1989], S. 90.

[12] Zit. nach Weirauch [1995], S. 58.

[13] Moody „Leben vor dem Leben" [1997], S. 29.

[14] Ebd., S. 31.

[15] Ebd., S. 33.

[16] Ebd., S. 34.

¹⁷ Ebd., S. 46.
¹⁸ Ebd., S. 266.
¹⁹ Ebd., S. 148.
²⁰ Ebd., S. 56.
²¹ Wir empfehlen den Beitrag „Reinkarnationsglaube und Reinkarnationstherapie: transpersonale Fiktion" des Nahtod-Forschers M. Schröter-Kunhardt
   [1996b].

Nahtod zwischen Natur und Jenseits

¹ Vgl. etwa Blackmore [1993], S. 52, sowie – für die gegenteilige Sicht – Schröter-Kunhardt [1993 (b)].
² Schröter-Kunhardt [1993 (b)], S. 57.
³ Ebd.
⁴ Ebd., S. 60.
⁵ Blackmore [1993], S. XII. In ihrem Buch „Beyond the Body" [1992] erläutert
  Blackmore, wie sie nach ihren LSD-Erfahrungen anfänglich Tendenzen zur
  Esoterik hin entwickelte, sich dann aber ganz auf eine materialistische Interpretation zurückzog.
⁶ Freud [1991], S. 57.
⁷ Blackmore [1993], S. 115.
⁸ Ebd., S. 127.
⁹ Ebd., S. 131 ff.
¹⁰ Ring/Cooper [1997].
¹¹ Ebd., S. 109.
¹² Ebd.
¹³ Ebd., S. 110.
¹⁴ Ebd.
¹⁵ Ebd., S. 111.
¹⁶ Ebd., S. 112.
¹⁷ Ebd., S. 127.
¹⁸ Ebd., S. 134.
¹⁹ Ebd., S. 136.
²⁰ Ebd., S. 140.
²¹ Ebd., S. 144.
²² Blackmore [1993], S. 71.
²³ Ebd., S. 73.

[24] Ebd., S. 74.

[25] Ebd., S. 90.

[26] Ebd., S. 91.

[27] Jung [1997], S. 272.

[28] Moody „Leben nach dem Tod" [1994], S. 79.

[29] Zit. nach Blackmore [1993], S. 189.

[30] Flensburger Hefte IV/95, S. 60.

[31] Vgl. hierzu Schröter-Kunhardt [1996 (a)], S. 74.

[32] Blackmore [1993], S. 202.

[33] Ebd., S. 205.

[34] Ebd., S. 206.

[35] Zit. nach Flensburger Hefte IV/95, S. 58.

[36] Ebd., S. 59.

[37] Sheldrake [1991].

[38] Ebd., S. 273.

[39] Ebd.

[40] Ebd.

[41] Vgl. hierzu Tomatis [1987].

[42] Freud [1991], S. 58. Vgl. Sheldrake [1991], S. 279 ff.

[43] Sheldrake [1991], S. 283.

[44] Schröter-Kunhardt [1995], S. 44.

Nahtod-Erfahrungen – Ursprung aller Religion?

[1] Schröter-Kunhardt [1990], S. 1019.

[2] Fischer Weltgeschichte [1995], S. 42.

[3] Der SPIEGEL 44/1995, S. 136–142.

[4] Hummel [1989], S. 35.

[5] Ebd.

[6] Ebd., S. 66.

[7] 2. Mose 3, 2–6.

[8] Moltmann [1995], S. 97.

[9] 1. Sam. 28, 8–15.

[10] Daniel 12, 2–3.

[11] Jesaja 26, 19.

[12] Pannenberg [1964], S. 79–80.

[13] Ebd., S. 80.

14 Ebd., S. 79.
15 C. Schütz, in : Feiner/Vischer [1973], S. 541.
16 Ebd.
17 Vgl. hierzu Moltmann [1995], S. 122.
18 Moltmann [1995], S. 138–139.
19 Matt. 17, 2–8.
20 Luk. 23, 43.
21 Joh. 20, 19–21.
22 Apg. 7, 55.
23 Apg. 9, 3–9.
24 2. Kor. 12, 2–4.
25 Ring [1990]; Sabom [1986].
26 Zit. nach Greyson/Bush [1992], S. 96.
27 Rawlings [1978].
28 Greyson/Bush [1992].
29 Ebd., S. 99; eigene Übersetzung (gilt auch für Anm. 30–38).
30 Ebd.
31 Ebd., S. 100.
32 Ebd., S. 102.
33 Ebd., S. 103.
34 Ebd.
35 Ebd.
36 Ebd., S. 103–104.
37 Ebd., S. 105.
38 Ebd., S. 106.
39 1. Kor 13, 1–3.
40 Biser [1997], S. 125.
41 Ebd., S. 128. Zu diesem Themenkreis vgl. auch Biser [1995], S. 233.
42 Zit. nach Weirauch [1995], S. 59.
43 Knoblauch [1997], S. 79.
44 Als Beispiel für eine Veröffentlichung eines Theologen sei das Taschenbuch „Die mit dem Tod spielen. Okkultismus, Reinkarnation, Sterbeforschung" von Werner Thiede [1994] genannt. Es bietet zwar brauchbare Informationen über Sterbeforschung und deren Vereinnahmung durch die Esoterik, eröffnet aber keinerlei Perspektiven für einen konstruktiven Beitrag christlicher Theologie oder kirchlicher Praxis zum Thema Nahtod. „Mit dem Tod spielen" ist keine angemessene Beschreibung der Situation von Menschen, die von einem

Nahtod-Erlebnis überrascht werden, ganz abgesehen von der Herausforderung an die Theologie selbst, die Nahtod-Forschung mit sich bringt.

45 Hiervon gibt es Ausnahmen, wie z. B. die Arbeit von Greyson und Bush [1992]; es bezeichnet aber doch die vorherrschende Tendenz.

46 Schröter-Kunhardt [1995], S. 42.

47 Ebd.

48 Knoblauch [1997], S. 79.

49 Ebd.

50 „Neue Religiosität"; Bensberger Kreis 1998, c/o J. Funk, Rathausstr. 36, 88281 Schlier.

51 Knoblauch [1997], S. 79.

Literaturverzeichnis

Abbott, E.A.: Flächenland. Ein mehrdimensionaler Roman, verfaßt von einem alten Quadrat. Stuttgart: Klett-Cotta 1982.

Arnold, W./Eysende, H. J./Meili, R. (Hg.): Lexikon der Psychologie. Augsburg: Weltbild Verlag 1997

Asanger, R./Wenninger, H. (Hg.): Handwörterbuch der Psychologie. München: Psychologie Verlags Union 1992

Bedford, J.; Kensington, W.: Das Delpasse-Experiment. Eine Entdeckung im Zwischenreich von Tod und Leben. Düsseldorf und Wien: Econ 1975.

Bender, H.: Telepathie, Hellsehen und Psychokinese. Aufsätze zur Parapsychologie. München: Piper 1972.

Bergmann, G.: … und es gibt doch ein Jenseits. Auf den Spuren des Übersinnlichen. Gladbeck: Schriftenmissionsverlag 1971.

Bezzel, C.: Wittgenstein zur Einführung. Hamburg: Junius Verlag 1988.

Biser, E.: Der Mensch – das uneingelöste Versprechen. Düsseldorf: Patmos Verlag 1995.

ders.: Überwindung der Glaubenskrise. Wege zur spirituellen Aneignung. München: Don Bosco Verlag 1997.

Blackmore, S.: Beyond the Body. An Investigation of Out-of-the-Body Experiences. Chicago: Academy Chicago Publishers 1992.

dies.: Dying to Live. Near-Death Experiences. Buffalo: Prometheus Books 1993.

Breidbach, O.: Die Materialisierung des Ichs. Zur Geschichte der Hirnforschung im 19. und 20. Jahrhundert. Frankfurt am Main: Suhrkamp 1997.

Breuer, R.: Das anthropische Prinzip. Der Mensch im Fadenkreuz der Naturgesetze. Frankfurt am Main, Berlin, Wien: Ullstein 1984.

Brück, R. und M. von: Die Welt des tibetischen Buddhismus. Eine Begegnung. München: Kösel Verlag 1996.

Eccles, J. C.: Wie das Selbst sein Gehirn steuert. München: Piper 1996.

Elsaesser Valerino, E.: Erfahrungen an der Schwelle des Todes. Wissenschaftler äußern sich zur Nahtoderfahrung. Genf: Ariston Verlag 1995.

Ewald, G.: Die Physik und das Jenseits. Eine Spurensuche zwischen Philosophie und Naturwissenschaft. Augsburg: Pattloch Verlag 1998.

Feiner, J., Vischer, L. (Hg.): Neues Glaubensbuch. Freiburg i. Br.: Herder (2) 1973.

Fischer Weltgeschichte: Band 1: Vorgeschichte. Frankfurt am Main: Fischer Taschenbuch Verlag 1995.

Freud, S.: Neue Folge der Vorlesungen zur Einführung in die Psychoanalyse. Frankfurt: Fischer Taschenbuch 1991.

Greyson, B., Bush, N.: Distressing Near-Death Experiences. Psychiatry 55, 1992.

Hampe, J. Ch.: Sterben ist doch ganz anders. Erfahrungen mit dem eigenen Tod. Stuttgart: Kreuz Verlag (2) 1987.

Haynes, R.: Verborgene Quellen. Alte und neue Erfahrungen mit dem Übersinnlichen. München und Zürich: Piper 1974.

Hegel, G. W. F.: Phänomenologie des Geistes. Hamburg: Verlag von Felix Meiner (6) 1952.

Heim, A.: Notizen über den Tod durch Absturz. In: Jahrbuch des Schweizer Alpklubs 27. Jahrgang 1891/92.

Hummel, R.: Reinkarnation. Weltbilder des Reinkarnationsglaubens und das Christentum. Mainz: Math. Grünewald-Verlag; Stuttgart: Quell-Verlag (2) 1989.

Jung, C. G.: Erinnerungen, Träume, Gedanken. Zürich: Walter-Verlag (10) 1997.

Kaku, M.: Im Hyperraum. Eine Reise durch Zeittunnel und Paralleluniversen. Reinbek bei Hamburg: Rowohlt Taschenbuch Verlag 1998.

Knoblauch, H.: „Wozu braucht der Mensch den Tod?", Interview in der Zeitschrift der Neuen Zürcher Zeitung Nr. 11, November 1997.

Kübler-Ross, E. Interviews mit Sterbenden. Gütersloh: Gütersloher Verlagshaus 1992.

dies.: Über den Tod und das Leben danach. Neuwied: Verlag „Die Silberschnur" 161994.

Lucadou, W. von: Psyche und Chaos. Theorien der Parapsychologie. Frankfurt am Main, Leipzig: Insel 1995.

Metzinger, Th. (Hg.): Bewußtsein. Beiträge aus der Gegenwartsphilosophie. 2. Aufl. Paderborn, München, Wien, Zürich: Schöningh 1996.

Moltmann, J.: Das Kommen Gottes. Christliche Eschatologie. Gütersloh: Gütersloher Verlagshaus 1995.

Monroe, R. A.: Der Mann mit den zwei Leben. Reisen außerhalb des Körpers. Interlaken: Ansata Verlag 1981.

Moody, R. A.: Leben nach dem Tod. Die Erforschung einer unerklärten Erfahrung. Augsburg: Weltbild 1998.

ders.: Nachgedanken über das Leben nach dem Tod. Reinbek bei Hamburg: Rowohlt 1997.

ders.: Das Licht von Drüben. Reinbek bei Hamburg: Rowohlt 1997.

ders.: Leben vor dem Leben. Reinbek bei Hamburg: Rowohlt 1997.

Mutschler, H.-D.: Physik, Religion, New Age. Würzburg: Echter (2) 1992.

ders.: Die Gottmaschine. Augsburg: Pattloch 1998.

Pannenberg, W.: Grundzüge der Christologie. Gütersloh: Gütersloher Verlagshaus 1964.

ders.: Systematische Theologie Bd. 2. Göttingen: Vandenhoeck und Ruprecht 1991.

Pavese, A.: Kontakt mit dem Jenseits. Augsburg: Pattloch 1998.

Pavese, A., Würmli, M.: Handbuch der Parapsychologie. Einführung in den Bereich der Grenzwissenschaften. Mit 60 praktischen Beispielen. Augsburg: Weltbild Verlag 1992.

Peat, F. D.: Der Stein der Weisen. Chaos und verborgene Weltordnung. Hamburg: Hoffmann und Campe 1992.

Penrose, R.: Schatten des Geistes. Wege zu einer neuen Physik des Bewußtseins. Heidelberg, Berlin, Oxford: Spektrum Akademischer Verlag 1995.

Popper, K. R., Eccles, J. C.: Das Ich und sein Gehirn. München: Piper (5) 1996.

Rattner, J.: Klassiker der Tiefenpsychologie. Augsburg: Weltbild Verlag 1997.

Rawlings, M.: Beyond Death's Door. Nashville: Thomas Nelson 1978.

Ring, K.: Den Tod erfahren – das Leben gewinnen. Bergisch-Gladbach: Lübbe Verlag 1990.

Ring, K., Cooper, Sh.: Near-Death and Out-of-Body Experiences in the Blind: A Study of Apparent Eyeless Vision, in: Journal of Near-Death Studies, 16, Human Sciences Press 1997.

Sabom, M.: Erinnerung an den Tod: Eine medizinische Untersuchung. Berlin: Goldmann Verlag 1986.

Schröter-Kunhardt, M.: Erfahrungen Sterbender während des klinischen Todes. Eine Brücke zwischen Medizin und Religion. Z. Allg. Med. 66: S. 1014–1021. Stuttgart: Hippokrates Verlag 1990.

ders.: Das Jenseits in uns. In: Psychologie heute, Juni 1993 (a), S. 64–69.

ders.: Mögliche neurophysiologische Korrelate des NDE, in: Adolf Dittrich (Hg.): Welten des Bewußtseins, Bd. 2. Kulturanthropologie und philosophische Beiträge. Berlin: VWB-Verlag für Wissenschaft und Bildung 1993 (b), S. 57–75.

ders.: A Review of Near-Death Experiences. Journal of Scientific Exploration, Vol. 7, 1993 (c) S. 219–239.

ders.: Blick in eine andere Welt, Interview von Wolfgang Weirauch. Flensburger Hefte – Anthroposophie im Gespräch IV (Nah-Todeserfahrungen. Rückkehr zum Leben), S. 29–47. Flensburg: Flensburger Hefte Verlag 1995.

ders.: Erfahrungen Sterbender während des klinischen Todes, in: B. Knupp und Stille, W.: Sterben und Tod in der Medizin. Stuttgart: Wissenschaftliche Verlagsgesellschaft 1996 (a).

ders.: Reinkarnationsglaube und Reinkarnationstherapie: transpersonale Fiktion, in: Transpersonale Psychologie und Psychotherapie. Petersberg: Via Nova Verlag 1996 (b).

Sheldrake, R.: Das Gedächtnis der Natur. Das Geheimnis der Entstehung der Formen in der Natur. Bern, München: Scherz 1991.

Sinclair, U.: Radar der Psyche. Das PSI-Geschehen der Gedankenübertragung und der Gedankenbeeinflussung. Bern und München: Scherz 1973.

Soden, W. von: Das Gilgamesch-Epos. Stuttgart: Philipp Reclam Jun. 1988.

Stewart, I.: Spielt Gott Roulette? Frankfurt am Main, Leipzig: Insel 1993.

Thiede, W.: Die mit dem Tod spielen. Okkultismus – Reinkarnation – Sterbeforschung. Gütersloh: Gütersloher Verlagshaus 1994.

Tomatis, A. A.: Der Klang des Lebens. Reinbek bei Hamburg: Rowohlt 1990.

van Dam, W. C.: Tote sterben nicht. Erfahrungsberichte zwischen Leben und Tod. Augsburg: Weltbild Verlag 1995.

Weirauch, W.: Das Leben nach dem Tod, in: Flensburger Hefte IV/1995, S. 53–75.

Wittgenstein, L.: Tractatus logico-philosophicus. Logisch-philosophische Abhandlung. Frankfurt am Main: Suhrkamp Verlag 1963.

Zaleski, C.: Nah-Todeserlebnisse und Jenseitsvisionen vom Mittelalter bis zur Gegenwart. Frankfurt am Main, Leipzig: Insel 1995.

Namens- und Stichwortverzeichnis